KB148853

구멍투성이 **과학**

FAILURE: WHY SCIENCE IS SO SUCCESSFUL

Copyright © Stuart Firestein 2016
FAILURE: WHY SCIENCE IS SO SUCCESSFUL was originally published in English in 2016.
This translation is published by arrangement with Oxford University Press.
REAL BOOKERS is solely responsible for this translation from the original work and
Oxford University Press shall have no liability for any errors, omissions or inaccuracies or
ambiguities in such translation or for any losses caused by reliance thereon.

Korean translation copyright © 2018 by REAL BOOKERS
Korean translation rights arranged with Oxford University Press
through EYA(Eric Yang Agency)

이 책의 한국어판 저작권은 EYA(Eric Yang Agency)를 통한 Oxford University Press 사와의
독점계약으로 '리얼부커스'가 소유합니다.
저작권법에 의하여 한국 내에서 보호를 받는 저작물이므로 무단전재 및 복제를 금합니다.

Failure

**WHY SCIENCE IS
SO SUCCESSFUL**

구멍투성이 과학

스튜어트 파이어스타인 지음 | 김아림 옮김

**지금 이 순간 과학자들의 일상을
채우고 있는 진짜 과학 이야기**

"모든 인류의 모험이 그렇듯
과학에는 실패라는 조그만 구멍들이 송송 뚫려있다."

이 책에 쏟아진 찬사

"이 책에서 스튜어트 파이어스타인은 칼 세이건과 스티븐 제이 굴드, 프리먼 다이슨, 닐 디그래스 타이슨, 브라이언 그린에 어깨를 나란히 할 만큼 과학이 실제로 작동하는 방식을 멋지게 해설한다. 이 책은 과학에 대한 오해와 미신을 쳐부수며, 과학이 역설을 안고도 어떻게 앞으로 나아가는지에 대한 흥미롭고 명료한 사례를 풀어놓는다. 이 놀라울 정도로 명쾌한 책을 통해 독자들은 과학이 언제나 실패에 기대 왔다는 사실과 함께 과학의 성공조차 실패의 한 형태일 수도 있다는 사실을 알게 된다."

　　– 조너선 R. 콜 Jonathan R. Cole, 컬럼비아 대학교 존 미첼 메이슨 좌座 교수

"이 혁신적인 책 속에서 스튜어트 파이어스타인은 과학적 방법이 사실을 수집하는 과정은 아니라고 주장한다. 그보다는 기꺼이 무지와 불확실성, 실패를 받아들이는 태도에 기초를 둔다. 과학자들이 실제로 어떻게 일하는지를 이해하고 싶은 독자라면 이 책이야말로 필독서다."

　　– 에릭 R. 캔델 Eric R. Kandel, 노벨 생리의학상 수상자

"파이어스타인은 과학과 예술에 대한 심오하게 지성적인 관점을 갖췄다. 한 페이지를 넘길수록 현명한 통찰로 가득하며, 때로는 자학적 유머로 자유분방한 매력을 내뿜는다. 교수 스타일의 스탠드업 코미디라고도 할 만하다. 짤막하지만 재미와 깊이를 갖춘 책이다."

　　– 조너선 와이너 Jonathan Weiner, 퓰리처상 수상자,『핀치의 부리』저자

감사의 말

너무나 많은 사람들이 이 책에 보탬을 주었기 때문에 혹시 실수로 빠뜨리지 않을까 두려울 정도다. 그중에서도 가장 큰 도움을 준 사람을 꼽자면 알렉스 체슬러다. 알렉스는 '무지'에 대한 내 첫 번째 강의의 조교이자 내 실험실에서 공부하는 대학원 학생이었다. 그는 이 책에 처음 단계부터 관여했는데, 여러 해 동안 실패와 무지가 과학에서 어떤 역할을 하는지에 대해서 나와 끊임없이 대화를 나누었다. 그래서 알렉스는 이 책을 나와 같이 쓸 수도 있었고 실제로도 책에 나란히 이름을 올리기로 여러 번 논의했다. 하지만 알렉스는 국립 보건원에서 실험실을 맡아 이끌게 되었을 뿐 아니라 새로 가정을 꾸리게 되어(역시 내 실험실에 다니던 대학원생이던 아내 클레어와 함께 두 아이를 키우게 되었다) 시간을 쏟아야 할 일이 생겼고 책을 공저하는 일은 사실상 불가능해졌다. 하지만 알렉스의 아이디어와 흔적은 이 책 구석구석에 남아 있다.

또 나는 안식년에 10개월 동안 영국 케임브리지 대학교의 과학사 및 과학철학 과정에 방문 학자로 참여하는 놀라운 행운을 누렸다. 그 기간이 없었다면 아마 이 책을 1년은 일찍 탈고했을 테지만 내용은 훨씬 부족했을 것이다. 케임브리지 대학교에서 만났던 동료들과 그곳에서 참석했던 수업, 펍에서 맥주를 마시며 나눴던 기나긴 대화 덕분에(그렇다, 정말 그렇게 했다) 이 책은 더욱 풍성해졌다. 이곳에 가지 않았다면 책을 과연 쓸 수 있었을지 상상도 가지 않을 정도다. 물론 안식년을 1년 보낸 것만으로 내가 철학자나 역사학자로 변신할 수는 없었다. 하지만 철학이나 역사학에 대한 소양을 기르고, 그 학문들이 과학을 이해하는 데 어떤 가치가 있는지 알 수 있는 시간을 보냈다. 그뿐 아니라 우리가 과학을 어떻게 해 나가는지, 심지어는 우리가 과학을 왜 하는지를 짚어 볼 수 있었다.

내가 방문했던 과 사람들 전체가 전혀 부족함 없이 나를 환영해 주기는 했지만 그중에서도 특히 장하석 교수를 빼놓을 수 없다. 그는 과와 나를 연결해 주는 번거로운 업무를 넘겨받은 듯했다. 장 교수는 단순히 너그럽고 친절한 것 이상으로 나를 잘 대접해 주었다. 나에게 귀중한 시간을 할애했을 뿐 아니라 자신의 아이디어와 관점, 질문과 비평을 제공했기 때문이다. 이 책을 읽다 보면 내가 장 교수의 이름을 여러 번 언급한 대목을 발견할 수 있을 것이다. 그는 오늘날 과학 분야에서 일류급 사상가이자 저술가, 실천가다. 강의뿐만 아니라 실험, 맥락 짓기, 연대순으로 나열하기, 기록하기에 이르는 장 교수의 모든 작업에서 그렇다. 나는 장 교수와 그의 똑똑하고 역시 친절한 아내 그레첸이 나를 계속 자기들의 친구이자 동료로 대해 주어 신이 난다.

케임브리지 대학교의 여러 다른 사람들도 '실패'라는 주제에 대해 떠들어 대는 내 얘기를 귀 기울여 듣고는 사려 깊으면서도 도전적인 의견을 제시했다. 많은 사람들이 이 책의 여기저기를 조금씩 읽고 자유롭게 의견을 말했다. 그리고 나는 그들의 이야기를 열심히 받아들여 이 책에 반영했다. 여기에 대해서는 그들의 의견에 대한 칭찬으로 받아들였으면 하는 마음이다. 또한 킹스 칼리지에 명예 펠로로 초청되었다는 점도 기뻤다. 그곳에서 나는 식사와 포도주를 들면서 사람들과 대화를 나눴는데 이들은 지성과 사교성을 한데 뒤섞는 식도락가의 기술을 완벽하게 닦은 사람들이었다. 음악이나 러시아 문학, 수학, 고전, 생물학, 심리학을 연구하는 학자들과 점심이나 저녁을 같이 하면 언제라도 마치 사탕 가게에 온 어린아이 같은 기분이 들었다. 인생에서 기억할 만한 1년 동안 많은 추억을 만들어 준 킹스 칼리지의 펠로들에게 큰 감사를 전한다.

앨프리드 P. 슬로언 재단과 솔로몬 R. 구겐하임 재단은 내가 케임브리지 대학교에서 시간을 보내고 이 원고를 완성하는 데 드는 비용을 지원해 주었다. 나는 이 주제에 흥미를 갖고 나를 믿어 준 데 대해 이들 재단에 상당한 빚을 졌다(물론 금전적인 빚이 아니라 무척 감사한다는 의미로). 이들이 투자의 결과물에 대해 자랑스러워하기를 바란다.

자신들의 '실패'로 이 책에 기여해 준 여러 사람들에게 감사를 표하고 싶다. 내 이전 저작인 『이그노런스 - 무지는 어떻게 과학을 이끄는가』와 마찬가지로 조금 역설적으로 들리지만 말이다. 하지만 이 책에 성공적인 무언가가 있다면 분명 이들의 공일 것이다. 많은 동료들이 초기 단계에서 마무리 단계까지 거듭해서 책의 원고를 읽어 주었다. 그 가운데 특히 언급하고 싶은 사람은 아래와 같다. 무척 비판적이었지만 동시에 굉장히 재미있는 성격의 소유자이자 막 박사

학위를 받은 앤 소피 버위치, 찰스 그리어, 매티아스 기렐, 피터 몸배어츠, 조너선 와이너, 매트 로저스, 그리고 케임브리지 대학교에서 만난 학생이자 이제 좋은 친구가 된 브라이언 어프.

또 나는 뉴라이트^{Neuwrite}라는 이름의 쓰기 모임의 회원이어서 상당히 행운이었다는 사실을 밝히고 싶다. 대학원생에서 실험실 책임자에 이르는 과학자들, 학생에서 전문가에 이르는 작가들로 구성된 이 모임 회원들은 다들 폭넓은 대중 독자를 위한 양질의 과학 글쓰기를 하려는 독특한 문제에 관심이 있었다. 놀랍게도 이들은 7년도 넘게 정기적으로 모였으며 그 과정에서 책과 잡지 기사, 신문 기사, 에세이, 단편소설이 온라인과 인쇄물을 포함한 무척 다양한 경로로 생산되었다(다음 웹페이지를 참고하라. http://www.columbia.edu/cu/neuwrite/members.html). 이 책의 여러 장들도 이 모임의 워크숍에서 발표한 적이 있고 그 자리에서 유용하고 생각해 볼 만 한 논평을 많이 받았다. 회원들이 개인적으로 의견을 전하기도 했다.

또한 운이 좋게도 옥스퍼드 대학교 출판부에서 이 책을 출간해 주었다. 특히 훌륭한 후원자이자 대단한 편집자이고 무척 좋은 친구이자 마티니를 함께 마시던 술 친구, 조앤 보서트에게 감사한다. 또 이전 저작인 『이그노런스 – 무지는 어떻게 과학을 이끄는가』에 이어 이 책을 맡아 멋진 작업을 해 준 홍보 담당자, 편집자, 제작부서 직원들에게도 고마움을 전한다. 이들은 다음 번 내 책의 주제가 대체 무엇일지 궁금해 할 게 분명하다.

게다가 정말 감사하게도 전에 케임브리지 대학교의 교수였던 덩컨으로부터 작은 집을 빌릴 수 있었는데 집에 잘 어울리는 에덴 가라는 이름의 주소에 자리한 집이었다. 이 집은 내가 읽고 생각하기에 최적의 공간이었고 가장 중요하게도 글을 쓰기에 완벽한 장소였다. 시간이 되면 뒤뜰에는 다양한 종류의 새들이 점점 많이 찾아왔다. 아직까지도 가끔 그곳이 그리워진다.

　마지막으로 아내와 딸에게 말로 다 못할 만큼 큰 빚을 졌다는 사실을 여기 밝혀야겠다. 전작 『이그노런스 - 무지는 어떻게 과학을 이끄는가』에 이어 이번 원고에도 도움을 주었기 때문이다. 두 사람은 원고를 여러 번 읽으면서 내가 헤매지 않도록 무척이나 많이 도와주었고, 중요한 아이디어를 제공했다. 연달아 이어진 이 무모한 도전을 변함없이 믿고 지원해 준 가족들의 도움은 가치를 매길 수 없을 정도다. 이들이 제정신이라고 가정한다면 나에게는 세상에서 가장 소중한 두 사람이다.

들어가며

아마도 모든 점을 고려할 때 인류가 걸어 온 실패의 역사는 발견의 역사보다 훨씬 가치 있고 흥미로울 것이다. 참된 발견은 균일하고 좁은 길을 거쳐야 한다…. 하지만 실패는 무궁무진하고 다양하다.

– 벤저민 프랭클린^{Benjamin Franklin}

이 책은 처음부터 끝까지 실패로 뒤덮여 있다. '실패'라는 문자가 가득하다는 뜻도 되고 상징적으로도 실패로 가득하다는 뜻이다. 실패는 이 책 여기저기를 활보하며 가끔은 여러분을 설득하는 데 성공할 것이다. 하지만 내 의도가 맞아 떨어진다면 여러분은 이 책에서 실패야말로 이 책의 핵심이며 절대적으로 필수불가결한 재료라는 사실을 이해할 것이다. 실패에 대한 책은 단순히 강의로 끝나서는 안 되고 생생한 사례가 곁들여져야 한다. 그렇기에 이제부터 나는 교묘한 솜씨를 부려 실패가 얼마나 중요한지에 대한 이 책의 주제를 여러분에게 실수 없이 주사 놓듯 주입할 것이다. 중요한 것은 또 한 가지가 있는데, 이 책의 또 다른 주제이기도 하다. 여러분을 완전히 파멸시키지 않는 실패라면 그것이 주기적으로 일어날 장소를 마련해야 한다는 것이다.

이 책은 내가 전에 썼던 『이그노런스 - 무지는 어떻게 과학을 이끄는가』의 연장선상에 있다. 여러분도 알다시피 나는 나름대로 멋진 나만의 틈새시장을 개척했다. 마치 절망과 좌절을 파는 상인이 되어가는 기분이다. 하지만 나는 이런 주제가 희망과 행복감을 불러일으킬 수 있다고 여긴다. 비록 무지와 실패는 부정적으로 비치는 경우가 많지만 과학에서는 정반대다. 온갖 흥미로운 작용이 그 안에서 일어나기 때문이다. 이 지점이 이 책의 핵심 포인트가 될 것이다. 바로 과학 안에서는 실패가 자기계발서나 경영서, 「와이어드Wired」, 「슬레이트Slate」지의 기사에 등장하는 실패와는 본질적으로 다르다는 점이다. 그 점을 우리는 아직 충분히 음미하고 이해하지 못한다. 하지만 이 사실을 제대로 알지 못한다면, 과학에 대한 왜곡된 상을 갖게 될 뿐 아니라 놀라울 만큼 유용하지만 거의 알려지지 않았던 실패의 한 종류에 대해 처음부터 거부하게 될 것이다. 이 사실만큼은 이 책을 통해 독자들에게 실패 없이 전달하고 싶다.

현대 서양 문화의 위대한 지적 성취인 과학은 종종 근본적인 힘과 지적인 능력의 기둥 위에 얹혀 있다고 묘사되는 경우가 많다. 이 기둥은 여러 개인데 바로 지식과 합리성 또는 사실과 진리 또는 실험과 객관성이다. 꽤 훌륭하고 인상적인 대목이다. 과학도들은 이런 육중한 기둥이 전부 필요하다는 식의 경건한 마음으로 과학에 접근한다. 어쩌면 교과서에 나오는 과학에 대해서는 이런 기둥에 대한 묘사가 정확할지도 모른다. 하지만 교과서 과학은 시간 속에 박제가 된 내용으로 여러 세대에 걸쳐 불쌍한 과학도들이 익히기 위해 애써야 하는 지식이다. 그것도 일시적으로 암기하는 데 그치고 만다. 하지만 오늘날의 과학은 매일 전 세계 실험실에서 사람들이 발전시켜 나가는 생생한 무엇이다. 이 과학은, 내가 감히 말하자면, 그리 인상적으로 들리지 않는 두 개의 기둥에 의해 떠받들려 있다. 바로 무지와 실패다.

그렇다. 과학이라는 엄청난 체계 전체가 그런 식이다. 비용이 많이 드는 연구 프로그램, 몇 년에 걸친 교육, 박사 학위 소지자들의 노력, 이 전부가 무지와 실패 위에 위태롭게 서 있는 셈이다. 하지만 이 두 가지가 없다면 과학이라는 산업 전체는 정지 상태로 머무를 것이다. 사실 무지와 실패는 과학을 떠받드는 기둥이라기보다는 오히려 과학을 앞으로 나아가게 떠미는 엔진에 가깝다. 이 두 가지는 무모한 노력과 보수하는 과정을 동시에 수행하는데, 그것은 수많은 데이터로 구성된 창의적인 일이다. 나는 무지와 실패를 높이 사는 과학관이 흔한 견해가 아니라는 사실을 안다. 그 명제가 사실이라고 즉각 내 편을 드는 현장 과학자들은 드물 것이다. 하지만 지금 이 글을 읽는 독자 여러분이 과학 분야에서 경력을 쌓아 왔다면 분명 고개를 끄덕이리라 생각한다. 실제로 내가 만났던 과학자들은 전부 내가 실패에 관한 책을 쓰고 있다고 얘기하자 흔쾌히 조금이라도 책에 도움을 주겠다고 약속했다! 놀랍게도 우리 대부분은 무지와 실패 속에서도 꽤 잘 살아가고 있으며, 내가 아는 거의 모든 과학자들은 자기가 하는 일을 즐기고 있다. 우리는 어떻게 해서 무지와 실패, 그리고 어쩌면 우연한 사건사고가 수없이 끼어드는 가운데서도 일을 제대로 할 수 있는 걸까?

이야기가 지루해지는 것 같으니 여러분의 주의를 끌려면 이쯤해서 약간의 비밀을 풀어놓아야겠다. 알고 보면 비밀이라기보다는 과학 내부에서 일어나는 상식이다. 과학자들은 과학의 영역 밖에서 외부인에게 자기들이 하는 일에 대해 설명하는 데 몹시 서투르다. 그래서 과학자들은 사람들에게 많은 부분을 그냥 받아들이라고만 얘기하고 명확하게 설명하지 않는다. 사람들은 직접 그 일에 종사하지 않더라도 변호사나 회계사, 기자, 자동차 수리공이 무슨 일을 하는지 거의 안다. 하지만 내 딸의 친구 부모님을 만날 때 과학자라고 나를 소개하면 그들은 내가 무슨 일을 하는지 알고 싶어 한다. 매일 일상적으로 어떤 일을 하는지 알려달라는 것이다.

이 책의 별난 점 한 가지는, 내용을 앞으로 나아가게 만드는 내적인 논리와 직선적인 주장으로 구성되지 않았다는 사실이다. 나는 특정한 순서로 각 장을 써 나가거나 진행시키지 않았다. 각 장은 개별적인 에세이의 모음이며, 각기 과학과 실패에 관한 몇몇 측면을 반영한다. 유명한 면역학자이자 과학 저술가인 피터 메더워^{Peter Medawar} 경은 「새터데이 리뷰^{Saturday Review}」지에 '과학 논문은 사기를 치는가?'라는 글을 쓴 적이 있다. 여기서 메더워 경의 주장은 '과학 논문은 사실이 아니다'가 아니다. 그보다는 과학 논문이 실제로 작동하는 실험이나 지적인 과정을 반영하지 않는 방식으로 구성된다는 주장이었다. 과학 논문은 특정 목적에 다다르기 위해 의도된 몇 가지 서술적인 질서에 의해 재구성된 결과물이지, 실제로 벌어지는 일을 정확하게 기록하지 않는다는 것이다. 여기에 비해 이 책은 정확히 그 반대의 작업을 하려고 한다. 이 책은 설득력 있고 공격받지 않을 주장을 내놓기 위해 논리적인 질서로 내용을 조심스럽게 쌓아 가지 않는다. 이 책은 아이디어 모음에 가까우며, 나는 그중 몇 가지가 여러분에게 새로운 내용이기를 바란다. 나에게는 새로웠으니까 말이다.

내가 이 책에서 달성하고자 하는 한 가지는, 과학이란 위대하고 심오한 기둥으로 지어진 건축물이라기보다는 평범한 보통 사람들의 활동에 가깝다는 사실을 알리는 것이다. 내가 이렇게 하는 이유는 단지 몇몇 사람들의 자만심을 꺾고자 하는 게 아니다. 그보다는 세상을 바라보는 놀랍고도 인상적인, 여러 사람에게 접근 가능한 방식을 보여주고자 한다. 과학은 모든 사람이 쉽게 접근 가능한 대상이다. 그 이유는 과학의 핵심부가 정말로 무지와 실패, 그리고 가끔씩 생기는 행운의 사건사고로 이뤄져 있기 때문이다. 우리는 이 사실을 모두 진정으로 받아들이게 될 것이다.

차례

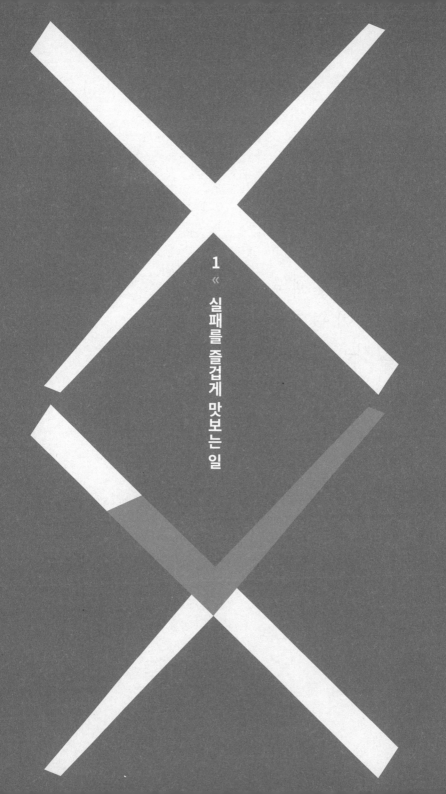

1 《 실패를 즐겁게 맛보는 일

진정한 실패는
변명이 필요하지 않다.
그것은 그 자체로 목적이다.

-거트루드 스타인 ^{Gertrude Stein}

이 책을 시작하면서 너무나 거트루드 스타인다운, 사람을 현혹할 정도로 단순한 이 인용문을 고른 이유는 이 말이 문제의 핵심에 빠르게 다가가기 때문이다. 이 문장은 실패가 무엇인지에 대한 우리의 생각에 정면으로 도전한다. 여기서 거트루드 스타인이 얘기하는 실패는 어떤 종류일까? 무엇이 '진정한' 실패일까? 그렇다면 '진정하지 않거나' 덜 된 실패도 존재한다는 것일까?

다른 많은 중요한 단어들과 마찬가지로 '실패'라고만 이야기하면 그것이 표현하는 여러 사물이나 사태에 비해 지나치게 단순하다. 실패는 여러 가지 풍미와 힘, 맥락, 가치를 지니며 여기에는 수없이 많은 변수가 있다. 외부적인 뭔가에 대해 더 알게 되는 일 없이 실패 자체로만 따로 떨어져 존재하는 일은 없다. 드니 디드로^{Denis Diderot}와 장 바티스트 달랑베르^{Jean-Baptiste le Rond d'Alembert}는 1751년부터 1772년까지 프랑스 계몽주의 운동에서 유명한 책인 『백과전서^{Encyclopédie}』를 저술했다. 이때 이들은 '실수^{erreur}'라는 항목 아래 '실패'에 대해서도 서술하려 했다. 이때 이들은 '실수'가 무척이나 종류가 많기 때문에 일반적인 기술이나 분류를 할 수 없다는 사실을 경고했다. 나는 이 책을 저술하는 프로젝트를 시작하면서 과학적 설명을 추구하는 과정에서 겪는 실패와 그것의 가치에 대한 몇 가지 선명한 아이디어를 갖고 있었다. 하지만 놀랍게도 이 약간의 아이디어는 너무도 빠르게 수십 가지의 질문거리로 바뀌고 말았다.

실패란 협소한 한 가지 종류가 아닌 하나의 연속체로 존재한다. 그렇다, 물론 어떤 실패는 단순한 실수라 할 만하다. 이것들은 그저 우리가 운이 나빠서 거치는 시간 낭비일 뿐이다. 그리고 어떤 실패는 우리에게 간단한 교훈을 안긴다. 더 주의하라거나, 시간을 들여 천천히 진행하라거나, 한 번 답을 냈어도 다시 검토하라는 등의 교훈이다. 또 인생의 큰 교훈을 가르쳐 주는 실패들도 있다. 실패한 결혼 생활, 실패한 사업 같은 것은 뼈아픈 고통을 주지만 인격을 수양하는 데는 도움이 된다. 그뿐만 아니라 실패 가운데는 예상치 못한 발견을 이끄는 것들도 있다. 이런 실패는 우연한 사고로 일어났지만 우리가 미처 몰랐던 무언가를 발견하도록 문을 열어 준다. 우리에게 정보를 주는 실패들도 있다. 원래 의도했던 방식으로 잘 돌아가지 않고 다른 방향으로 꼬이는 것이다. 어떤 실패는 또 다른 실패들을 이끌고 마침내는 어째서 그것들이 실패로 돌아갔는지 이유를 알게 해 주면서 일종의 성공을 거두게 한다. 어떤 실패는 한동안은 긍정적으로 여겨졌다가도 이후에 뒤집히기도 한다. 연금술의 사례를 들 수 있을 것이다. 연금술은 현대 화학의 기초를 제공했지만 그래도 실패한 과학이다.

사소하기 때문에 쉽게 지나칠 수 있는 실패가 있는가 하면 재앙에 가깝고 해로운 실패도 있다. 다시 한 번 저질러도 괜찮은 실패도 있지만 절대 반복되어서는 안 되는 실패도 있다.

우리는 이렇듯 다양한 실패들에 대해 계속 나열할 수 있다. 하지만 실패를 정의하겠다고 논변을 길게 늘어놓다가는 이야기가 곁길로 새고 말 것이다. 정의하겠다는 노력도 실패로 돌아갈 게 분명하다. 그래도 이 책을 계속 읽다 보면 온갖 종류의 실패와 마주칠 테고 그것을 장애물보다는 발견이라고 생각해야 한다는 사실을 알게 될 것이다. 사실 나는 각종 실패들이 갖는 역할에 대해 집중하고 그것이 과학에서 어떻게 작동하며, 과학을 성공으로 이끄는 데 어떤 공헌을 하는지에 집중하고자 한다.

거트루드 스타인은 실패에 대해 사람들이 갖는 흔한 반응에 불만이 있는 것처럼 보인다. 실패는 유감스럽고 사과해야 할 무엇이라는 반응 말이다. 다시 말해 실패는 그것을 저지른 사람이 책임져야 할 스스로의 단점 때문에 생긴, 의도치 않은 불가피한 실수라는 관점이다. 실패가 순진하고 바보 같은 특성 때문에 나타났다면 변명과 사과가 필요하다. 다음과 같은 질문도 듣게 될 것이다. 당신은 왜 실패하도록 내버려 두었지? 왜 그것보다 더 잘하지 못했지? 이보다는 덜 적대적이지만 역시 만족스럽지 않은 관점은 실패가 불가피하다는 생각이다. 그러면 이런 변명이 나올 것이다. 그렇게 될 줄 몰랐다. 그러면 주변에서는 이렇게 따질 것이다. 당신은 대체 뭘 예상했던 거지? 정말 바보 같은 짓을 저질렀군. 앞에서 본 거트루드 스타인의 첫 번째 문장에 따르면 이것들은 전부 나쁜 실패이자 쓸모없고, 실패의 격을 떨어뜨리는 실패다.

이와는 달리 기술 부족과 부주의, 무능함에 기인하지 않은 실패도 존재하지 않을까? (가끔은 준비되지 않은 사람이 예상하지 못한 멋진 결과를 얻기도 한다. 하지만 나는 이런 사례에 전적으로 의존하지는 않을 것이다. 엉성하고 무관심한 태도로는 기껏해야 제한적인 성공을 거둘 뿐이다.) 이런 실패는 앞에서 말한 실패와는 다르다. 진정한 실패는 변명이 필요 없기 때문이다.

그렇다면 좋은 실패란 구체적으로 어떤 것일까? 변명이 필요하지 않고 그 자체로 중요하다는 게 무슨 뜻일까? 그 자체가 목표가 된다는 말이다. 하지만 통상적인 의미의 목표가 아니다. 다른 모든 것을 포기한 채로 추구해야 하는 목표가 아니라는 뜻이다. 그보다는 새롭고 가치 있는 무언가를 제공한다는 의미를 담고 있다. 우리가 자랑스러워할 만한 무언가를 얻기 때문에, 아무리 그것이 '틀렸다'고 해도 우리는 변명을 할 필요가 없다.

이런 종류의 실패가 정말로 존재할까? 물론, 우리가 그 안에서 교훈을 얻을 만한 실수들, 수정할 수 있는 오류들, 성공으로 바뀔 수 있는 실패들은 실제로 존재한다. 하지만 나는 여기서 내기를 하나 걸겠다. 스타인이 말한 것은 이보다 더 심오한 의미를 담고 있다고 말이다. 스타인이 정말 말하고자 했던 것은 의미 있는 실패였다. 그렇다면 누군가 이런 의미 있는 실패를 거둔다면 평생 아무것도 생산하지 않고서도 어느 정도는 성공한 삶이라 간주할 수 있다. 적어도 남에게 자신의 삶을 변명할 필요는 없다. 정말 그럴까? 그런 마법 같은 실패는 대체 무엇인가?

여기에 대해 두 가지 대답을 내놓을 수 있다. 첫 번째, 그 자체로 중요한 실패는 흥미롭다는 점이다. 흥미로움이란 주의 깊게 사용해야 하는 단어다. 내뱉기는 쉽지만 모호하고 주관적으로 들리기 때문이다. 모든 사람에게 흥미를 유발하는 무언가가 존재할까? 그렇지 않을 가능성이 높다. 하지만 '흥미로움'이라는 단어를 기술어가 아닌 설명어로 여긴다면, 다시 말해 꼭 특정한 사물을 가리키는 대신 무언가의 특성을 나타내는 말로 여긴다면 이해하기가 쉬울 것이다. 거트루드 스타인은 원자폭탄에 대한 글을 써 달라고 청탁받았을 때 그 주제는 자기에게 전혀 흥미롭지 않다고 대답했다(당시는 2차 대전에서 원자폭탄이 사용되었던 직후이자 스타인이 사망하기 직전인 1946년이었다). 스타인은 탐정 소설이나 그와 비슷한 문학 작품을 좋아했지만 살인 광선이라든지 초강력 무기에는 흥미를 보이지 않았는데, 이런 무기는 아무것도 남기지 않고 싹쓸이하기 때문이었다. 누가 대규모 살상 무기나 폭탄을 작동시키기라도 하면 모두가 죽고 모든 것이 끝장난다. 그러면 우리는 무엇에 흥미를 느껴야 할까? 폭탄 같은 경우 터지지 않는 게 낫지만 그렇다면 아무것도 변하지 않을 테고 결국 아무도 관심을 갖지 않을 것이다. 즉 실패 뒤에 남아 있는 무언가가 그 실패를 흥미롭게 만든다. 좋은 실패란 아이디어라든지 질문, 역설, 수수께끼, 모순점 같은 여러 흥밋거리를 남긴다. 무슨 말인지 이제 이해가 갈 것이다. 나는 이런 실패를 '스타인 실패'라 부르겠다. 스타인 실패는 확실히 성공적인 실패의 하나다.

이제 성공적인 실패의 정체에 대한 두 번째 대답으로 넘어가고자 한다. 그 자체로 중요하고 그 자체가 목적인 실패가 정말 존재할까? 우리가 기꺼이 맞고자 하는 실패, 기대하고 받아들이며 바람직하게 생각하는 실패라는 것이 있을까? 실패를 바람직하게 맞아들인다는 것을 상상할 수 있는가? 우리는 과연 실패를 목표로 삼을 수 있을까?

이것은 전부 가능하다. 우리가 실패라는 단어에 대해 올바른 생각을 갖고 있다면 말이다. 나는 여러분에게 과학적인 버전의 실패가 존재한다는 사실을 납득시키려고 한다. 이런 실패는 멍청한 실수나 우리의 단점에서 비롯한 잘못, 계산 오류가 아니다. 또 단순히 앞으로 개선될 기회가 있다는 것, 인생의 교훈을 얻을 수 있다는 것보다 훨씬 많은 것을 의미한다. 물론 사람들은 실수로부터 뭔가를 배울 때 실수라도 가치가 있다고 다들 생각한다. 우리는 그것을 '경험'이라고 부른다. 하지만 나중에 자기 개선이 이루어질 것이라는 목적이 없는 실패라면 어떨까? 정말로 '실패 그 자체가 목표'인 실패도 존재하지 않을까?

그것은 바로 과학이다. 사실상 모든 과학적 노력은 실패 그 자체를 목표로 한다고 할 수 있다. 과학적 발견과 그것으로 얻은 사실들은 임시적이기 때문이다. 과학은 끊임없이 개정되고 있다. 물론 어떤 과학이 당분간은 성공적일지도 모른다. 심지어는 근본적으로 잘못되었다는 사실이 드러난 이후에도 여전히 성공적일 수 있다. 이상하게 들리지 않는가? 하지만 좋은 과학은 완전히 옳은 경우가 드물고, 동시에 완전히 틀리지도 않는다. 이 과정은 일상적으로 되풀이된다. 우리 과학자들은 실패에서 실패로 풀쩍 뛰어다니며 잠정적인 결론을 얻고도 행복해한다. 왜냐면 그 결과물도 잘 작동하고, 실재와 꽤나 가깝다는 사실이 종종 드러나기 때문이다.

예컨대 뉴턴은 두 가지 대상에 대해 살짝 실수를 저지른 것으로 유명하다. 바로 시간과 공간이다. 이 두 가지는 절대적이지 않았다. 또 중력은 엄청나게 큰 물체의 중심 사이에서 나타나는 끌어당기는 힘으로 설명되는 것이 아니었다. 비록 겉으로는 그렇게 보였고 그런 기술이 유용했지만 말이다. 우리가 여기에 대해 점차 제대로 설명하게 되면서, 지금은 중력이란 질량이 공간을 휘어지게 만들어 나타난 현상으로 이해하는 것이 최선이다. 불완전하지만 쓸모 있는 비유를 하나 들자면, 무거운 볼링공을 매트리스 위에 올리면 매트리스가 움푹 팬다. 이처럼 매트리스 위에 올린 물건은 마치 매트리스가 끌어당기기라도 하듯 매트리스를 향해 아래로 떨어지려는 듯 보인다.

하지만 이렇듯 뉴턴은 중력 이론의 근본을 설명하는 데 실패한 것처럼 보여도 이것이 그의 작업이 성공하는 데 치명적인 방해를 하지는 않았다. 뉴턴의 방정식은 서로 떨어진 두 물체 사이에서 나타나는 작용을 꽤 정확하게 기술했다. 시속 2만 7,000킬로미터로 이동하는 로켓을 400킬로미터 상공의 우주 정거장에 도킹시키는 계산에 충분히 잘 활용될 정도다.

그럼에도 뉴턴의 이론적 모델에는 두 가지 서로 다른 중력이 일으키는 모순이 계속해서 존재했다. 이 불일치가 아인슈타인을 괴롭혔고 그는 결국 무척 반직관적이고 비논리적인 관점을 받아들일 준비를 했다. 비록 아인슈타인이 정확히 이렇게 생각하지는 않았을지 몰라도 이 두 가지 중력은 중력이 아예 사라진 무중력 상태에서 가장 쉽게 경험할 수 있다. 하나는 거대한 물체로부터 떨어진 거리로 인해 느껴지며(우주 공간에서 경험하는), 다른 하나는 가속도 때문에 생긴다(빠르게 떨어지는 승강기 안에서 느껴지는 무중력). 이 두 가지는 일단 서로 관계없는 원인 때문에 생기는 것처럼 보인다. 하나는 근처에 있는 물체의 질량 때문에 생기고 다른 하나는 관성에 저항하는 힘, 또는 가속도 때문에 생기니 말이다. 하지만 뉴턴이 죽고 250년 뒤 아인슈타인은 뉴턴 역학의 일부에서 나타났던 실패를 근본적으로 수정했다. 적절한 관성계 안에서는 절대적인 시공간을 가정할 필요가 없고 이때 두 가지의 중력은 동일하다는 사실을 보여 준 것이다.

이것은 정말 코페르니쿠스가 했던 것처럼 우리의 관점을 바꿔 놓은 중대한 수정이었다. 그리고 코페르니쿠스가 그랬던 것처럼 우리는 모든 것을 내다버릴 필요가 없었다. 우리는 시간과 공간이 충분히 절대적인 것처럼 보이는 뉴턴 역학의 세상 속에서 일상을 계속 영위할 수 있다. 마치 우리 대부분이 태양이 '뜨고 진다고' 여기는 코페르니쿠스 이전의 세상에서 계속 사는 것처럼 말이다. 실제 이야기를 꽤 생략하고 단순하게 만든 설명이지만(주석을 참고하라), 요점만 얘기하면 뉴턴이 '성공적으로 틀렸고' 뉴턴의 모델에서 그가 실패한 부분이 아인슈타인에게 놀라운 통찰을 주었다는 것이다. 그러니 뉴턴은 꽤 훌륭한 일을 한 셈이다.

하지만 실패는 이보다 덜 성공적이면서도 여전히 유용할 수 있다. 아예 틀렸는데도 쓸모가 있는 경우다. 생물학에서 한 가지 사례를 들자면 오랫동안 사실이라고 알려졌던 원리인 "개체발생은 계통발생을 되풀이한다^{ontogeny recapitulates phylogeny}"를 말할 수 있다. 발음하기도 어려운 이 구절은 1866년에 '발생학의 아버지'라고 알려진 에른스트 헤켈^{Ernst Haeckel}이 만들어낸 것으로 복잡한 개념을 기억하기 쉽도록 듣기 좋게 꾸며 낸 조금 이상한 시도였다. 이 말은 알 속에서(또는 자궁 속에서) 어떤 유기체의 배아가 발생하는 전체 과정이 그 유기체가 진화해 온 모든 단계를 다시 거치는 것처럼 보인다는 뜻이다. 예를 들어 포유동물은 배아 발생 단계의 초기에 아가미 비슷한 구조물이 보이며 그래서 어느 정도는 물고기와 비슷하다. 하지만 이 구조는 결국에는 턱을 비롯해 머리와 목구멍의 근육과 뼈로 발생하는데 이것들은 물고기의 아가미가 담당하는 호흡과는 직접적인 관련이 없다. 사실상 헤켈의 이 개념은 완전히 틀렸지만 수십 년 동안 발생학 분야에서 많은 발전을 이끌었다. 이 개념은 발생적인 측면이나 진화적인 측면 모두 잘못되었다. 우리는 어류로부터 진화되지 않았다. 유인원에서 직접 진화된 것도 아니다. 다만 어류와는 약 5억 년 전, 유인원과는 약 8,500만 년에서 9,000만 년 사이에 공통 조상을 공유하고 있을 뿐이다. 어류와 우리가 공유하는 조상, 유인원과 공유하는 조상이 진화해 우리가 되었다.

그럼에도 이 실패한 개체발생과 계통발생에 대한 개념은, 생명체에서 발생이 확실하게 구별되는 단계를 따라 진행되며 생물의 구조는 초기 형태에서 진화해 나온다는 중요한 아이디어를 낳았다. 또 그 구조들은 아무리 비슷한 시기에 갈라져 나왔어도 공통 조상에서부터 천천히 바뀌어 나간다는 사실도 알려졌다. 헤켈은 철저하고 공들여 연구를 했으며 사실상 오늘날 발생학이라 불리는 과학의 한 갈래를 처음 시작했다. 특히 헤켈은 비교 해부학과 비교 발생학을 처음으로 도입했다. 서로 다른 종을 비교하면서 많은 지식을 알아낼 수 있다고 생각했기 때문이었다. 이에 따라 여러 종이 서로 관련되어 있을 뿐만 아니라 이들의 발생 과정은 특정 원리에 의해 비슷한 방식으로 이뤄진다는 결정적이고 중요한 사실이 알려졌다. 헤켈의 이 '실패'가 현대 생물학에 미치는 영향과 가치는 이루 헤아릴 수 없을 정도로 크다. 하지만 동시에 약간의 해악도 끼치는데 학교에서 헤켈의 원리를 가르치기 때문에 사람들은 여전히 그것이 진짜라고 믿기 때문이다. 배아였을 때는 우리 인간도 꼬리가 있었지, 하는 식으로 말이다.

여러분은 뉴턴과 헤켈의 실패가 결국에는 성공을 이끌어 냈다는 데 이의를 제기할 수도 있다. 그 실패는 그 자체로 목적이 아니었다는 반박이 가능하다. 하지만 내 생각에 그것은 실패에 너무 많은 것을 요구하는 셈이다. 뉴턴과 헤켈의 실패는 더 큰 통찰을 이끌어 냈을 뿐 아니라 종종 거의 예측 불가능한 영감을 준다. 또 이런 실패는 우리가 문제를 다른 관점에서 보도록 한다. 실패했던 특정 방식은 피해야 하기 때문이다. 예컨대 아인슈타인은 뉴턴의 작은 실패가 사실은 시간과 공간에 대한 근본적인 오해였다는 사실을 알아냈다. 우리는 보통 성공이야말로 더 큰 성공을 이끈다고 여긴다. 하지만 잘 알려지지 않은 사실은 실패 또한 똑같은 일을 할 수 있다는 점이다.

이것이야말로 변명을 할 필요가 없는, 성공과 어깨를 나란히 할 만한 실패다. 이런 실패는 과학의 내용물을 잘 포장해서 보관하며, 실패를 제대로 평가하지 않으면 과학이 무엇인지와 과학이 어떻게 작동하는지에 대해 절반 이상을 놓치게 된다. 내가 이 책에서 하려는 일은 이런 상황을 개선하는 것이다.

* * *

세상에는 실패에 대한 격언이 참 많다. 예컨대 중국 레스토랑에 가면 흔히 찾아볼 수 있는 포춘 쿠키에 적힌 경구들이 그렇다. 이것들만 이 절에 간추려 나열하더라도 꽤 흥미로울 것이다. 우리가 그동안 부당하게 무시하거나 무심하게 거부해 왔지만, 실패는 생각보다 폭넓고 심오한 역할을 한다.

예컨대 어떤 역할일까? 실패는 성공의 일부다. 실패는 우리가 인격을 함양하도록 도움을 준다. 실패해 보지 않은 사람은 단 한 번도 뭔가를 시도하지 않은 사람이다. 실패를 하지 않고서는 자기 자신에 대해 결코 알 수 없다. 실패하지 않으면 우리는 거꾸러졌다 일어나 다시 하던 일을 계속하는 법을 배워야 한다. 이처럼 실패는 몹시 많은 일을 한다. 분명 여러분은 이런 격언을 많이 들어 왔을 테고 진부한 잔소리라 생각할지 모른다. 하지만 그래도 이건 여전히 유효한 조언이다. 누군가 여러분에게 전화를 걸어 와서 연애에 실패했다거나 직장에서 곤란을 겪는다거나 응원하던 스포츠 팀이 졌다느니 해서 제정신이 아닐 정도로 우울해 할 때 특히 더 그렇다. 확실히 실패는 삶의 일부고 그것을 잘 추스르는 일은 여러분이 행복하게 지내기 위해 중요하다. 그리고 세상에는 그 방법을 시시콜콜하게 조언해 주는 책들이 수도 없이 많다. 여기에 대해 조금 살펴보자.

이 책에서 흥미롭게 보는 내용은 이런 조언들과는 사소하지만 중요한 부분에서 다르다. 우리는 실패가 언제, 어느 지점에서 실제로 성공의 필수적인 일부가 되는지를 알아보려 한다. 성공과 마찬가지로 살필 가치가 있는 실패 이야기는 단순히 인내심을 가진 젊은이들이 좌절하다가 끝내 성공을 거두는 희망에 찬 이야기가 아니다. 그보다는 제대로 성공을 거두기 위해 정말로 반드시 필요한 실패다. 토머스 에디슨Thomas Edison의 실패담과 알베르트 아인슈타인의 실패담은 다르다. 에디슨은 자기가 결코 실패한 적이 없다고 말했다. 단지 제대로 작동하지 않는 1만 번의 방식을 발견했을 뿐이라는 것이다. 그리고 마침내 에디슨은 성공을 거뒀다. 물론 에디슨이 잘못된 시도를 정확히 1만 번만 한 것은 아닐 것이다. 하지만 여기서 정확한 숫자가 중요하지는 않다. 엄청나게 많은 시도를 했고 마침내 성공했다는 점이 중요하다. 그렇지만 이것은 발명가에게는 좋은 교훈이지만 과학자에게는 그렇게 좋은 교훈이 아니다. 아인슈타인은 평생 실패와 함께 살았다. 스스로의 실패뿐만 아니라 다른 사람의 실패도 섞여 있었는데 그것은 그저 제대로 작동하지 않는 방식을 뜻하지만은 않았다. 아인슈타인이 일하는 과정에서 만난 실패는 깊숙이 자리한 모순이거나 이론상의 실패였다. 때로는 실패가 성공보다 더 많은 이해를 가져다주기도 했다. 실패가 없으면 과학도 없다.

하지만 이것이 인간의 다른 위대한 노력에도 전부 해당하지는 않는다. 예컨대 사업에서 성공해 부자가 되기 위해 처음부터 일부러 실패할 필요는 없다. 소설가로 성공하기 위해 실패한 글을 쓸 필요도 없고 좋은 의사가 되기 위해 반드시 몇 명의 환자를 죽여야 하는 것은 아니다. 이런 직업에서는 꼭 실패가 요구되지 않는다. 물론 이 분야에서도 실패가 일어나고 사실은 불행히도 종종 그렇다. 한 분야에서 성공을 거둔 사람들은 우리에게 실패가 성공의 열쇠라고 설득하려 할지 모른다. 그리고는 희망을 불어넣는 이야기를 들려주고 여러분이 실패를 겪어 나가는 데 도움이 될 자기계발서를 건넬 것이다. 하지만 이들의 방식은 자기에게만 해당하는 회고담일 것이다. 실패를 했지만 곧 성공한 이야기이기 때문이다. 그리고 실패 없이 곧바로 성공을 거둔 사람들은 우리가 들을 만한 이야기를 들려주지 못하며 쓸 만한 조언도 갖고 있지 않다. 예를 들어『남태평양 이야기 Tales of the South Pacific, 1947』를 쓴 소설가 제임스 미치너 James Michener는 누군가 성공적인 작가가 되는 법을 묻자 이렇게 답했다. "당신이 쓴 첫 번째 소설을 각색해서 유명 작곡가 로저스와 극작가 해머스타인에게 맡겨 뮤지컬로 만들어 봐요." 감히 아무나 할 수 있는 일이 아니다. 이게 좋은 조언일까?

실패는 모든 분야에서 심심치 않게 일어나지만 언제나 꼭 필요한 요소는 아니다. 하지만 과학은 예외다. 과학 분야에서는 실패가 성공만큼이나 우리에게 정보를 많이 가져다준다. 가끔은 성공 사례에 비해 나을 수도 있다. 물론 가끔은 그렇지 않지만 말이다. 실패를 하면 처음에는 실망하기 마련이지만, 성공을 한다고 해서 새로운 아무것도 발견하지 못한다면 그것은 순간의 쾌락에 불과하다. '결론'이란 단어는 과학에서 흥미롭게도 이중적인 의미를 가진다. 우리는 보고서나 논문에서 결론을 제목으로 다는 경우가 많다. 물론 '실험 방법과 결과'를 서술한 이후에 결론이 나오지만 말이다(오늘날에는 '결론'을 '논의'라고 고쳐 부르는 경우도 많다. 그러면 조금 더 겸손해 보인다). 이때 결론이란 데이터에서 추론하거나 이끌어 낸 내용, 다시 말해 여러분이 성공적으로 찾아낸 내용이다. 하지만 결론에는 '결말'이라는 의미도

들어 있다. 하지만 우리는 단순한 결말로 끝나기를 결코 바라지 않는다. 대부분 '결론'은 그 자체로 새로운 질문들을 이끌어 낸다. 이렇게 여러 질문이 생기는 까닭은 본문의 실험에서 예상한 결과가 나오지 않았기 때문이다. 실패를 한 셈이다. 핵물리학의 선구자 엔리코 페르미Enrico Fermi는 학생들에게 이렇게 말했다. "실험을 통해 가설을 증명하는 데 성공하면, 여러분은 측정을 한 데 지나지 않는다. 하지만 가설을 증명하는 데 실패하면 여러분은 뭔가 발견을 한 것이다."

과학 분야에서는 실패를 해도 잘 삼키고 소화해야 할 뿐 아니라 실패 자체를 즐겁게 맛보는 일도 필요하다.

실패가 과학에서 불가피한 데다 환영할 만한 요소라는 주장을 받아들인다면, 이제 실패를 얼마나 해야 바람직한가라는 질문을 던질 법하다. 나중에 살펴보면 실패는 단순히 그 자체로 끝이 아니다. 적어도 나는 꽤 확신한다. 하지만 사람들은 용인할 만한 실패의 양에 대해 너무 적게 잡는 경우가 흔하다. 실패의 규모에 대해 감을 잡기 위해 다른 분야로 잠깐 넘어가 실패에 대한 인내심의 범위가 얼마나 되는지 알아보는 게 어떨까? 자연 속의 사례를 먼저 살펴보자.

야생에는 덩치 큰 포식자들이 있다. 정글의 왕, 바다의 왕, 하늘의 왕을 비롯해 「내셔널 지오그래픽」 특집에나 나올 정도의 살상 기계들이다. 하지만 이 포식자들이 한번 쫓아간 먹이를 사냥하는 데 성공하는 확률은 고작 7%다. 여러분은 사자, 범고래, 매 같은 포식자라면 배가 출출해 간식거리가 생각나면 언제든 약하고 불쌍한 동물을 덮쳐 사냥할 수 있으리라 생각할 것이다. 그렇지만 이들은 사냥을 나가도 93%의 시간 동안은 먹잇감을 잡는 데 실패한다. 포식자들이 약삭빠르고 거의 언제나 사냥을 하고 있는 것은 바로 이런 이유 때문이다. 또 그래서 이 포식자들은 일반적으로 떼 지은 먹잇감의 주변을 어슬렁대다가 병들거나 약하고 다 늙은 먹잇감을 골라 사냥한다. 팔팔하고 젊으며 맛 좋은 먹잇감은 사냥에 실패할 확률이 더 높다. 그럼에도 우리는 이들 포식자가 여전히 먹이사슬의 꼭대기에 있다고 여기며 생태계의 왕으로 떠받든다. 그러니 생물학적 관점에서 여러분은 수많은 실패를 하고도 품위 있는 생활을 누릴 수 있는 셈이다. (어쩌면 여러분은 생각을 뒤집어 먹잇감이야말로 93%나 되는 놀라운 확률로 성공을 거두지 않느냐고 반문할 수 있다. 하지만 그렇게 단순한 계산이 아닌 것이, 먹잇감은 단 한 번의 실패로 모든 것이 끝이기 때문이다. 그리고 나는 개인적으로 과학자들이 먹잇감이 아니라 사냥꾼이기를 바란다.)

진화 그 자체도 경이로운 실패의 결과물이다. 지금껏 지구상에 얼굴을 비췄던 생물 종의 99% 이상은 현재 멸종했다. 생물 종은 계속해서 멸종되는 중이며 몇몇 과학자들은 오늘날 그 속도가 우려할 만하다고 여긴다. 그렇다면 이렇게 엄청난 실패 속에서 오늘날 우리가 눈앞에서 보는 놀라울 만큼 복잡한 생명체들이 어떻게 탄생했던 걸까? 이 놀라운 동식물과 생태계 전부가 실패에 의해 만들어졌다는 말인가? 선뜻 믿기 힘들다. 그런 만큼 누군가 모든 것을 창조했다는 이야기가 유혹적으로 들리며 많은 사람들이 이런 설명을 믿는다는 것도 놀랍지 않다. 창조에 대한 대안적인 설명이 실패 이야기라면 말이다. 하지만 좋든 싫든, 생명은 그런 식으로 실패를 통해 진화했다.

찰스 다윈Charles Darwin은 위대한 통찰력을 보여 주었다. 어떤 유기체의 몸의 구조가 무작위한 변동을 겪으며 그 가운데 유기체에게 유리한 변화를 선택하는 과정에 의해 생물이 진화한다는 것이다. 그에 따라 시간이 지나면 쓸모없거나 해로운 변화는 싹쓸이되어 사라진다. 심지어는 현재 상태에 그대로 머무르지도 않는다. 오늘날 우리는 이렇듯 변화가 생기는 이유가 유전자의 돌연변이 때문이라는 사실을 알고 있다. 돌연변이는 엄청나게 많이 이뤄지지만 대부분 실패작이다. 그러면 실패작은 사라지는데 대부분은 즉각 모습을 감추지만 그중에서 덜 실패한 작품은 수십만 년, 심지어는 수백만 년 동안 남아 있기도 한다. 하지만 결국 실패는 실패다. 수십억 년에 이르는 생명체의 진화사는 무엇보다도 실패의 기록이다.

그리고 여기서 끝이 아니다. 진화가 이뤄지는 실제 메커니즘은, 즉 과학자들이 무작위적 돌연변이라고 그럴듯하게 얘기하는 이 메커니즘 자체는 실패에 의존해서 이뤄진다. 정자와 난자 세포는 DNA를 복제해서 부모에서 자손으로 전달한다. DNA는 이중나선 구조로 유명한 분자이며 마치 나선형 계단 두 개가 서로 휘감으며 얽혀든 모양새다. DNA가 유전 기능을 담당하는 데는 이 이중 구조가 핵심적인 역할을 한다. 두 개의 나선은 서로의 복제본이다. 난자나 정자 세포에서는 이 나선이 서로 분리되는데 이 안에서 각 나선은 세포 안의 효소와 화학물질을 활용해서 스스로 제 짝을 다시 만들 수 있다. 즉 자기가 혼자서 복제되는 것이다. 하지만 이 복제 과정은 완벽하지 않다. 약간의 실수가 생긴다. 과학자들은 이 실수를 가리켜 무작위 돌연변이라고 부른다. 이 돌연변이가 무작위적인 이유는 복제를 하는 화학적 과정이 불완전하기 때문이다. 이때 특정한 종류의 실수가 더 많이 이뤄지는 일은 없다. 이 가운데 몇몇 실수는 유전자에 변화를 가져온다. 이렇듯 DNA 분자의 일부 조각인 유전자에 변화가 생겼는데 그것이 운 좋게도 개체에 이익을 가져오는 특성을 가졌다면, 이런 개선된 유전자를 물려받은 후손은 예전 유전자를 그대로 가진 사람들보다 이득을 볼 것이다. 몸이 강하고 빠르든, 머리가 똑똑하든 무언가 장점을 가지는 것이다. 기본적으로 이 과정은 복제에 실수가 일어나는 일종의 실패이며 대부분 유전자의 변화는 해롭거나, 그렇지는 않더라도 쓸모없기가 일쑤다. 하지만 이런 복제 메커니즘에서 실수가 일어나지 않는다면 진화가 아예 불가능할 것이다. 자연선택이 벌어지지 못하기 때문이다. 엄청난 실수와 실패의 파도 속에서 생물들의 세계가 모습을 드러낸다. 발생하는 배아부터 무척 정교한 생태계에 이르기까지, 무척 복잡하고 시계 태엽장치처럼 정확해 보이는 생명체들 전부는 거의 상상할 수 없는 규모로 벌어지는 실패 때문에 생겨난다. 우리가 수십 억 년을 산다면 그동안 꽤나 많은 실패를 견뎌야 할 것이다.

우리 생활에 더 밀접한 운동선수의 예를 들어 보자. 운동선수라면 성공을 거두는 게 중요하며 실패를 하지 않도록 조심해야 할 것이다. 스포츠 분야에서는 실패를 어떻게 받아들여야 할까? 예컨대 야구에서는 타자의 연봉을 결정하는 중요한 요인이 대개 타율이다 (포수는 그렇지 않지만). 타율은 타자가 공을 쳐서 베이스에 안전하게 도달할 확률이다. 타율을 계산하려면 타자가 공을 친 횟수를 전체 타수로(타자가 타석에 들어선 횟수, 다시 말해 타자가 공을 칠 기회가 몇 번이었는지를 나타낸다) 나눠야 한다. 야구는 시즌이 꽤 오래 계속되고 타자들은 평생 열 번 이상의 시즌에 나서기 때문에 이 타율은 소수점 아래 세 개의 유효숫자로 계산된다. 예컨대 양키스 팀의 유명한 선수 조 디마지오[Joe DiMaggio]는 평생에 걸친 타율이 0.325였다. 이때 소수점을 빼고 '디마지오는 선수 생활 내내 평균 타율이 325였다'라는 식으로 말하는 경우가 많다. 조 디마지오는 미국 야구 역사상 최고의 선수이고 라이벌이었던 보스턴 레드삭스의 테드 윌리엄스(Ted Williams, 평균 타율 344)와 함께 최고의 타자로 쌍벽을 이뤘다. 하지만 평균 타율을 살피면 이들은 타석에 10번 나갔을 때 7번은 실패했다는 사실을 알 수 있다. 삼진아웃을 당하거나, 내야 땅볼을 치고 아웃당하거나, 플라이아웃을 당하는 등 가능한 모든 방식으로 실패했던 것이다. 아니면 선수 대기석에 물러앉아 다음 번 기회를 기다렸을지도 모른다.

(보다 정확하게 말하자면, 투수가 스트라이크존에서 벗어난 공을 4번 던지고 그동안 타자가 방망이를 휘두르지 않아 타자가 1루에 진출하는 경우도 있다. 하지만 야구에서 통계를 낼 때는 이런 경우를 타수에 넣지 않기 때문에 타율에 영향을 미치지 않는다. 실제로 테드 윌리엄스는 이런 출루가 2,021번이었지만 디마지오는 790번뿐이었다. 이런 경우가 생기는 데는 복잡한 이유가 있는데, 타자의 기술 때문일 수도 있고 전략 문제일 수도 있으며 여기서 다루기에는 그렇게 적절하지 않은 사소한 여러 요소들 때문이기도 하다. 이렇게 계속 나가다 보면 야구의 자질구레하고 세세한 사항까지 길게 늘어놓을 것 같으니 여기서 그만 멈추겠다.)

디마지오는 13번의 시즌을 겪는 동안 6,821번 타석에 나서서 그중 2,214번 공을 쳐 출루했다. 하지만 나머지 4,607번은 아웃을 당했다. 아웃 당한 숫자가 세이프를 기록한 숫자보다 거의 2배는 된다. 테드 윌리엄스는 더 인상적인 결과를 보인다. 윌리엄스는 19번의 시즌에 걸쳐 7,706번 타석에 나갔고, 그중 2,654번 공을 쳐 출루했지만 나머지 5,052번은 아웃을 당했다. 미국 야구 역사상 최고라는 두 선수도 합치면 거의 1만 번이나 실패를 한 셈이다!

평균 타율이 300을 넘어가는 타자는 드물며 이들은 몹시 높은 보수를 받는다. 연봉이 1,000만 달러를 넘을 정도다. 10번 중 7번을 실패해도 그 확률을 믿음직하게 지키면 1,000만 달러를 받는 셈이다. 실패를 해도 꽤 짭짤한 수당을 버는 것 같다.

그렇다면 앞에서 던졌던 질문의 답은 무엇일까? 우리는 얼마만큼의 실패를 용인할 수 있을까? 물론 여기서 정확한 숫자를 계산할 수는 없다. 하지만 앞의 몇몇 사례를 보면 받아들일 만한 실패율은 여러분이 생각했던 것보다 훨씬 높다. 조금 극단적으로 말하면 여러분은 일생에 한 번만 성공을 하면 된다. 여기에 비해 실패는 여러분의 자원이나 시간이 바닥나지 않는 이상 몇 번이고 계속해도 괜찮다. 실패율이 80~90%이라도 그 확률만 흔들리지 않고 지킨다면 성공적이라고 간주할 수 있다. 뭔가를 배우는 과정에서는 경험이 무척 중요하다. 하지만 우리가 처음부터 실패 없이 해낸다면 경험을 결코 얻을 수 없을 것이다. 과학자 닐스 보어^{Niels Nohr}에 따르면 전문가란 "굉장히 좁은 분야에서 가능한 온갖 실수를 전부 저지른 사람"이다. 좁은 분야에서 성공을 거둔 사람이 전문가가 아니라는 사실을 기억하자.

2
《
잘 실패하기: 사무엘 베케트의 교훈

끊임없이 시도하라.
끊임없이 실패하라.
그래도 상관없다.
다시 시도하라.
다시 실패하라.
다만 잘 실패하라.

- 사무엘 베케트^{Samuel Beckett}

이 장을 쓰면서 영국 소설가 마리나 레비츠카^{Marina Lewycka}가 인용한 사무엘 베케트의 덜 알려진 후기 단편소설의 이 구절을 떠올렸다. 내가 이 인용구를 처음 접할 때는 자기계발서나 경영서의 중요한 주제로 활용되어 실용서 저자인 티모시 페리스^{Timothy Ferriss}의 유명하고 흔한 책에 표제로 쓰이곤 했다. 시간이 거의 없을 때 노력을 거의 들이지 않고도 멋진 결과를 얻을 수 있는 비법을 알리는 매뉴얼이었다. 그러다가 나는 「슬레이트^{Slate}」지에 실린 어떤 기사 덕분에 이 구절이 실리콘 밸리 같은 사업 환경에서도 꽤 매력적인 교훈을 준다는 사실을 알았다. 처음에 나는 이 구절을 그대로 받아들였다가는 이 장을 통째로 날려 버릴지도 모른다고 생각했다. 그렇게 도움이 되지 않는다고 여겼던 것이다. 하지만 이후에 이 인용구를 사용한 다른 글들을 읽으면서(거의 에세이였다) 나는 이 구절이 거의 모든 사람들이 실패를 어떻게 생각하는지, 그것이 과학 속의 실패와 어떤 관계가 있는지 드러내는 완벽한 사례라는 사실을 깨달았다. 사무엘 베케트보다 더 나은 공모자였다.

이 간단한 구절은 대개 실패에 대한 진부한 이야기를 하는 문학적인 인용구로 받아들여졌다. "다시… 다시…" 식의 수식어가 그랬다. 하지만 베케트가 이렇게 단순하게 이야기를 하는 경우는 드물다. 브룩스 앳킨슨^{Brooks Atkinson}은 「뉴욕타임스^{New York Times}」에 『고도를 기다리며^{Waiting for Godot}』에 대한 비평을 하면서 "수수께끼에 둘러싸인 미스터리"라고 했다. 내가 무척 좋아하는 문학 평 가운데 하나이고 베케트에 대한 전체적인 비평으로서도 그렇게 나쁘지 않다.

하지만 여러분은 안심해도 괜찮다. 여기서 베케트에 대한 비판적인 해석을 하려는 것은 아니기 때문이다. 다만 저 인용구만큼은 약간의 시간을 들여 들여다볼 만큼 무언가 특별히 날카로운 데가 있다. 베케트가 실패에 대한 자기 생각을 드러내는 일은 그렇게 흔하지 않지만 내 생각에는 과학 안에서 벌어지는 실패의 의미와 무척 가까워 보인다.

이 인용구는 무척 간결하고(여섯 문장에 열세 단어다!) 그 안에 담긴 뜻은 언뜻 그렇게 대단치 않은 것 같다. 실패에 대한 자전적인 인생 경험일지도 모른다. 간단명료하다는 점을 빼면 자기계발서의 첫 문장이라고 해도 좋을 정도다. '그렇다, 난 뭔가를 시도했지만 실패했다. 하지만 그렇다고 멈추지는 않을 것이다! 또 다시 실패하더라도 나는 한 번 더 시도할 것이다!'라고 말하는 것 같으니 말이다.

하지만 마지막 문장이 갑자기 눈에 들어온다. '잘 실패하라.' 이게 무슨 뜻일까? 어떻게 해야 실패를 잘할 수 있는가? 더 낫게 실패하거나, 더 나쁘게 실패하는 법도 있을까? 실패는 실패일 뿐이지, 더 중요한 것은 우리가 실패를 어떻게 다루고 어떻게 회복하며, 극복하는지가 아닌가? 베케트는 다시 시도를 했지만 그것은 성공하기 위해서가 아니라 제대로 잘 실패하기 위해서였다.

대중소설을 쓰는 데 실패한다거나(능력이 충분했지만), 유명해지는 데 계속 실패하거나, 일부러 실패하려는 마음 없이 실패하고 다시 시도하는 일 따위의 선택지는 베케트에게 없었다. 잘 실패하는 것은 일부러 성공을 피한다는 뜻이 아니었다. 베케트는 이미 성공하는 법을 알고 있었기 때문이었다. 잘 실패한다는 말의 의미는 자기가 알고 있는 범위를 벗어난다는 뜻이었다. 바로 무지를 발견한다는 의미였다. 무지란 자기 자신에 대한 미스터리가 풀리지 않고 남아 있는 장소다. 물론 다시 시도를 해야 하지만 꼭 성공하기 위해서는 아니다. 다시 시도하는 이유는 잘 실패하기 위해서다.

과학자들은 내가 제안하는 실패에 대한 이런 평범하지 않은 정의를 받아들여야 한다. 빤한 결과가 반복되는 것을 피하기 위한 유일한 전략으로 일부러 실패하려는 사람도 있을 것이다. 잘 실패한다는 것은 빤한 것 너머를 바라보거나, 우리가 아는 그 너머, 어떻게 해야 하는지 알고 있는 것 너머의 것을 본다는 뜻이다. 잘 실패하려면 질문을 던지고 결과를 의심하며 불확실성에 푹 젖어 들어도 괜찮다는 마음가짐이어야 한다.

하지만 성공하기 전에 실패를 자주 겪다 보면 실패를 그만하고 싶은 마음이 든다. 일단 성공을 하고 나면 이후에 실패를 피하는 데 도움이 될 방법을 알 수 있다. 하지만 이것은 과학을 하는 방식이 아니다. 성공은 더 많은 실패를 이끌 뿐이다. 성공을 한다 해도 엄격한 시험을 거치고, 그것이 우리에게 말해 주는 것뿐 아니라 말해 주지 않는 것에 대해서도 고려해야 한다. 성공은 우리가 모르는 것이 또 무엇인지를 알려줘야 한다. 성공은 결국 실패에 이를 때까지 도전을 받아야 한다. 이런 종류의 실패는 사업이나 심지어는 공학 분야와도 종류가 다르다. 그러니 이런 말이 나오는 것이다. "한두 번 실패하는 것은 괜찮다(특히 그 비용을 다른 사람이 치른다면). 우리가 실패로부터 뭔가 배운다면 말이다. 하지만 실패는 이 정도로 족하다." 공학 분야의 사람들은 크게 실패하고 실패로부터 빨리 배우라고 얘기한다. 마치 실패란 되도록 빨리 빠져나와야 하는 대상일 뿐이라고 취급하는 셈이다. 영화업계의 큰손인 마이클 아이스너^Michael Eisner는 1996년에 이렇게 말했다. "실패란 그것이 습관이 되지 않는 한도 안에서 좋은 것이다." 일단 성공을 거두면 미끄러지거나 퇴보하면 안 된다는 것이다. 하지만 과학에서 실패는 퇴보가 아니다. 실패는 성공만큼이나 발전을 이끈다. 그리고 과학에서의 실패는 한 번 겪고 극복해야 할 대상이 아니라 습관이 되어야 한다.

베케트는 더 좋은 실패를 통해 자신의 영역을 축소하는 대신 확대했다. 그 과정은 정확하지는 않지만 성공하려고 애쓰는 과정의 정반대였다. 하지만 그것이 반드시 성공을 의미하지는 않았다. 마치 실패하려고 애쓴다 해도 그것이 반드시 실패는 아니듯이 말이다. 성공하려고 애쓴다는 것은 기술을 날카롭게 벼리거나 전략을 연마하고 문제를 좁히며 해결법에 집중하는 일을 수반한다. 물론 때로는 이것들 모두 나쁘지 않다. 사실 매일 일상적으로 행하는 과학에서 이것은 성취를 가져오는 비결이다. 논문을 출간하거나 연구비를 받는 게 목표라면 말이다. 과학이란 바로 그런 것이라고 얘기할 과학자들도 여럿이다. 퍼즐의 조각을 이어붙이는 것이 과학이며 더 많은 조각을 모을수록 성공이라는 것이다. 이런 몹시 실용적인 접근에 반박하기는 쉽지 않다. 여기서 '성공'이란 우리가 앞에서 논의했던 의미인 듯하다.

하지만 이런 과정은 과학을 구석으로 몰아넣고 더 넓은 문화와 분리하며, 후속 세대인 학생들을 가로막고, 과학을 거대한 사실들의 구렁텅이이자 과학자들의 노력을 점점 더 좁은 특수 분야로 찢어놓을 뿐이다. 아무도 과학자들이 어떤 일을 하는지 모른다. 다들 이런 상황이 뭔가 잘못되었다고 느낀다. 점점 세부사항으로 깊숙이 들어가는 문헌들이 기하급수적으로 쏟아져 나오면서 그것들을 따라잡을 수도 없고, 그중에서 무엇을 우선적으로 살펴야 할지도 합의할 수 없다. 그에 따라 우리의 지식만으로 공공정책에 영향을 끼치는 것도 힘들어 보인다. 과학자들은 점점 더 괴짜들의 비밀 사회 속에 처박혀 있고, 그나마 사회에서 인정을 받는 이유는 우리가 때때로 도저히 알 수 없는 기기를 다뤄 몇몇 기계와 치료약을 만들어 내기 때문이다. 그리고 그런 일이 많이 일어날수록 세금을 내는 대중은 그런대로 만족하고 '뭘 하는지는 모르겠지만 어쨌든 당신들이 하겠다니 괜찮다'며 계속 지원해 준다. 이런 일련의 과정은 몇몇 세부 분야에서는 성공이라 비칠지 몰라도 결국 언젠가는 동력이 떨어질 운명이다. 그렇지 않더라도 먼저 우리가 지루해서 나가떨어질 지경이다.

그렇다면 대안은 무엇인가? 잘 실패하는 것이다. 하지만 그러려면 어떻게 해야 할까? 베케트에 따르면 그 과정이 쉽지는 않다. 예를 들자면 '잘 실패할' 것처럼 연구비 지원서를 작성한다. 잘 실패할 것으로 예상되는 연구 전략과 프로그램에 맞는 일자리를 구한다. 온갖 기회마다 잘 실패할 것을 약속하는 연구실로 학생들을 끌어 모은다.

마치 정신 나간 소리처럼 들릴 것이다. 하지만 그럼에도 이렇게 해야 올바른 방향으로 나아갈 수 있다. 여러분이 연구비 지원서를 검토한다면 그것이 얼마나 잘 실패할 것인가에 관심을 가져야 한다. 하지만 단순히 그것이 성공하지 않을지에 초점을 맞추지 말고, 얼마나 쓸모 있게 실패할 것인지를 살펴야 한다. 성공하지 않는 것은 실패와 동의어가 아니다. 적어도 과학에서는 그렇지 않다. 토머스 에디슨은 완벽한 전구를 만드는 동안 1만 번 성공하지 못했던 일을 두고 여러 번의 실패를 겪는 것은 기술과 발명을 위한 올바른 방식이라고 했다. 실리콘 밸리의 사업가들에게도 이것은 나쁘지 않은 주문이다. 왜냐하면 인내심을 갖고 한동안 성공하지 못해도 견디라는 의미를 담고 있기 때문이다. 하지만 이것은 잘 실패하기와 정확하게 같지는 않다.

우리가 앞으로 5년에 걸친 연구 계획을 막 제출한 교수 후보자에게 던질 만한 올바른 질문은 다음과 같다. 그 계획이 실패할 확률이 얼마나 되는가? 이것만 알아도 일이 절반 넘게 끝난 것이다. 내 생각에는 절반이 훨씬 넘지만 말이다. 다른 질문은 지나치게 단순하거나 해당 시기에만 적절한 것들이다. 또 젊은 과학자에게 던지는 질문이라면 충분히 모험적이지도 않을 것이다. 그리고 5년짜리 계획을 누군가 제출했을 때 그것이 정말 믿을 만한가? 아직 오지 않은 미래의 5년을 예측하는 사람이 누가 있겠는가? 어떤 문제에 대해 5년 이후를 믿음직하게 예측한다면 그것은 과학이라 할 수 없다. 과학은 우리가 아직 모르는 것을 탐구하며 어떻게 그것을 알아갈 것인지에 대한 방법이다. 그리고 아무도 그것이 무엇인지 모른다. 우리는 종종 우리가 무엇을 모르는지도 모른다. 이렇듯 무엇을 모르는지도 모르는 이 깊은 무지를 드러내는 방식은 실패뿐이다. 이런저런 질문을 해결하기 위해 실험을 설계했다가 실패하면, 우리는 더 나은 질문이 필요하다는 사실을 깨닫게 된다. 그러니 내가 젊은 과학자에게 던지고 싶은 질문은 이것이다. 당신은 실패를 어떻게 꾸려 나갈 것인가?

사람들은 밝고 긍정적인 면에 집중하면서 실패를 견뎌야 한다고 여기지만 실은 그렇지 않다. 실패는 일시적인 상태가 아니다. 성공하고자 하는 사람이라면 실패를 포용하고 실패와 함께 부지런히 일해야 한다. 형편없이 실패할 수도 있고 제대로 실패할 수도 있다. 그러니 여러분은 스스로의 실패를 개선해야 한다! 다시 말해 잘 실패해야 하는 것이다.

그렇다면 어떻게 해야 할까? 내가 실패를 어떻게 해야 한다는 처방전을 내리는 것은 바보 같은 짓이다. 마치 확실하게 성공하는 법을 알려 주겠다는 것과 마찬가지다. 단 하나로 통용되는 방법이란 존재하지 않기 때문이다. 다만 나는 참고용으로 개인적인 경험을 토대로 약간의 제안을 할 수 있다. 먼저, 나는 잘 실패하는 것이 오늘날의 문화에서 쉽지 않다는 사실을 안다. 지금 이 순간에도 실패가 만들어 낸 기회들은 기껏해야 여러분이 이상할 정도로 빗나간 데이터를 조사하거나 더 이상 바람직하지 않다고 여겨지는 미친 듯한 프로젝트를 조금 더 연장하기 위한 개인적인 선택이나 그것에 대해 결정을 내리기 위해 도입한 책략으로 간주될 것이다. 그것은 일종의 일시적인 속임수이자 연구비를 받지 못하지만 그래도 애정이 가는 아이디어를 담아 놓는 비밀 서랍이다. 여러분도 알겠지만 그 서랍은 양쪽을 번갈아 두들기고 아래위로 흔들어야 비로소 열린다. 우리가 실패에 집중해야 하는 이유는 그것을 바로잡기 위해서가 아니라 실패가 흥미로운 것들을 이야기해 주기 때문이다. 또 실패는 여러분을 겸손하게 만들며 예전 경험으로 돌아가 오래 묵혔던 관점을 다시 검토하게 한다. 너무 사소해서 무시해도 좋을 만한 실패는 없다.

예를 들어 G-단백질이라 알려진 효소 집단을 발견하게 된 중요한 계기는 실험실 유리기기를 세척하는 데 쓰는 세제가 기기에 약간의 알루미늄을 남겨 놓는다는 사실에 대한 발견이었다. 알루미늄은 G-단백질이 활성화하는 데 핵심적인 보조인자였다. 하지만 처음에는 아무도 이 사실을 눈치 채지 못했다. 알루미늄 때문에 몇 년에 걸쳐 여러 번의 실험이 실망스러운 실패로 돌아갔다. 하지만 결국에는 약리학 분야에서 가장 중요한 발견이 따라 나왔고 노벨상도 수여되었다. 이런 생산적인 실패 덕분에 그동안 전혀 생각치도 않았던 발견을 하게 된 사례는 크든 작든 수백, 수천 건이 존재할 것이다.

하지만 문제는 우리가 결국에는 성공으로 끝난 실패담만을 기억한다는 점이다. 그런 실패가 더 훌륭해서가 아니다. 그런 이야기만이 사람들 입에 오르내리고, 그래서 그 자료가 주로 남아 있기 때문이다. 물론 단순히 '이런, 이 봉우리가 아니네. 다른 곳으로 가자.'라는 식의 실패 사례도 있다. 그리고 이런 실패들 또한 가치가 있다. 그 문제에서는 창의적이며 우아하고 깊이 있는 사례를 제공할 수 있기 때문이다. 그러니 그런 실패 또한 충분히 예우할 만한 가치가 있고,

나중에 여기에 대해 짧게 살펴볼 예정이다.

한편, 일이 결국 성공으로 끝난 경우에는 중간 과정의 실패가 갖는 고유한 가치를 알아보기가 더 힘들 것이다. G-단백질을 확인한 경우처럼 뭔가를 새로 발견한 경우가 그렇다. 하지만 실패는 그것이 제공하는 교정 기회 말고도 두 가지의 고유한 가치를 더 지닌다. 하나는 아마도 꽤 명확한 것인데, 실패가 나중에 무엇이 될지 예측할 수 없다는 점이다. 실패는 결국 성공을 이끌 수도 있지만 막다른 골목으로 우리를 끌고 갈 수도 있다. 더 흔하게 나타나는 경우는 부분적인 성공을 끌어내 일을 보다 진전시킨 다음 다시 실패하는 것이다. 그러면 실패한 부분에 대해 수정을 할 수 있다. 이렇듯 실패에서 실패로 엮이며 나아가는 반복적인 과정이야말로 과학이 진보하는 방식이다. 조금씩 개선되며 나아가는 과정인 것이다.

또한 실패는 그저 수정과 개선을 제공해 어떤 발견을 이끄는 데 그치지 않는다(예컨대 플라스틱을 사용해 유리기기 속의 알루미늄 양을 조절하는). 실패는 우리가 미래의 실험에 대해 생각하는 방식을 근본적으로 바꿀 수도 있다. 위의 사례에서는 효소에 대한 우리들의 관점과 효소가 어떻게 작동하며 그것을 어떻게 발견하는지에 대한 지식이 바뀌었다. 이제 우리는 미량원소가(지금까지 알려진 미량원소는 구리, 철, 마그네슘, 아연 등이 있다) 아주 적은 양으로도 효소가 제대로 기능하는 데 몹시 중요한 역할을 한다는 사실을 안다. 이런 지식은 유리기기 같은 예상치 못한 장소에서 불쑥 튀어나온다. 그러니 이런 경우에 실패는 일종의 데이터다. 실패한 실험들도 가치가 있고 제 역할을 한 셈이다. 불순물인 알루미늄이 실험을 확실히 실패로 돌아가게 해 주었기 때문이다. 과학자들이 일부러 실험을 실패하려고 의도하지는 않지만 종종 그렇게 되어 버린다. 그러면 과학자들은 성공한 실험만 골라 기억하며 위안을 받는다. 그리고 실패는 찬양받지 못하고 잊힌다.

실패를 질색하는 것은 젊은 과학자들뿐만이 아니다. 실패를 지켜보는 것은 무척 고통스럽다. 과학자들은 경력을 쌓는 과정에서 연구비를 받아야 할 때 자기가 성공을 거둔 측면을 부각하고 이런 성공적인 작업의 연장선 위에 있는 실험을 제안하려는 경향이 있다. 그런 실험이 생산적인 결과를 낼 확률이 높아서다. 과학자들은 서랍 안에 들어간 실험들을 점점 덜 언급하게 되고 마침내 서랍은 완전히 닫혀 버린다. 그리고 실험실은 깔때기처럼 재료가 들어가고 결과물이 나오는 일종의 기계로 변한다. 돈이 들어가고 논문이 나오는 것이다.

물론 나는 이런 현상이 오래 지속되지 않기를 바란다. 과거에는 이런 상황이 아니어서 과학이 성공할 확률이라든지 결과를 꼭 보여야 한다든지 하는 것과는 전혀 상관이 없었다. 사실 나는 이것이 최고의 과학을 만들어 가는 데 방해가 된다고 생각한다. 과학자들이 매일 현실적으로 마주하는 상황이라는 점을 인정하지만 말이다. 하지만 그래도 우선순위가 바뀌었다는 느낌은 지울 수가 없다. 실험을 하면서 퍼즐 조각을 맞추는 쉬운 작업을 판단의 기준으로 삼는 한편, 새롭고 창의적인 아이디어는 아무도 모르는 서랍에 처박아 두고 있다. 여기에는 대가가 따른다. 이것은 정말로 금전적인 대가를 뜻한다. 점점 좁아지는 사냥터에서 모두 모여 사냥을 하는 것은 시간과 인력 낭비이기 때문이다. 물론 이미 익숙한 가로등 아래에서 일을 할 수도 있지만 가끔은 빛이 들지 않는 어둠 속에서 헤매야 할 때도 있다. 어두침침해 앞이 보이지 않고 실패할 확률도 높은 곳 말이다. 빛이 드는 영역을 넓히려면 이 방법뿐이다.

나는 알츠하이머에 대한 최신 연구 동향을 다루는 세미나에 참석한 적이 있었다. UCLA에서 일하는 신경학자 데이비드 테플로David Teplow가 겨우 2000년 전후로 연구하기 시작한 'Aβ 단백질'이라 알려진 물질에 대해 출판된 논문의 숫자를 그래프로 나타내 보여 줬다. 여러 연구소에서 이 Aβ 단백질이 알츠하이머병을 일으키는 중요한 인자라는 사실을 보여 주는 연구를 속속 발표할 때였다. 이들은 이 단백질이 병을 일으키는 인과적인 요인이라고 주장했다. 아직까지 그 흐름이 계속되고 있지만 당시에는 몇 달에 걸쳐 Aβ 단백질에 대한 논문이 기하급수적으로 쏟아져 나왔다. 그에 따라 처음에는 관련 논문이 몇 건의 인용에 그쳤지만 지금은 1년에 무려 5,000개 넘는 논문에 인용되고 있다! 그렇지만 이 현상은 십중팔구 엉뚱한 환영에 홀린 사례로 드러날 것이다. 알츠하이머병 환자의 몸에서 Aβ 단백질을 제거하면 마치 병이 나을 거라 여긴다면 말이다. 마치 어떤 개가 처음 짖으면 100마리가 따라 짖는다는 중국 속담과 비슷하다. 사실 어떤 결과물이 유명한 학술지에 게재되면 모든 이가 그 주제를 따라가는 이런 밴드웨건 효과bandwagon effect는 과학의 모든 분야에서 관찰할 수 있다.

어떤 주제에 대해 충분히 검토한 결과 그 연구가 폭발적으로 늘어난 것은 결코 아니다. 단지 앞 사람을 뒤쫓아 가는 데 불과하다. 어떤 미스터리를 풀기 위해서도 아니다. 심지어 그것은 새롭고 유망한 연구 분야라고 선전되는 주제가 아닐 수도 있다. 대부분은 어떤 이유로 갑자기 연구비 지원을 받게 되었고 그에 따라 연구자들이 몰려든 것이다. 물론 공정하게 말하자면 Aβ 단백질은 알츠하이머병이라는 분야에서 충분히 연구할 만한 가치가 있다. 그렇지만 대부분의 연구자들이 가정하는 것처럼 알츠하이머병을 일으키는 인과적인 요인이라거나 심지어는 정상적인 뇌에 적용해도 괜찮은 것은 아니다. 일반적으로 이 단백질은 치료나 의약품을 만드는 데 바람직한 대상이 아니다. 그러니 여기에 따른 대가가 얼마나 클지는 뻔하다.

그렇다면 어떻게 해야 이런 흐름을 바꿀 수 있을까? 과학을 끝도 없이 지식을 암기해야 하는 분야로 교육하거나 과학을 사실들의 모음이라고 여기는 태도를 중단하거나 적어도 줄여야 한다. 과학자뿐만 아니라 과학자 아닌 사람들도 과학은 오류와 결점이 없는 분야이며 과학 지식은 변경할 수 없다고 인식하지 않아야 한다. 우리는 과학이 계속 변화하는 동적이고 험난한 분야이며 과학이 탐구하는 분야에서는 대부분의 지식이 아직 밝혀지지 않았다는 사실을 알아야 한다.

이런 노력이 변화를 가져오려면 시간이 얼마나 걸릴까? 내 생각에는 과학에 대한 우리의 사고방식에 혁명적인 변화가 필요하다. 이것은 과학철학자 토머스 쿤Thomas Kuhn이 사람들이 가진 관점에 커다란 변화가 일어나는 과정에 대해 이야기하며 만들었던 유명한 용어인 '패러다임의 전환'에 비견할 만하다. 현실에 대해 조금은 부정확한 기술일지도 모르지만 말이다. 내가 봤을 때 이런 혁명적인 변화는 '유기적인' 변화에 비해 빠르게 일어나는 경우가 많다. 처음에는 가능성이 낮거나 거의 불가능해 보이지만 일단 방아쇠가 당겨지면 변화의 속도는 빠르다. 예컨대 흑인 시민권 운동이나 여성 참정권 운동 같은 다양한 인권 운동이 그렇다. 처음에는 상상하기도 힘든 일이었지만 나중에는 왜 그렇게 오래 걸렸는지 이상하게 여겨진다. 난공불락이라 여겨졌던 소비에트 연방이 갑자기 몰락한 사례 또한 사람들의 사고방식이 깊은 곳부터 바뀌면 그 이후로는 변화가 무척 빨리 일어난다는 사례다. 과학의 경우에는 이런 변화를 일으킬 방아쇠가 무엇일까? 확실하지 않지만 내 생각에는 교육과 관련 있을 것이다. 교육은 여러 수준에서 패러다임의 변화가 일어나기 적합한 분야이며, 무엇보다 아이들에게 과학과 수학을 잘 가르쳐야 잘못된 정책과 관행을 바로잡을 수 있기 때문이다.

막스 플랑크는 언제 사람들이 새로운 아이디어를 수용해 과학의 변화를 일으키는지 묻는 질문에 이렇게 답했다. "과거의 사람들이 죽어 장례식을 치르면 그때마다 변화가 일어난다." 좋든 나쁘든, 변화는 꽤 주기적으로 일어나는 셈이다.

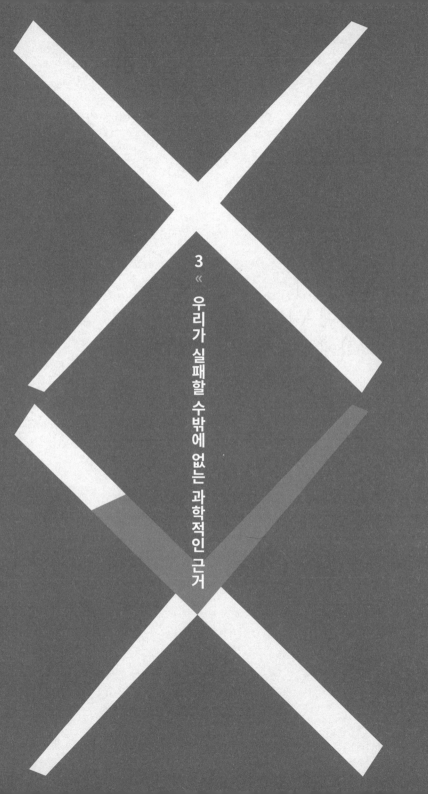

3 《 우리가 실패할 수밖에 없는 과학적인 근거

모든 것이
산산이 무너지는 건
과학에서 자주 있는 일이다.

– 데이비드 번 David Byrne

실패는 일어나게 되어 있다. 과학 이론에 따르면 그렇기 때문이다. 다름 아닌 열역학 제2법칙이 그렇게 말한다. 우리는 이 법칙에 이의를 제기할 수 없다. 진심으로 하는 말이다. 열역학 제2법칙보다 무시무시한 법칙이 있을까? 누가 감히 여기에 거역하려 하는가? 나는 항상 이 법칙이 일종의 구약 성서처럼 느껴졌다. '이 과실을 따 먹지 마라'는 식의 명령 같았기 때문이다. 하지만 여기에 겁을 먹고 물러서는 것은 바보 같은 짓이다. 그 무서운 겉모습 안에 무척 중요하고 우아한 아이디어가 숨어 있기 때문이다. 실패를 제대로 이해하는 데 무척 유용한 아이디어들이다.

이 엄격하고 무섭게 들리는 '법칙'은 사실 엔트로피를 형식적으로 설명한 데 지나지 않는다. 엔트로피라니 어렵고 까다로워 보이지만 실제로는 꽤 간단하고 직관적인 개념이다. 고등학교 물리학 교과서에는 어렵게 설명되어 있지만 말이다. 엔트로피를 다음과 같이 대략 설명할 수 있다. 여러분은 책상과 방, 집, 사무실, 자동차가 아무리 가지런히 정리하려 애써도 자꾸 엉망으로 흐트러지는 이유를 아는가? 바로 엔트로피 때문이다. 이것이 열역학 제2법칙이다.

여러분도 알겠지만 여러분의 책상이나 방, 집, 자동차가 깔끔하게 정돈된 상태를 유지하기란 힘들다. 여기에 비하면 엉망진창으로 흐트러질 가능성은 무궁무진하다. 예컨대 책은 책꽂이에 꽂혀 있어야 하는데 그것은 책을 정돈하는 한 가지 방법일 뿐이다. 그렇지만 책은 사실상 여러분이 사는 집 어디에나 놓일 수 있고 그것은 하나같이 정돈되지 않은 상태에 포함된다. 또 여러분이 라스베이거스의 카지노 주인이라고 생각해 보자. 손님들이 게임에서 이길 경우의 수는 무척 한정적이지만 게임에서 질 경우의 수는 무한하다고 좋을 정도로 많다. 그렇다면 어떤 쪽이 더 일어나기 쉽고 어디에 판돈을 거는 것이 좋겠는가? 여러분의 책상도 마찬가지다. 지저분하게 흐트러질 경우의 수는 많지만 깔끔해질 경우의 수는 얼마 되지 않는다. 따라서 책상은 경우의 수가 많은 지저분한 상태에 놓일 확률이 깔끔한 상태에 놓일 확률보다 훨씬 높다. 그런데 여기에 뜻밖의 결론이 있다. 이 우주 전체를 통틀어도 같은 원리가 적용된다는 것이다. 열역학 제2법칙은 바로 이 이야기를 하고 있다. 엔트로피란 무질서한 정도를 측정하는 방식이다. 다시 말하면 '지저분함 지수'인 셈이다. '엔트로피'라고 말하는 편이 더 우아하게 들리지만 말이다(약간 전문용어 같기도 하다). 그러니 다음에 누군가 책상 위나 자동차 내부를 정돈하라고 잔소리를 하거든 이것은 엔트로피 때문에 일어나는 이길 가망 없는 싸움이고 여러분의 잘못이 아니라고 대꾸해 주자.

엔트로피라는 요소는 일의 성공과 실패에도 적용된다. 열역학 제2법칙에 따르면 실패는 충분히 예상할 만한 결과다. 성공할 경우의 수보다 실패할 경우의 수가 더 많기 때문이다. 성공은 그 정의상 무척 한정적인 반면 실패야 말로 기본 값이다. 성공을 하려면 몇몇 사건이 동시에 일어나며 융합되어야 하는데 이것은 불가능하지는 않아도 드문 일이다. 엔트로피의 흐름이 일시적으로 뒤집히는 경우다. 톨스토이가 쓴 『안나 카레니나』의 유명한 구절이 떠오른다. "행복한 가정은 모두 비슷하지만 불행한 가정은 그렇게 된 이유와 모습이 제각각이다." 소설의 제목을 따서 '안나 카레니나 지수'라고도 부를 법하다. 문학에서 나타나는 엔트로피의 원리인 셈이다. 톨스토이가 가장 흥미롭게 탐구하고 즐겨 썼던 주제는 행복하지 않은 가정이 실패를 겪는 다양한 방식이었다. 톨스토이는 일이 잘못 돌아가는 갖가지 방식에서 영감을 받았다. 과학자들도 이것과 비슷한 일을 한다.

이런 다양성 때문에 사실 실패들은 대부분 그렇게 유용하지 않다. 실패할 확률이 높은 것뿐이다. 책상을 깔끔하게 정돈하려면 에너지를 투입해야 하는데, 그래야 여기저기에서 부분적으로 열역학 제2법칙을 임시로 뒤집을 수 있다. 물리학적으로 얘기하자면 그렇다. 물질이 무척 정돈된 상태인 인간이라는 존재도 몸 곳곳에서 큰 에너지를 들이며 무질서와 싸우고 있다. 물론 열역학 제2법칙이 결국에는 이기기 때문에 인간은 늙고 생리학적으로 무질서해져서 병에 걸린다. 그리고 마침내 완전히 무질서 속으로 돌아간다. 먼지에서 왔다가 먼지로 돌아가는 것이다.

쓸모 있는 실패는 엔트로피에 약간의 속임수를 가한다. 상상하기 조금 힘들겠지만 열역학 제2법칙을 속이는 것이다. 선택과 지능, 그리고 피드백이라 알려진 과정을 통해 그렇게 할 수 있다. '피드백'을 조금 덜 전문적이고 이해하기 쉬운 용어로 바꾸면 실수 교정 작업이다. 우리가 금전출납부의 양쪽에 들어오고 나간 것을 빠짐없이 적다 보면 우주 전체의 엔트로피, 즉 무질서도는 열역학 제2법칙에 따라 계속 늘어나는 중이다. 피터에게 돈을 빼앗아 폴에게 돈을 갚는 셈이다. 모든 게 이런 식으로 돌아간다. 조금 더 자세히 살펴보자.

실패는 피드백의 일종을 제공하며 이때 우리는 오류를 수정할 수 있다. 이 과정을 거쳐 무엇이 제대로 작동하지 않는지 알게 되는 건 무엇이 제대로 작동하는지를 알게 되는 것 못지않게 가치가 있다. 앞에서 잠깐 말했듯이 무언가가 제대로 되지 않는 방식은 무척 다양하며 그중에서 무엇이 실패 요인인지 집어내도록 실험을 설계하기란 어렵다. 이것은 어렵기는 해도 아마 더 가치가 있을 것이다. 실험을 여러 번 해서 실패 요인이 무엇인지 좁혀 나가야 하는 경우도 다반사다. 첫 번째로 실험을 하면 실패 요인이 무엇인지에 대한 변수가 꽤 많다. 기술적인 오류일 수도 있고 근본적으로 개념을 오해했을 수도 있다. 따라서 실험을 처음부터 되짚어서 실패를 불러일으킬 만한 모든 요인을 끄집어내 수정하려 애써야 한다. 첫 번째 실패를 가져온 요인이 무엇인지 알아내지 못한 채 또 실패로 끝날 실험을 여러 번 반복하는 경우도 종종 있다. 실험을 반복하다 보면 실패의 진정한 본성이 드러난다.

이 과정이 지치고 성공할 가망도 없어 보이는가? 사실은 정반대다. 실패를 반복해 찾아내는 때야말로 여러분이 가장 창의적인 순간이다. 실수를 발견하도록 실험을 설계하려면 영리하고 정교해야 한다. 또 비판적인 정신을 날카롭게 세워야 하고 셜록 홈스에 가까운 과학자가 되어야 한다. 실패를 마주했을 때는 어느 것도 가볍게 여겨서는 안 된다. 아주 작은 실마리라도 핵심적인 역할을 할 수 있기 때문이다. 빠져 있는 것이 실제로 존재하는 것만큼이나 중요하다. 이렇듯 우리 앞에는 가능성의 우주가 펼쳐져 있다. 세상에 중요한 발견 사례가 셀 수 없을 만큼 많은 이유는 실패한 실험이 우리가 그동안 깨닫지 못했던 새로운 가능성을 열어 주기 때문이다. 이런 가능성은 가끔 세렌디피티('뜻밖의 행운' '우연한 발견'이라는 뜻)라는 오해를 받는데, 이야기가 나와서 말이니 이 개념에 대해 잠깐 언급하고 넘어가려 한다.

　세렌디피티란 과학 분야에서 사람들에게 인기 있는 서사다. 터무니없을 정도로 많은 노벨상 수상자들이 겸손하게 말하느라 그러는지, 솔직한 마음으로 그러는지, 자신의 발견은 운이 좋았다고 말하곤 한다. 하지만 내 생각에 그 말은 근본적으로 잘못되었다. 이 인기 있는 개념은 1754년쯤에 소설가 호레이스 월폴Horace Walpole이 처음으로 만들어 냈다. 월폴은 「세렌딥의 세 왕자」라는 동화에서 이 개념을 착안했는데, 현재로 치면, 스리랑카 또는 실론 지방의 왕자 세 명이 목적 없이 이리저리 여행하다가 멋진 일들을 겪는다는 내용이다. 월폴은 이 동화를 바보 같은 이야기라고 불렀지만 예상하지 못한 행운을 나타내는 세렌디피티라는 개념은 오늘날까지 상당한 인기를 얻고 있다. 신문에서 과학 기사를 읽다 보면 새로운 발견의 거의 절반은 운이 좋아 우연히 얻은 것처럼 보일 정도다. 가끔은 그저 격식을 차리는 겸손인 경우도 있지만 상당수의 과학자들은 자기가 재능이 있어서가 아니라 거의 마법에 가까운 행운이 찾아와 중요한 역할을 한다고 진심으로 믿는 듯하다.

물론 그럴 가능성도 있다. 하지만 월폴의 이야기 속에 나오는 경솔하고 운 좋은 세 왕자와는 달리 과학 분야에서는 이런 행운이 제대로 깃들기 위해서는 부지런히 제대로 일을 해야만 한다. 행운의 발견을 하는 것은 법률가나 은행가가 아니다. 열심히 일하는 과학자들이다. 그리고 과학자들이 자기 자신의 분야가 아닌 다른 분야에서 행운의 발견을 하는 경우는 드물다. 사실 소위 말하는 행운의 발견은 열심히 일하다가 실패를 거듭한 끝에 나온다. 뭔가 예상했던 대로 작동하지 않으면 그처럼 놀라운 결론을 내는 이유를 탐구하게 된다. 실패의 원인을 알아내려는 의지가 강할수록 우리는 아주 기본적인 수준에서부터 모든 것을 다시 생각하기에 이른다. 그리고 실패를 여러 번 반복하고 더욱 더 기본적인 사항을 파고들수록 우리는 합리적인 의심 없이 당연하게 믿었던 소중한 아이디어와 개념을 포기하기에 이른다. 그러면 바로 이때 그 모든 실패 뒤에 숨어있던 새로운 해답이 등장한다. 그것이 마치 행운의 발견처럼 보이기도 하고 기막히게 운이 좋은 왕자나 공주라도 된 기분일 것이다. 하지만 그것은 우리가 예상했던 일 대신 예상치 못한 일이 닥쳤다고 지나치게 떠들썩하게 구는 데 불과하다. 물론 약간은 흥분되고 신나는 일일 테지만 말이다.

실패가 물어다 준 이런 행운의 발견의 고전적인 사례는 우주 마이크로파 배경복사^{CMBR}의 발견이다. 이것을 고전적이라고 말한 이유는 오랫동안 계속된 실패 끝에 마침내 노벨상 수상으로 이어졌기 때문이다. 간단히 얘기하자면 다음과 같다. 1960년대에 미국 뉴저지에 자리한 저명한 벨연구소에서 일하던 아노 펜지어스^{Arno Penzias}와 로버트 윌슨^{Robert Wilson}이라는 두 명의 천문학자가 멀리 떨어진 은하에서 오는 희미한 신호를 기록하기 위해 감도가 아주 높은 새 전파 망원경을 설치했다. 하지만 이 장비에는 마치 라디오 주파수를 제대로 맞추지 않았을 때처럼 잡음이 들렸다. 이들은 처음에는 근처 뉴욕 시에서 나는 인공적인 잡음이거나 원자폭탄, 날씨, 장비의 외부에 비둘기가 똥을 싸서(펜지어스는 '백색 유전체'라고 표현했다) 나는 소리라고 여겼다. 하지만 이런 요인은 전부 지속적으로 발생하는 희미한 소음을 설명할 수 없었다. 이런 현상이 1년 정도 계속될 무렵 펜지어스와 윌슨은 우연히 프린스턴 대학의 이론 물리학자 로버트 디키^{Robert Dicke}를 만났고, 디키는 그 소음이 우주가 시작되는 빅뱅의 에너지가 남아 나타나는 현상일 것이라 예측했다. 실제로 이 배경복사의 발견은 이후에 빅뱅 이론을 실질적으로 증명해 냈다.

중요한 사실은 다른 과학자들도 일찍이 1940년대 후반부터 비슷한 예측을 했다는 점이다. 러시아의 우주론자들은 펜지어스, 윌슨과 거의 같은 시기에 비슷한 결과를 얻기까지 했다. 다시 말해 이 발견이 이뤄질 준비는 다 갖춰진 셈이었다. 그저 상황을 진전시킬 좋은 실패가 필요했을 뿐이다. 결국 펜지어스와 윌슨은 1978년에 마이크로파 배경복사를 '발견'한 공로로 노벨상을 받았다(하지만 디키는 수상을 하지 못했는데 이것은 조금 다른 이야기다). 오늘날 이 이야기는 배경복사의 발견이 그저 뜻밖의 행운에 지나지 않았다는 것처럼 종종 사람들 입에 오르내린다. 하지만 사실 많은 과학자들이 몇 년에 걸쳐 이 사실을 알아내고자 열심히 일했고, 마침내 해답이 나타났을 때 제대로 해석하기 위해서도 엄청난 양의 과학 지식이 필요했다.

스스로 행운의 덕을 많이 입었다고 인정했던 과학자 루이 파스퇴르^{Louis Pasteur}는 "기회는 준비된 사람에게 온다"라는 말을 남겼다. 나는 런던에서 동료 트리스트럼 와이어트^{Tristram Wyatt}와 인도 음식으로 저녁을 들다가 파스퇴르의 명언에 이어지는 당연한 귀결을 하나 덧붙였다. "실패도 준비된 사람에게 온다!" 물론 이후로 우리는 이런 행운이 눈앞에 나타났을 때 과학적 발견이 어떤 식으로 이뤄지는지에 대한 세세한 논점을 깊고 활발하게 짚어 나갔다.

다시 말해 우리가 행운이 과학적 발견에서 중요한 요인이라고 여긴다면, 실패 역시 중요한 재료라고 여겨야 한다. 과학적 진보는 단순하고 매혹적인 행운에 의해 갑자기 나타나기보다는 멍들고 깨지는 사건과 실패, 길고 힘든 수정 작업에 의해 이뤄진다.

이런 관점에서 보면 실패는 하나의 도전 과제이자 우리의 아드레날린을 분출시키는 일종의 스포츠에 가깝다. 어떤 실험이 어째서 실패했는지에 대한 이유를 알아내는 것은 하나의 숙제다. 우리는 실패의 힘을 거스를 수 있다. 그러기 위해서는 힘과 전략, 기술이 필요하다. 아무리 급박한 과제라도 엄청난 인내심을 갖고 처리해야 한다. 고양된 마음을 갖고 좋은 실패를 했을 때 얼마나 대단한 결과로 이어질 수 있는지 아는가? 단순히 '성공적인' 실험의 결과를 기록하는 것보다는 좋은 실패를 했을 때 훌륭한 결과를 얻을 가능성이 더 높아진다. 정말로 실패는 준비된 사람에게 오며, 실패는 그 사람을 준비시킨다.

여러분도 비슷한 생각이었을지 모르지만 내가 (실패는 바람직한 것인데 무시되는 경우가 많다는 주제로) '실패'에 대한 책을 쓰기는 했어도 성공을 싫어하는 것은 아니다. 많은 사람들은 성공을 거두기만 하면 여기에 대해 논의할 여지가 없다고 생각한다. 내가 주장하고자 하는 바는 때때로 우리에게 필요한 것은 바람직한 논의이며, 만약 성공을 통해 그런 논의를 할 수 없다면 실패를 통해서는 확실히 가능하다는 것이다. 다 열역학 제2법칙 때문이다.

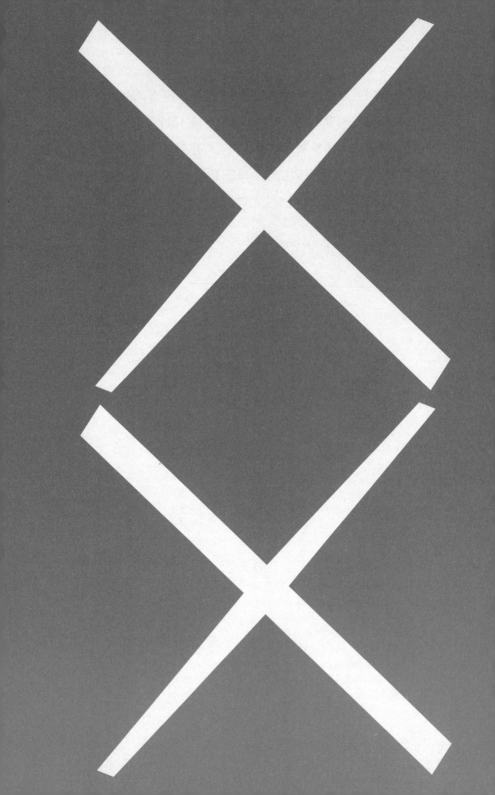

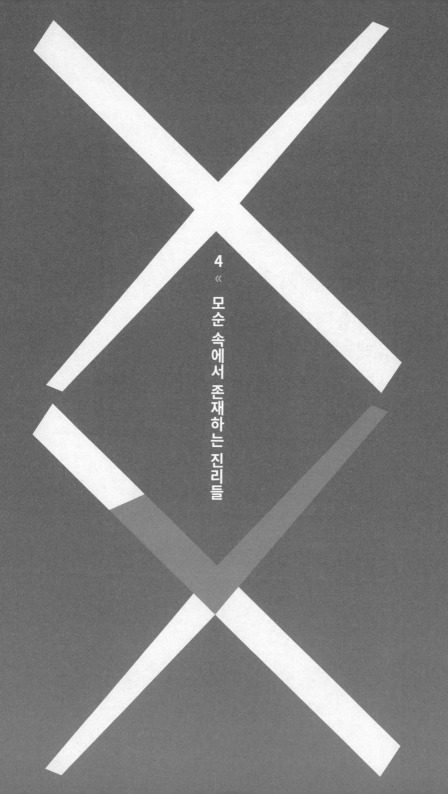

4 《
모순 속에서 존재하는 진리들

과학자에게서 들을 수 있는
가장 흥미로운 말은
'유레카'가 아니다.
바로 '흠, 그것 참 이상하군… .'이다.

– 아이작 아시모프^{Isaac Asimov}

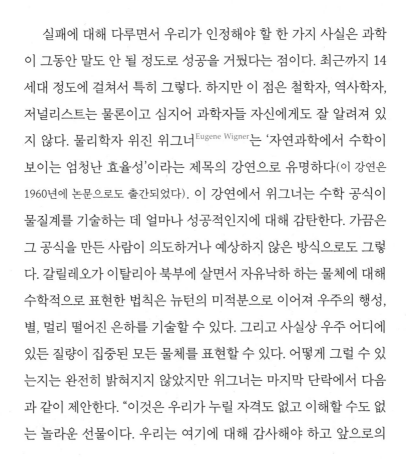

실패에 대해 다루면서 우리가 인정해야 할 한 가지 사실은 과학이 그동안 말도 안 될 정도로 성공을 거뒀다는 점이다. 최근까지 14세대 정도에 걸쳐서 특히 그렇다. 하지만 이 점은 철학자, 역사학자, 저널리스트는 물론이고 심지어 과학자들 자신에게도 잘 알려져 있지 않다. 물리학자 위진 위그너^{Eugene Wigner}는 '자연과학에서 수학이 보이는 엄청난 효율성'이라는 제목의 강연으로 유명하다(이 강연은 1960년에 논문으로도 출간되었다). 이 강연에서 위그너는 수학 공식이 물질계를 기술하는 데 얼마나 성공적인지에 대해 감탄한다. 가끔은 그 공식을 만든 사람이 의도하거나 예상하지 않은 방식으로도 그렇다. 갈릴레오가 이탈리아 북부에 살면서 자유낙하 하는 물체에 대해 수학적으로 표현한 법칙은 뉴턴의 미적분으로 이어져 우주의 행성, 별, 멀리 떨어진 은하를 기술할 수 있다. 그리고 사실상 우주 어디에 있든 질량이 집중된 모든 물체를 표현할 수 있다. 어떻게 그럴 수 있는지는 완전히 밝혀지지 않았지만 위그너는 마지막 단락에서 다음과 같이 제안한다. "이것은 우리가 누릴 자격도 없고 이해할 수도 없는 놀라운 선물이다. 우리는 여기에 대해 감사해야 하고 앞으로의 연구에도 계속 적용되기를 바라야 한다. 좋든 나쁘든 이것은 우리의 즐거움을 연장해 주지만 배움의 범위를 넓힌다는 점에서는 곤란해지기도 할 것이다."

이 주제에 대한 위그너의 철학적인 숙고는 물리학 외에도 수학과 생물학, 컴퓨터 과학 등 여러 갈래의 과학자들이 쓴 글에서 한마음으로 나타난다. 예컨대 물리학자 데이비드 도이치^{David Deutsch}는 현대 과학을 광범위하게 해설한 저서 『무한의 시작^{The Beginning of Infinity}』에서 지난 400년 동안 나타난 과학과 공학 분야의 발전 속도가 무척 빨라졌다는 사실을 지적한다. 특히 인류가 지금과 같은 지능을 갖게 된 인류사의 첫 5,000년에 비하면 그 속도는 엄청나게 빠르다. 2,000년 정도 지속되었던 청동기 시대를 생각해 보자. 이 2,000년 동안 50세대도 넘는 사람들이 태어나고 살아가다가 숨을 거뒀다. 이들은 현대인과 지력이 같지만 두드러진 기술의 변화를 전혀 일구지 못했다. 지난 10년 동안 발전한 휴대폰과 컴퓨터, 자동차가 우리의 삶을 얼마나 바꿔 놓았는지는 말할 것도 없다.

철학자들은 과학이 어떻게 해서 이처럼 성공을 거뒀는지에 대해 무척 심각한 질문을 던졌다. 여기에 대해 몇몇 학자들은 바로 과학에서 제공하는 설명의 힘 때문이라고 주장해 왔다. 철학자 J. R. 브라운(J. R. Brown)은 「과학의 성공에 대해 설명하기^{Explaining the Success of Science}」라는 제목의 논문에서 과학이 지금껏 얼마나 큰 성공을 거뒀는지에 대해 나열했다. 그중에는 기술적인 성취라든지 다리를 세우거나 병을 고치는 등의 편리함, 오락적인 요소(수많은 발견 이야기가 그렇듯이), 모두에게 세금을 거둬 내는 능력이 포함되었다(마이클 패러데이는 전기가 어디에 쓰일지에 대한 질문을 받자 아직은 잘 모르겠지만 영국 여왕이 여기에도 세금을 붙일 것만은 분명하다고 대답했다. 정확한 예언이었다). 조금 더 진지하게 얘기하자면, 브라운은 성공적인 과학 이론은 일반적으로 다음 세 가지에 해당한다고 주장했다. (1)관찰된 여러 현상들을 조직화해 통합할 수 있다. (2)현재 존재하는 데이터에 대해 이전의 이론들보다 더 잘 이해할 수 있다. (3)상당히 많은 예측을 펼칠 수 있다. 단순한 추측보다 더 나은 예측을 할 수 있게 되는 것이다. 꽤 괜찮은 조건으로 보인다.

여기서 짚고 넘어가야 할 점은 '진리'라는 말이 등장하지 않는다는 점이다. 과학은 원래 진리를 찾아내는 것 아닌가? 사물이 작동하는 정확한 방식을 발견했을 때 과학이 성공적이라고 말하는 것 아닌가? 보다 직접적으로 말하자면 바로 그것이 과학의 성공 아닌가? 진리이고 참인 무언가를 발견하는 일 말이다. 사실 진리는 보다 중요한 역할을 한다. 좀 더 구체적으로 설명해 보겠다.

과학에서는 어떤 사물이나 사건이 또 다른 사물이나 사건을 일으켰는지에 대해 밝혀내려는 경우가 많다. 그 이유는 전자에 이어 후자가 나타났다는 사실을 우리가 눈치 챘기 때문이다. 여기서 꼭 던져야만 하는 질문은 전자가 후자에 대한 원인으로 필요충분조건을 만족하는지의 여부다. 필요조건인 동시에 충분조건인지를 묻는 것이다. 실체로는 어느 한 가지만 보여 주는 경우가 꽤 많다. 자연 속에서는 인과관계와 상관관계를 구별하기가 무척이나 힘들다. 상관관계는 인과관계의 허약한 의붓자식이다. 상관관계는 언제나 우리를 속여 혼란에 빠뜨린다. 두 사건이 시간적으로 서로 가깝게 일어났다고 해도 반드시 하나가 다른 하나의 원인인 것은 아니다. 반드시 서로 빚지고 있는 사이라 볼 수 없는 것이다. 반면에 가끔은 이런 상관관계가 인과관계의 진정한 실마리가 될 수도 있다. 바로 여기서 필요조건과 충분조건에 대한 설명이 필요하다.

즉 사건 A는 사건 B를 일으키는 충분조건일 수는 있어도 필요조건은 아닐 수 있다. A 없이도 다른 무언가가 B를 일으킬 수 있는 셈이다. 아니면 A가 필요조건이지만 충분조건은 아닐 수 있다. 이 경우에는 A가 존재한다 해도 그것만으로는 B가 일어나지 않을 수 있다. 이런 복잡한 이야기를 늘어놓은 이유는 진리와 성공의 관계를 묻기 위해서다. 과학에서 진리는 성공을 위한 필요조건인 동시에 충분조건일까?

여러분이 조금만 생각을 해 보면 놀랍게도 그것은 필요조건도 아니고 충분조건도 아니라는 사실을 알게 될 것이다. 어쩌면 좀 더 깊이 생각해야 할 수도 있지만 말이다. 어쨌든 적어도 내게는 놀라운 결론이다. 과학은 그동안 많은 성공을 거뒀다는 인정을 받았지만 그 중에는 나중에 참이 아닌 것으로 밝혀지거나 처음부터 참이 아니었던 것들이 있다. 그리고 관찰 결과를 전부 설명하지 못하는 불충분한 이론이라도 당분간은 잘 작동한다면 그것만으로도 만족하는 경우가 꽤 많다. 심지어는 필요조건과 충분조건이 모두 갖춰진 대단한 진리라 하더라도 과학 발전의 걸림돌이 되기도 한다. 적어도 이런 진리만을 추구하려는 노력은 과학의 실천이라는 역동적인 속성을 가로막는 장애가 될 수 있다. 그래도 궁극적으로 우리는 필요조건과 충분조건을 둘 다 만족시키는 진리를 요청하게 될 것이다. 그렇다면 그 '궁극적인' 시점은 언제인가?

지금껏 생물학 분야에서 거둔 가장 큰 성공은 여러 종이 어디서 기원했고 그에 따라 지금과 같은 모습을 하게 되었다는 다윈의 설명이다. 즉 "그렇게나 단순한 형태로 시작해서 가장 아름답고 놀라운 모습으로 끝없이 바뀌어 가는" 데 진화가 어떻게 공헌하는지 설명한 것이다.

하지만 진화 개념은 다윈이 말한 그대로 끝이 아니다. 진화라는 개념은 고생물학과 분자 생물학, 컴퓨터 공학 등의 새로운 발견을 수용하는 과정에서 그 자체로 진화하고 있다. 다윈의 이론은 계속해서 개정되는 중이다. 물론 무작위성과 확률에 근거한 놀라운 통찰과 피드백 과정에 따라(물론 다윈 자신이 그런 용어를 쓰지는 않았지만) 가장 복잡한 질서가 생겨났다는 다윈의 기본적인 아이디어가 옳았다는 데는 반박의 여지가 없다. 하지만 오늘날 우리가 진화 이론이라고 부르는 상당수는 다윈의 저술 너머에 있다. 다윈은 사려 깊은 사상가였고 오류를 저지르지 않고자 조심했다. 그런 성격 때문에 다윈은 『종의 기원』^{The Origin of Species}을 출간하기까지 20년 이상이 걸렸다. 조금 역설적이지만 다른 사람과 경쟁이 붙는 바람에 원고 출간을 '서둘러야' 하는 압박을 받지 않았다면 다윈은 결코 출간을 하지 않았을지도 모른다. 다시 말해 『종의 기원』은 그렇게 틀리지도 않았지만 확실히 불완전했다.

이 책에서 가장 눈에 띄는 대목은 '유전자'라는 단어가 언급되지 않았다는 점이다. 당시에는 알려지지도 않은 용어였다. 다윈은 자신이 대물림되는 '입자'에 대해 무지했다는 사실을 인정했고 이후의 사변적인 저작은 전부 사실에서 꽤 벗어나 있다. 그렇다고 다윈에게 정보가 주어지지 않아 이런 일이 벌어진 것은 아니다. 다윈과 거의 동시대에 살았던 그레고어 멘델$^{Gregor\ Mendel}$은 이종교배를 통해 세대 간 대물림이 이루어지며, 개별 식물 사이에서 유전자를 통해 특정 형질이 전달된다는 사실을 증명했다. 그렇다고 다윈이 멘델보다 대물림에 대한 정보를 적게 가졌거나 멘델이 개발했던 특정 기술을 몰랐던 것은 아니다. 연구하는 데 필요한 비용이나 자원이 부족하지도 않았다. 다윈이 멘델과 비슷한 실험을 시작하지 않았던 데는 딱히 이유가 없다. 사실 멘델의 작업은 무척 단순하기로 유명했다(비록 가끔은 멘델의 고전적인 실험이 품이 무척 많이 들어 7년으로는 모자랐다는 과장된 이야기가 나오기도 하지만). 게다가 다윈은 식물학에 관심이 많아서 식물을 대상으로 실험을 한 적도 있다. 그렇다면 다윈은 대체 왜 유전자의 존재를 알아채지 못했을까? 이것은 다윈에 한정된 이야기도 아니다. 당시 초기 유전학자 집단 전체가 멘델의 작업을 제대로 평가하지 못했으며 그저 단순한 식물 교배 실험으로만 보았다. 이후로 35년 동안이나 멘델의 작업이 유전 법칙에 미치는 굉장한 통찰은 제대로 인지되지 못했다. 1900년이 되어서야 소위 멘델의 재발견이 이루어진 것이다. 그렇다고 이런 사실이 다윈에게 큰 타격은 아니다. 그동안 수많은 훌륭한 사상가들도 자기 코앞의 명백한 해답을 보지 못하고 지나치는 사례가 있었기 때문이다. 놀랍지만 끊임없이 반복되는 미스터리다.

　내가 다윈을 예로 든 이유는 그가 생물학자를 비롯한 모든 과학자들의 만신전에서 두드러진 위치에 자리한 인물이기 때문이다. 혁신적인 사상가들 가운데 다윈과 어깨를 견줄 인물이라면 갈릴레오, 뉴턴, 아인슈타인 정도일 것이다. 하지만 이처럼 위대한 과학자들의 목록에 빠짐없이 이름을 싣는 다윈이라 해도 결코 실패에서 자유로울 수는 없었다. 다윈의 모든 저작에는 심각한 실수가 포함되어 있다. 오류, 잘못된 아이디어, 중요한 부분이 빠진 통찰 등이다. 하지만 바로 이런 흠 많은 업적에서부터 과학자들은 터무니없을 정도로 대단한 성공을 거둔다. 모순에 가깝게 들리고, 실제로도 모순이다. 세상에는 모순 속에서 존재하는 진리들이 많다.

물론 모든 역사가 다 벌어지고 난 뒤에 평을 남기기란 쉬운 일이다. 하지만 이런 평을 남길 때도 주의해야 한다. 우리는 다윈에 대한 뒷얘기를 할 수 있지만 언젠가는 제자들이 우리의 뒷얘기를 할 것이다. 후배 세대에게는 무척 명확해 보이는 사실을 우리는 바로 코앞에서 놓치고 있을지 모른다. 무지가 실패로 연결되는 지점이다. 우리가 거둔 실패는 우리 머릿속에 남아 있는 무지에 대해 알려주고, 이 무지는 실패로 이어진다. 그리고 이렇게 순환하며 돌아가는 엔진은 가끔 최고급 지식을 뱉어낸다.

과학은 계속해서 성공을 거둘 수 있을까? 데이비드 도이치가 말했듯이 지난 400년 동안의 급속한 발전은 시작에 불과할까? 과학은 지속 가능할까? 이런 가속화는 과학 자체에 내재되어 있을까? 예컨대 발견이 더 많은 발견으로 이어져 기하급수적으로 쌓이며, 많이 알면 알수록 지식이 더 많이 쌓이는 것일까? 1600년대부터 발전하기 시작한 과학이 근본적인 방법론을 지키면서 현대 세계의 정치적인 격동 속에서 살아남을 수 있을까? 과학은 사실 더 일찍 나타났다가 오랫동안 자취를 감춘 적이 있다. 과학이라고 부를 만한 무언가가 한때 아시아와 아랍, 메소포타미아, 이집트, 로마, 마야 메소아메리카 문명권에 나타난 적이 있다. 하지만 대부분 알려지지 않은 이유와 함께 갑자기 그대로 자취를 감췄다. 그러다가 지금 여기 다시 나타난 것이다. 과학은 지금 모습 그대로 머물 것처럼 보이고 너무 거대해서 실패하지 않을 것처럼 여겨진다. 하지만 최근까지 70년 동안 정권을 유지했던 소비에트 연방의 사례를 생각해 보자. 소비에트 과학의 상당 부분은 소위 인민을 위한 봉사라는 개념 속에서 형체를 알아볼 수 없을 정도로 왜곡되었다. 이런 소비에트식 관점이 전 세계적으로 널리 퍼졌다면 오늘날 과학은 우리가 아는 바와는 무척 다를 것이다. 이보다 몇 년 전에 히틀러가 이끄는 독일은 당시 전 세계 최고의 과학적인 성취들을 산산이 부숴 버렸다. 방법은 간단했다. 절반쯤의 과학자들을 유대인이라는 이유로 내쫓았고 나머지 과학자들은 파괴 무기를 제작하는 기술에 강제로 투입했다.

이런 일이 다시는 생기지 않도록 하려면 우리는 과거에 이런 일이 어떻게 해서 벌어졌는지를 먼저 살펴야 한다. 그러니 여기서는 역사 이야기를 짧게 해야겠다.

8세기부터 12세기에 이르기까지 유럽은 다소 과장된 표현일 수도 있는 '암흑시대' 속에서 혼란을 겪고 있었다. 당시 전 지구적으로 과학은 거의 이슬람 세계에서만 발달했다. 오늘날과 똑같은 모습의 과학은 아니었지만 그래도 현재 과학의 시조 격이라 할 만한 형태였다. 또한 이슬람 과학 역시 세계에 대한 지식을 얻는 것이 목표인 활동이었다. 이슬람 세계를 다스리는 칼리프들은 과학 기관에 막대한 자원을 지원해 도서관, 천문대, 병원을 지었다. 서아시아와 북아프리카에 걸친(스페인의 일부도 포함되었다) 아랍 세계의 모든 도시에는 훌륭한 학교들이 세워져 몇 대에 걸쳐 학자들을 양성했다. 현대 과학에서 사용되는 용어 가운데 '알al'이라는 접두사로 시작하는 단어들은 거의 대부분 이슬람 과학에서 기원했다. 알고리듬, 알케미(연금술), 알코올, 알칼리, 알게브라(대수학)가 그렇다. 하지만 이슬람 과학은 시작된 지 겨우 400년도 되지 않아 갑자기 발전을 멈췄고, 그로부터 몇 백 년이 지난 뒤에 확실히 과학이라 부를 만한 현상이 유럽에서 나타났다. 갈릴레오, 케플러, 그리고 이보다 조금 뒤에 등장한 뉴턴과 함께였다.

그렇다면 왜 이런 일이 벌어졌을까? 이것은 과학사학자들이 뜨거운 토론을 벌인 문제다. 서구 중심적인 시각에서 바라본 많은 학자들은 단순히 아랍 과학은 하는 데까지 최선을 다했고 유럽인들이 그 횃불을 이어받아 오늘날에 이르는 지식의 절정에 이르렀다고 여겼다. 물론 이것은 이데올로기적인 유럽 중심주의다. 12세기 유럽인들의 정신적인 삶이 자유로운 사고와 방해 받지 않는 탐구의 귀감이었다고는 보기 힘들다.

여기에 비해 케임브리지 대학교의 과학사학자 퍼트리샤 패러Patricia Fara는 무척 공정한 입장을 보인다. 이슬람 과학은 목적이 달랐으며, 따라서 서구에서 발전시킨 과학적인 관점과는 다른 접근을 취했다는 것이다. 이슬람 과학은 신이 만든 우주를 통해 신을 이해할 목적으로 지식을 축적하려 했다. 즉 현대 과학에 앞섰던 여러 전통과 마찬가지로 영혼의 행복과 우주의 신성을 이해하는 데 관심을 보였지 그것을 조종하려 하지는 않았다. 이슬람 세계에서는 커다란 도서관들이 속속 지어져 백과사전을 쌓아 놓고 세대를 거쳐 학생들이 그것을 공부했다. 지식은 신에 이르는 방편이었고 구원을 받기 위한 과정이었다. 이슬람 과학의 목적은 영적인 충만함을 실현하는 데 필요한 지식을 축적하고 분류하며 조직화하는 작업이었다.

패러에 따르면 아랍권에서 과학은 이븐 시나(Ibn Sina, 줄이지 않은 원래 이름은 '아부 알리 알-후세인 이븐 압드 알라 이븐 알-하산 이븐 알리 이븐 시나'다)가 『치료의 책Book of Healing』을 출간하면서 정점에 도달했다. 이븐 시나는 여러 분야에서 박식한 학자였고 라틴어로 아랍어 발음을 따서 아비센나라고도 불렸다. 『치료의 책』은 제목처럼 의료 서적이 아니라 그때까지 알려졌던 모든 사실에 대한 백과사전에 가까웠다. 이 책을 읽으면 독자의 무지를 '치료'할 수 있다는 것이다. 그 작업이 아비센나에게는 가치 있는 훌륭한 일이었을지 모르지만 단순히 사실을 편집하고 나열하는 것만으로는 과학이 발전할 수 없었다. 그보다는 과학을 억누르고 질식시키는 데 가깝다. 게다가 사람들은 자신의 무지를 '치료'받고 싶어 하지 않는다. 이슬람 과학은 결코 흔들리며 쇠퇴한 게 아니라 자기만의 목적을 달성했다.

이제 '세계관을 완성'하는 작업이 예전에도 그랬고 지금도 결코 사소한 문제가 아니라 무척 중요하게 다뤄졌다는 사실을 알게 되었을 것이다. 이것은 대부분 종교의 영역으로 치부되었지만 과학 역시 이 작업을 위해 무척 자주 활용되었다. 여러분이 이미 미루어 짐작했을지 모르지만 나는 이런 생각이 무척 모자란 전략이며 우리의 원시적인 사냥꾼-채집자 두뇌의 쓸모없는 부위가 만들어 낸 감정적인 허약함 때문이라고 여긴다. 이것은 과학이 작동하는 방식이 아니며 과학을 멈추게 할 뿐이다. 최선의 목적과 의도를 찾으려는 행위는(사실을 수집한다든지, 훌륭하거나 생산성이 높은 사상가가 누구인지 심사한다든지, 진리와 참을 확립한다든지) 과학의 실천 방식과는 정반대다. 과학은 난처함과 혼란, 회의주의, 실험이라는 환경을 자양분으로 먹고 자란다. 이것과 다른 방식은 과학을 경직시키고 근거 없는 믿음을 퍼뜨릴 것이다.

"이 지식을 알아야 당신이 구원받으리라." 라는 사고방식은 원시적인 과학의 목표일 수 있지만 현대 과학은 스스로 수행할 수 없는 구원을 약속하지 않는다. 그렇다고 기하학과 초기 천문학, 항해술을 발전시킨 그리스의 자연철학자들이나 대수학을 발달시키고 고대의 위대한 저술을 보존하고 정리한 아랍인들, 서양 과학자들보다 한참 전에 자기력에 대해 알고 있었던 중국인들에게 진 엄청난 빚을 부인하려는 것은 아니다. 또 아랍의 서적을 라틴어로 번역해 고대의 사상을 르네상스기로 보존해 전달한 중세의 성직자와 필경사들을 과소평가하려는 의도도 아니다. 하지만 이들이 추구하던 과학은 진정으로 무지를 포용하고 실패를 동력으로 삼지 못했다. 또한 이들의 노력은 실험과 경험주의가 아닌 철학과 영적인 욕구에 이끌린다.

나는 이 장을 알베르트 아인슈타인이 쓴 편지 한 장으로 마무리할까 한다. 동양에 비해 서양에서 과학을 훨씬 크게 발전시킨 이유가 무엇인지에 대한 질문에 답하는 편지다. 당시에 아인슈타인은 유명세를 얻었고 사실상 과학이 역사상 가장 위대한 발전을 이룬 시기의 상징적인 인물로 여겨지던 때였다. 하지만 그럼에도 아인슈타인은 이 모든 발전이 쉽게 무너질 정도로 취약하다는 사실을 날카롭게 인식하는 듯 보인다. 우리는 아인슈타인의 경고를 심각하게 받아들여야 한다.

1953년 4월 23일
캘리포니아 주 샌 마테오에 사는 J. E. 스위처 씨에게

스위처 씨,
서양에서 과학이 발전하게 된 것은 두 가지 위대한 성취 덕분입니다. 하나는 그리스 철학자들이 가져온 형식 논리 체계의 (유클리드 기하학을 통한) 발명이고, 다른 하나는 르네상스 시대에 체계적인 실험을 통해 인과 관계를 발견할 가능성을 찾아낸 것입니다. 내 생각에 중국의 현자들이 이런 단계를 거치지 않았다는 사실은 그다지 놀랍지 않습니다. 정말 놀라운 것은 이런 발견이 실제로 이뤄졌다는 사실이죠.

A. 아인슈타인 드림

(데렉 J. 솔라 프라이스, 『바빌론 이후의 과학 Science Since Babylon』, 예일 대학교 출판부, 1961에서 재인용함)

5 《

과학자가 문제를 발견하는 방법

과학의 목표는
여러분을 웃음거리로
만드는 것이 아니다.
아무리 당신이
바보 같은 사람이라
해도 말이다.

– 리처드 파인만 Richard Feynman

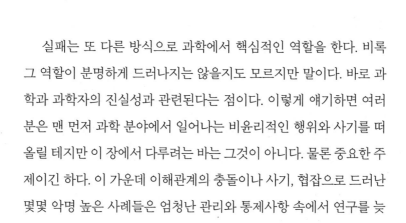

실패는 또 다른 방식으로 과학에서 핵심적인 역할을 한다. 비록 그 역할이 분명하게 드러나지는 않을지도 모르지만 말이다. 바로 과학과 과학자의 진실성과 관련된다는 점이다. 이렇게 얘기하면 여러분은 맨 먼저 과학 분야에서 일어나는 비윤리적인 행위와 사기를 떠올릴 테지만 이 장에서 다루려는 바는 그것이 아니다. 물론 중요한 주제이긴 하다. 이 가운데 이해관계의 충돌이나 사기, 협잡으로 드러난 몇몇 악명 높은 사례들은 엄청난 관리와 통제사항 속에서 연구를 늦추라고 협박하는 복잡한 정치 관계의 그물망을 낳았다. 하지만 이런 소동에 대해서는 이번 기회에 다루지 않을 텐데, 이 장에서 얘기하고자 하는 바가 이런 종류의 법률적인 진실성은 아니기 때문이다.

단순하게 말하자면 다음과 같다. 실패할 가능성이 크지 않다면 성공이 얼마나 대단한 것인지 모를 것이다. 성공이 대단하고 흥미로울수록 그것을 얻는 어렵고 실패로 이어질 확률도 높아진다. 나는 이 문제에 대해 생각할 때 항상 골프를 떠올린다. 그리고 세상을 떠난 배우 로빈 윌리엄스^{Robin Williams}가 이 스포츠를 멋지게 풍자하던 장면도 생각난다. 다른 사람에게 골프의 규칙을 설명하려고 애를 쓸

때, 자세히 말하면 할수록 게임은 점점 어렵고 거의 불가능한 것처럼 느껴진다. 처음에는 무척 간단하다. '막대기 하나로 공을 쳐서 구멍에 넣는 게 골프랍니다.' 하지만 규칙을 점점 구체적으로 설명할수록 골프가 까다롭고 만만치 않다는 사실이 알려진다. '아뇨, 아뇨. 아주 조그만 공 하나를 아주 조그만 구멍 속에 넣는 거예요. 아주 얇고 구부러진 막대기로요. 공을 270미터 정도 날려 보내야 하죠.' 어쩐지 설명을 듣다 보면 골프가 즐거운 스포츠인 이유도 드러난다.

같은 방식으로 우리는 과학이라는 구조와 제도를 전체적으로 상상할 수 있다. 과학의 방법론, 교육, 일상적인 작업, 논문, 이 모든 것이 실패를 위해 존재하며 심지어는 실패의 개연성을 높이고자 한다. 다만 그 실패가 상황을 완전히 망치는 것이어서는 안 되겠지만 말이다. 실패의 위험성은 낮아지지 않고 커리어와 평판을 해칠 가능성이 있는 것도 아니다. 제대로 수행된다면 실패는 수용할 만한 결과일 수 있다. 하지만 대체 '제대로 수행된다'는 것이 무슨 뜻일까?

앤드루 라인Andrew Lyne은 항성 주변의 행성을 감지하는 기술을 개발한 천문학자이며 우리 태양계 밖의 행성을 처음으로 발견했다고 알려져 있었다. 하지만 미국 천문학회에 자신의 발견을 발표하는 전날 밤, 자기 계산에 치명적인 실수가 있었고 사실 자기가 최초의 태양계 밖 행성을 발견하지 않았다는 사실을 깨달았다. 라인은 다음 날 발표를 하면서 자기 실수를 인정했고 동료들은 그의 용기와 정직함에 기립박수를 보냈다. 하지만 라인이 선택했던 방법 자체는 옳았기 때문에 이후에 다른 연구자들이 그 방법을 통해 태양계 밖 행성을 여럿 발견할 수 있었다. 제대로 된 방법으로 실패한 셈이다.

실패를 할 가능성과 확률이 있다는 사실은 과학자에게 진실성과 개인적인 책임을 요구한다. 데이터가 어떻게 나오든 간에 기꺼이 그 결과를 따르고, 아무런 성과가 없더라도 받아들이는 것이다. 과학자가 탐구할 질문을 고르는 이유 중 어느 정도는 그 질문이 어려워서 실패할 확률이 높기 때문이라는 뜻이다. 그 질문이 과학자들에게 중요하지 않은 것이라면, 어떤 과학자가 뭔가를 밝혀낸다 해도 그것은 기껏해야 공허하고 나쁘게 얘기하면 지루한 지식일 것이다.

이 주제에 대해 생각해 보는 또 다른 방식은 우리가 과학자들에게 무엇을 기대하는지를 되짚어보는 것이다. 사람들은 흔히 과학자들이 문제를 해결한다는 개념을 갖고 있다. 과학자들은 질문에 대한 대답을 찾으며 그 대답이 훌륭할수록 과학자의 역량 역시 훌륭하다는 식이다. 조금 반복적으로 들릴지도 모르겠지만 물론 나는 이런 생각이 옳다고 생각하지 않는다. 훌륭한 과학자라면 문제를 해결하기보다는 문제를 발견하는 데 능해야 한다. 좋은 문제, 의의가 있고 적절한 문제, 중요한 문제를 가려내는 것이다. 이런 문제들은 어디서 올까? 바로 우리가 저지른 실패에서 비롯한다. 실패는 새롭고 더 훌륭한 문제를 찾아내는 가장 믿음직한 원천이다. 어째서 더 훌륭한 문제가 될까? 실패가 그 문제를 갈고 닦았기 때문이다. 우리는 뭔가 모른다는 사실을 알게 될 때마다 그 문제에 대해 조금은 더 알게 된다. 이런 과정을 거쳐 무지는 새롭게 증류되고, 우리는 중요한 질문을 조금 더 명확하게 바라볼 수 있다.

모든 과학자들이 이런 기준에 따라 행동할까? 이 질문에 답하기에 앞서 내가 지금 윤리가 아닌 용기라는 기준으로 얘기하고 있다는 사실을 짚고 넘어가자. 어쨌든 아마 모든 과학자들이 그러지는 않을 것이다. 하지만 전체 시스템이 돌아가기 위해서는 대부분의 과학자가 그렇게 해야 할 것이다. 비록 여기서 내 추론 과정이 조금 순환적이기는 하지만 과학은 그런 식으로 작동한다. 그러니 나는 과학자들 대부분은 이 기준을 따른다는 데 판돈을 걸겠다. 과학자들이 갖춰야 할 도구로 용기가 꼽히는 경우는 드물다. 하지만 위험한 예측이라도 감수하고 점점 쌓이는 반대 증거에도 불구하고 진실성을 보이려면 용기가 필요하다.

과학자들은 여기에 대해 어떻게 생각할까? 의식적으로 그런 관점을 취하지는 않을 것이다. 그리고 대학원에서 아무리 수박 겉핥기로 윤리학 수업을 의무적으로 해도 마치 교통법규를 어긴 사람에게 관련 수업을 듣게 하는 것과 비슷할 뿐이다. 상식적으로 알고 있는 바를 재탕해서 읊을 뿐이니 말이다. 그보다는 대학원생이나 박사 후 과정생이 실제 과학 현장을 관찰하고 개입해야 한다. 곧 실패가 일어날 현장을 지켜보게 하는 것이다. 실험실에서는 예상치 못한 엉뚱한 일이 일상적으로 벌어진다. 그러면 실험실 구성원들은 손도 못 쓰고 사색이 된다. 막 인화한 사진이나 컴퓨터에서 출력된 결과물을 보면서 여기저기서 신음이 터져 나온다. 예상했던 결과가 아니었기 때문이다.

이런 모습을 지켜보기 위한 가장 좋은 기회는 실험실 구성원이 정기적으로 만나는 랩 미팅 현장이다. 일주일에 한 번쯤 한가운데에 구멍이 뚫린 둥그런 빵을 곁들여 엄청난 양의 커피를 마셔 대면서 실험실의 모두가 모여 서로의 데이터를 검토하는 자리다. 랩 미팅에는 여러 형식이 있다. 어떤 실험실은 구성원이 돌아가며 지난 몇 달 동안 모은 데이터를 가지고 사람들 앞에서 발표를 하는데 대개 파워포인트로 보고서를 작성한다. 이보다 덜 딱딱하게 랩 미팅을 진행하는 실험실도 있다. 새로운 데이터가 하나둘 나온 사람이면 누구든 간단하게 사람들 앞에서 얘기하는 것이다. 한편 아직도 많은 실험실에서는 구성원이 누구나 지난주에 찾아낸 결과물에 대해 하나라도 보고해야 한다. 실험을 모조리 실패했어도 예외가 아니다. 어떤 랩 미팅이 제일 바람직한지 묻는다면 나는 당연히 맨 마지막이라고 답한다. 하지만 어떤 형식이든 랩 미팅은 거의 실패에 대해 논하는 자리이고, 젊은 초보 과학자들이 실패를 관리하는 법과 실패의 가치를 배우며 현장에서 실패가 어떻게 일어나는지 관찰하는 기회다. 랩 미팅에서 학생들은 자신의 실패에 대해 다양한 태도를 보인다. 은근슬쩍 감추며 넘어가려는 학생이 있는가 하면('그 문제에 대해서는 제대로 착수할 때까지 계속 시도해 봅시다'라는 식으로), 당당히 털어놓고 사람들에게 가능한 해법이나 문제에 대한 해석에 대해 같이 토론하려는 학생도 있다. 얼른 듣기에는 후자가 더 바람직한 전략으로 들리지만 가끔은 빨리 포기하지 않고 처음으로 돌아가 좀 더 시도하는 것이 정답인 경우도 있다. 흑백으로 가르듯 답이 정해진 문제는 아니다.

내 친구이자 박사 후 과정 동료였던 케임브리지 대학교의 영민하고 선구적인 신경과학자 앨런 호지킨Alan Hodgkin은 잘 되어 가지 않는 작업에 오히려 더 관심이 간다고 말한 적이 있었다. 호지킨은 매일 아침 연구실에 들러 동료들의 컴퓨터 옆을 지나가면서 일이 잘 되냐고 물었다. 이때 들은 대답이 긍정적이고 예상과 크게 다르지 않으면 호지킨은 고개를 끄덕하고 그냥 지나쳤다. 하지만 동료가 곤란한 상황이라거나 실험이 잘 되지 않고 데이터를 해석할 수 없다는 대답이 들리면 호지킨은 재킷을 벗고 파이프를 채운 다음에 그 동료 옆에 앉아 길게 토론을 나눴다. 물론 호지킨이 흥미로워했던 소재는 실험이 제대로 되지 않은 이유였다. 실험이 잘 되면 그것은 예상된 결과가 그대로 나타난 데 불과했다. 그럼 그대로 진행하면 된다. 하지만 실험이 실패하면 이제 문제가 무엇인지 찾아내는 것이 중요해진다. 사소한 기술적 문제인지, 아니면 더 깊은 오해 때문인지 알아야 하는 것이다. 심오한 이해를 이끌어낼 수 있다는 점에서 후자가 더 환영받을 만하다.

이렇듯 실험실이라는 일상적인 과학의 현장에서 젊은 과학자들은 선배 조언자(겁이 많아 실험 결과를 기존 이론에 무자비하게 욱여넣도록 채찍질하는 사람일수도, 실패를 기회로 바라보며 실험실을 이끄는 용감한 지도자일수도 있다)들과의 상호작용 속에서 진실성과 용기를 배워 간다.

또한 실패는 과학자가 얼마나 헌신적인지에 대한 시험대이기도 하다. 자기가 하는 일에 얼마나 열정적인지, 그 열정이 얼마나 마음속 깊은 곳에서 흐르는지, 어느 정도로 신뢰할 만한지를 알 수 있는 척도다. 과학은 하나의 방법론일 뿐이라 여겨질 수도 있지만 그래도 열정을 필요로 한다. 실패를 해도 고집스럽게 밀고 나아가는 성격도 물론 중요하지만 이것은 헌신이나 열정과는 다르다. 고집스런 뚝심은 우리가 배워야 할 규율이지만 헌신이나 몰두 또한 결코 무시할 수 없이 중요하다. 뚝심으로 실패를 극복할 수도 있지만 실패는 우리가 얼마나 헌신적인지 시험한다. 과학은 매체에서 종종 묘사되듯

이 피도 눈물도 없는 어떤 프로젝트가 아니며, 실패할 확률이 높을 때 과학의 지지자들은 열정을 보인다.

　진지한 학생들이라면 이런 교훈을 이미 잘 숙지하고 있을 것이다. 그 결과는 장기적으로 명확하다. 왜냐하면 그것이 궁극적으로 과학이 작동하는 방식이기 때문이다. 연이은 실패에 휘청거리는 과정을 통해 성공은 더욱 큰 의의를 가진다. 과학에 사소한 지식 모음 이상의 의미가 있다면, 그것은 매우 까다로운 작업일 것이다. 또한, 지금은 세상을 떠난 철학자 존 호지랜드^{John Haugeland}가 말했듯 이론과 경험 사이의 충돌에 민감할 것이다. 과학자들이 머릿속으로 생각하는 바와 실험을 통해 실제로 드러나는 바가 어긋나기 때문이다. 이런 충돌은 언제나 가능성이 있으며 종종 일어날 게 분명하다. 그렇지 않다면 과학은 충돌을 피하는 좁고 험한 길을 애써서 걸어야 할 것이다. T. H. 헉슬리^{T. H. Huxley}는 과학에서 '아름다운 이론이 울퉁불퉁 못생긴 사실에 의해 살해당하는 것'만큼 비극적인 것은 본 적이 없다고 유명한 재담을 던지기도 했다. 소설가 아서 코난 도일^{Arthur Conan Doyle}도 나중에 자기 책의 주인공 셜록 홈스의 입으로 같은 문장을 말하게 했다. 실제로 그런 일은 많이 일어난다. 하지만 그 이면을 보자면, 실패의 날카로운 손톱이 성공을 잡아채 빼앗는 장면이야 말로 사람들에게 많은 영감을 준다. 그런 의미에서 보면 성공은 가장 축하받지 말아야 할 사건인 셈이다.

6
《
과학에 대한 흥미를 잃게 만드는
효율적인 시스템

내가 대학교에서
가장 기억에 남는 것은
시험에서
틀렸던 문제들이다.

- 캐스린 야트라키스[Kathryn Yatrakis], 컬럼비아 칼리지 학생처장

X X X X X X X

✕ ✕ ✕ ✕ ✕ ✕ ✔

과학 활동에서 실패가 완전히 사라진다면 무슨 일이 벌어질까? 지금껏 나는 실패야말로 반드시 필요하다고 역설해 왔다. 이 주장에 대한 근거는 무엇인가? 실패가 없어진다면 어떤 일이 벌어질까? 여기에 대해 과학 현장에서 실제로 실험을 해 볼 수는 없지만 비슷한 일이 벌어지는 두 영역의 예를 들 수는 있다. 하나는 교육 현장이다 (다른 하나는 재정 지원인데 여기에 대해서는 따로 다룰 예정이다). 우리는 성공적인 과학에 대해서만 배우지 실패한 과학은 배우지 않는다. 이러면 과학 교육이 제대로 이루어질까? 쉬운 질문이다. 결코 그렇지 않다.

예전에 한 뛰어난 과학철학자가 나와 점심식사를 하면서 여기에 대한 사례를 말해 준 적이 있었다. 여러 해 전 그의 딸이 8학년이었을 때 실제로 있었던 일이다. 딸아이가 어느 날 집에 오더니 자기는 과학을 더 이상 공부하고 싶지 않다고 선언했다는 것이다. 그때껏 아이의 과학 성적이 우수했기 때문에 과학철학자는 아이 옆에 다가앉아 갑자기 마음을 바꾼 이유를 물었다. 속사정은 이랬다. 딸은 물리 시간에 진자에 대한 문제를 숙제로 받았다고 했다. 진자의 운동을 기술한 방정식이 주어진 상태에서 진자가 가장 높은 위치에 있을 때와 가장 낮은 위치에 있을 때(내려가다가 이제 위로 올라가기 직전의) 갖는 에너지를 계산하라는 문제였다. 조금 생각을 해 본 딸은 진자가 가장 높은 위치에 올라간 순간은 사실상 완전히 움직임이 없기 때문에 에너지도 전혀 없을 것이라 생각했고 혼란에 빠졌다. 진자가 움직이는 모습을 보아도 그 생각은 틀리지 않을 듯했다. 하지만 아이가 선생님에게 자기 생각을 말하자 선생님은 자세한 설명 없이 그저 숫자를 대입해 방정식을 풀라고만 말했다. 자세하게 파고들며 괜히 법석을 떨지 말라고도 했다. "어쨌든 진자는 움직이잖니." 선생님이 말했다.

사실 진자는 갈릴레오 때부터 과학적인 흥밋거리였던 대상이었다. 갈릴레오 외에도 케플러, 라이프니츠, 뉴턴, 하위헌스, 오일러를 비롯해 이름은 남아 있지 않지만 영리했던 시계 제작자들도 진자에 관심을 가졌다. 과학철학자의 딸 앞에 완성된 진자 방정식이 주어지기 2세기 전부터 이들은 진자의 역학을 이해하고자 고투했다. 확실히 바보라도 이해할 정도로 시시한 문제는 아니었다. 여러분이 케플러나 라이프니츠 같은 사람들을 바보라고 취급하지 않는다면 말이다. 오늘날 우리는 그 방정식을 손쉽게 다룰 수 있지만 그렇다고 해서 사람들이 그 현상을 이해했던 과정이 단순하지는 않았다. 흔들리는 진자가 갖는 운동 에너지와 그것이 가장 높은 위치에서 갖는 위치 에너지의 차이를 이해해야만 했던 것이다. 꼭대기 위치에서 가졌던 위치에너지는 곧 진자가 아래로 내려가면서 운동 에너지로 바뀐다. 이런 근본적인 통찰이 있어야 에너지의 대차 대조표를 작성할 수 있었고, 이것은 우주가 작동하는 기본적인 역학 원리에 대한 이해로 이어졌다. 흔들리는 진자에 대한 올바른 방정식을 얻기까지 2세기에 걸친 실패의 기록은 그저 방정식에 숫자를 대입하는 것 못지 않게, 어쩌면 훨씬 더 물리학에 대한 이해를 돕는다.

여러분은 이것이 그저 이해하기 어렵고 학술적으로 보이는 문제에 대한 사소한 논쟁이라고 여길지 모르지만, 흔들리는 진자는 1970년대에 석영 진동자가 발명되기 전까지(진자 논쟁 이후로 또 300년쯤 되는 세월이 흘러서) 정확한 시간을 지켜 주는 유일한 방편이었다. 그리고 오늘날 프랑스 파리의 팡테온에 있는 푸코의 진자는 겉보기와는 달리 지구가 자전축을 따라 자전하며 태양은 제자리에 머무른다는 사실을 최초로 증명했다(이보다 이전의 '증명'은 천문학적 관찰 결과를 통한 추론이었다). 오늘날까지도 역학이나 원자 이론에서 중요한 조화 진동에 대한 현대적 연구를 하려면 진자가 필요하다.

이 이야기의 요지는 다음과 같다. 과학 교육에서 실패라는 요인을 제거하다가는 진정한 설명이 불가능하며 학생들이 '만점을 받기 위해 방정식에 숫자를 대입해서 문제를 푸는' 교육적으로 무척 잘못된 행동을 하게 된다는 것이다. 그리고 '진정으로 가르침을 줄 순간'이 사라지고, 위 이야기에서 아이의 아버지는 눈치 채지 못했지만 과학에 대한 아이의 흥미도 평생 떨어질 수 있다. 과학을 이루는 모든 사실들은 사람들이 수많은 실패를 딛고 힘들게 얻은 결과다. 우리는 이런 실패들을 결코 숨기지 말고 과학의 특징으로 제대로 다뤄야 한다. 그 이유가 무엇일까? 첫째로, 실패는 과학이 실제로 작동하는 방식이다. 둘째로, 뉴턴이나 라이프니츠 같은 사람도 뭔가를 알아내는 데 실패했다는 사실을 알아야 학생들도 이렇게 느낄 것이다. '아, 어쩌면 나도 그렇게 바보가 아닌지도 몰라!'

생물학자 에른스트 마이어^{Ernst Mayr}는 심오하고 통찰력 있는 저작인 『생물학적 사고의 성장^{The Growth of Biological Thought}』에서 과학을 할 때 역사적 관점이 중요하다고 주장했다. "이런 개념들을 과학자들이 힘들게 탐구해 얻어냈다는(이전의 잘못된 가정들을 하나하나 논파하며 배우는, 다시 말해 모든 과거의 실수들로부터 배우는 과정을 통해) 사실을 알아야만, 진정으로 철저하고 깊이 있는 이해를 할 수 있다. 과학 분야에서는 과학자가 스스로의 실수뿐만이 아니라 다른 사람이 저지른 실수의 역사를 통해서도 배워 나갈 수 있다."

하지만 시험 점수가 중요한 문화에서는 실패를 결코 용인하지 않으려 한다. 시험을 치를 때 학생들은 정답을 구해야지 정답을 찾느라 헤매는 과정에서 나왔던 10개의 오답은 필요가 없다. 하지만 이 10개의 오답이야말로 추론 과정의 산물이다. 우리는 학생들에게 비판적인 사고를 하라고 가르치지만 정작 시험을 치를 때는 암기된 정답에 점수를 주지, 사고 과정을 보지는 않는다. 비판적 사고를 기르려면 사람들이 왜 그토록 오랫동안 잘못된 것을 믿어 왔는지, 그러다가 어떻게 해서 천천히 지식이 쌓이거나 급작스런 통찰을 통해 정답에 이르렀는지를 이해해야 한다. 지금 답이라 믿고 있는 것도 오늘날의 관점에서 정답일 뿐이며 분명 더 나은 답이 나올 게 분명하다. 진자에 대해서도 오늘날에는 그 안에 복잡한 운동이 담겨 있다는 통찰이 등장하고 있다. 사람들은 국제 진자 프로젝트^{IPP}라고 불리는 작업을 통해 진자에 대한 과학적, 역사적, 철학적, 교육적 측면을 각각 네 부분으로 나눠 500쪽 넘는 책으로 출간하기도 했다.

어쨌든 이것은 재난에 가까운 상황이다. 우리는 13살짜리 학생에게 소외감을 느끼게 했고 과학에 대해 조금이나마 가졌던 흥미를 멋지게 파괴해 버렸다. 내가 아는 과학 선생님들은 아이들의 머릿속에 다음 번 시험 준비에 필요한 여러 지식들을 반복해 집어넣어야 할 때 비참한 기분이 든다고 털어놓았다. 이 분들 역시 내가 과학 교육의 '폭식증 모델'이라 부르는 측면을 증오한다. 엄청난 지식을 쑤셔 넣어 시험을 볼 때 토해 내게 하고 다음 단원으로 넘어가는 것이다. 여기에는 이렇다 할 이득이 없다. 선생님들 역시 이것은 과학을 진정으로 가르치는 방법이 아니라고 생각하지만 시스템이 그렇게 되어 있으니 따를 수밖에 없다고 한다.

시스템을 탓하기는 쉬운 일이고 실제로 시스템이 문제이기도 하다. 하지만 여러분이 잘못을 지적했다면 해법을 제안해야 할 의무도 어느 정도 있는 법이다. 과학은 다른 분야에 비해 이런 문제에 맞서라고 우리를 더욱 닦달하는 분야다. 왜냐하면 과학은 결국 수많은 사실들로 구성되어 있기 때문이다. 여태껏 내가 이 책과 전작인 『이그노런스 - 무지는 어떻게 과학을 이끄는가』에서 사실만을 신성시하며 우러르는 태도에 대해 공격했지만, 실제로 과학 안에는 무척 많은 사실들이 존재한다. 사실이란 여러분이 숙지해야만 하는 무언가다. 지난 400년 동안 축적된 엄청난 양의 사실적 지식을 습득하는 것은 과학 교육의 일부라 할 수 있다. 지난 50년 동안 알려진 사실이 다른 시대에 비해 상대적으로 훨씬 많지만 말이다. 이 지식의 기반은 실로 방대하고 점점 늘어나는 중이라서 학생들은 비교적 짧은 시간 안에 이것을 익혀야 한다. 엄청난 도전 과제인 셈이다. 선생님들은 비판적인 논쟁거리가 될 만한 지식을 골라야 하는 데다, 그것을 아무런 배경이나 맥락 없이 가르칠 수 없으니 이것저것 학생들이 알아 둬야 할 중요한 내용을 미리 알려 줘야 한다. 한도 끝도 없는 작업처럼 보인다. 어디서 시작하고 어디서 끝내야 할까?

이 딜레마를 보고 있자면 코미디언 돈 노벨로^{Don Novello}가 생각난다. 노벨로는 귀도 사르두치라는 이름의 가상 캐릭터를 연기했는데, 이탈리아의 성직자인 사르두치는 바티칸 특파원이 되어 가짜 뉴스를 보도한다. 1970년대에 나온 한 촌극에서 사르두치로 분한 노벨로는 자기가 '5분 대학'을 열었다고 선언한다. 이 대학에서는 20달러만 내면 5분 만에 평균적인 대학 졸업생들이 대학을 졸업하고 5년 뒤 머릿속에 남은 지식을 모두 배울 수 있으며 졸업장도 준다. 심지어 그 5분 안에는 30초짜리 봄방학도 포함된다. 이것은 소설 『오즈의 마법사^{The Wizard of Oz}』의 거의 마지막에 나오는 멋진 장면과도 비슷하다. 가면을 벗은 마법사가 그래도 당당하게 도로시와 친구들이 가졌던 소원을 들어 주는 장면이다. 등장인물 가운데 하나인 허수아비는 훌륭한 생각을 할 수 있는 두뇌를 원했다. 마법사는 허수아비가 사실은 다른 사람들처럼 두뇌를 갖고 있지만 단 한 가지가 부족하다고 말했다. 바로 대학 졸업장이었다. 그러고는 어디서 얻었는지 알수 없는 권위를 들먹이며 마법사는 허수아비에게 학위를 준다(바로 '사고술' 박사 학위였다). 그러자 허수아비는 그럴 듯한 사실과 방정식들을 능란하게 읊으며 이제 '훌륭한 생각을 할 수 있음'을 증명했다.

이 사례는 다 풍자이지만 그래도 문제의 핵심을 짚고 있다. 교양 있는 사람이 되려면 일정량의 지식을 익혀야 할까? 만약 그렇다면 어떤 지식을 얼마나 많이 습득해야 할까? 대부분의 사람들은 '교양 있는'이란 그런 뜻이 아니라고 여기거나, 그 이상이 되어야 한다고 얘기할 것이다. 하지만 우리가 아이들에게 제공하는 교육은 지식을 익히는 방식이다. 더 중요하고도 해로운 사실은 우리가 학생과 선생님들을 그 기준에 따라 평가한다는 점이다. 우리는 학교에서 배우고 난 뒤 상당 부분을 잊어버리고도 뭔가 남아 있게 하는 게 교육이라고 여긴다. 학교라는 제도가 시작될 때부터 많은 사람들이 어떤 방식으로든 그렇게 얘기해 왔다.

나는 이 문제에 대해 해결 방안을 갖고 있지 않다. 만약 내게 답이 있었다면 한참 전에 이미 이야기했을 것이다. 하지만 나는 우리가 시도해 볼 방법이 있고 우리에게는 그것이 당장 필요하다고 생각한다. '실패'에 대해 가르치는 실험적인 교육 과정이 필요하다는 것이다. 적어도 우리가 진지하고 정직하게 교육하려면 그렇게 해야 한다. 급진적으로 바꿀 필요는 없다. 다시 말해 '패러다임의 전환'은 필요하지 않다. 다만 과학 자체가 그런 것처럼 점점 실험을 늘려 갈 수 있다. 교육 방법을 약간 조정하는 것만으로도 꽤 효과가 있을 것이다. 또 당장 손댈 수 있는 문제를 먼저 고치고 까다로운 문제로 넘어가야 한다.

구체적으로 어떻게 해야 할까? 먼저, 우리는 무조건 많은 양을 다뤄야 한다는 관념을 버려야 한다. 예컨대 화학을 배울 때면 몇 학기를 온전히 바쳐 가능한 한 많은 내용을 다루려고 한다. 물리학이든, 생물학이든, 환경 과학이든 상황은 똑같다. 모든 것을 다루겠다는 목표는 확실히 터무니없을 정도다. 제한적인 시간 안에 그 분야의 전체 내용을 배울 수 없기 때문이다. 실제 과학자들조차도 자기 전공에서 알아야만 한다는 그 모든 지식을 다 알지는 못할 것이다. 이런 상황에서 서너 분야를 통달하기란 더욱 더 어렵다. 그럼에도 우리는 큼지막하고 두터운 교과서를 들고 해당 분야의 전체 범위를 얄팍하게나마 전부 이해하려 애쓴다. 이렇게 번갯불에 콩 구워먹듯 물리학이나 화학, 생물학을 훑는다 해서 대체 머릿속에 무엇이 기억에 남을까? 여러분이 고등학교나 대학교에서 물리학 수업을 들었다면 이 질문에 쉽게 대답할 수 있으리라. 사실상 아무것도 남지 않는다. 생물학자인 나는 이런 물리학 교양 수업 내용이 전혀 기억나지 않는다. 연구를 할 때 물리학이 필요하지만 그럴 때면 필요한 부분을 다시 배워야 한다. 만약에 내가 과학자가 아닌 변호사였다면 물리학에 대해서는 까맣게 잊었을 것이다.

문학 수업을 할 때도 마찬가지다. '클리프 노트' 같은 명작 요약집만 보고 공부하는 것만으로 충분할까? 당연히 그렇지 않다. 그렇다면 요약집과 다를 바 없는 과학 교과서는 어떻게 해야 할까? 셰익스피어에 대한 수업을 하는데 줄거리 요약만 읽는다면 무슨 의미일까? 조이스의 『율리시즈Ulysses』를 공부하려면 원래 텍스트를 깊이 있게 읽는 데 더해 배경 지식을 역사적인 맥락에 놓아 보고 이 작품이 이후 문학에 미친 영향을 알아봐야 하지 않을까? 하지만 이런 요소가 오늘날 과학 수업에는 빠져 있다.

그러니 우리는 제일 먼저 엄청난 범위를 다루는 데 치중하는 대신, 지식을 재빨리 쌓는 것과 지식의 맥락을 잘 소화하고 이해하는 것 사이의 균형을 찾아야 한다. 예컨대 모든 단원에 이야기 요소를 집어넣는 건 어떨까? 과학은 아무것도 없는 데서 갑자기 생겨난 결과물이 아니다. 모든 것에 역사가 있고, 그 역사는 대개 풍부하다. 역사는 그저 단순한 이야기가 아니다. 수수께끼가 어떻게 나타났고, 어떻게 해답을 얻으며, 그 해답으로부터 어떻게 새로운 수수께끼가 나타나는지에 대한 이야기다. 실패에 대한 역사가 지금 시점에서 최선인 해답을 이끌어 낼 수 있을까? 틀린 해답일수도 있지만 말이다.

여기 하나의 사례가 있다. 나는 케임브리지 대학교의 과학사 및 과학철학 과정에서 가르치는 장하석 교수를 내 동료라고 소개할 수 있어 영광으로 생각하는데, 장 교수는 온도의 발명에 대한 멋진 책을 쓴 적이 있다. 과학 분야의 다른 모든 것과 마찬가지로 이 책 역시 과학자들이 반복적으로 실수를 저지르면서 진리에 조금씩 접근해 가는 이야기다. 바로 이전에 비해 조금씩 실수를 줄여 가면서 말이다. 오늘날의 관점에서 보면 온도란 굉장히 단순하고 쉬운 개념이다. 우리는 학생들에게 온도를 재면서 하루 종일 어떻게 변하는지 추적해 열역학적인 전달 과정을 이해하도록 하는 과학 실험을 시킨다. 하지만 우리는 학생들에게 이 실험에서 사용하는 온도계가 어떻게 발명되었는지에 대해 질문한 적이 있는가? 이 질문에 그렇게 단순하게 답할 수 없는 이유는 그 안에 순환성이 있기 때문이다. 여러분이 기준으로 삼는 온도가 무엇인지 이미 알고 있는 상태라야 온도계가 어떤 온도를 가리키는지 알 수 있다. 온도가 높아지면 유리관 속의 수은이나 공기가 팽창한다는 사실을 발견할 수는 있다. 하지만 수은이나 공기가 1밀리미터씩 팽창할 때마다 온도가 여기에 비례해서 몇 도씩 높아지는 선형적인^{linear} 과정인가? 아니면 사실은 이보다 더 복잡해서, 예컨대 수은이 낮은 온도에서는 높은 온도에 비해 덜 팽창할 수도 있지 않을까? 공기나 수은, 또는 다른 성분들이 똑같은 방식으로 온도에 반응할까? 언제나 일정하게 고정된 온도의 지점이 적어도 하나는 있지 않을까? 둘이면 훨씬 좋고 말이다.

여러분은 끓는점과 어는점을 떠올렸을 것이다. 하지만 그 안에도 간단하지 않은 문제가 숨어 있다. '지켜보고 있는 주전자는 좀처럼 끓지 않는다'라는 속담을 다들 알 것이다. 초조하게 기다리면 시간이 더디 간다는 뜻이다. 이 속담은 사실 여러분의 생각보다 훨씬 많은 사실을 담고 있다. 일단 모든 사람들이(원한다면 관찰자라는 용어를 써도 좋다) 물이 끓는 시점에 대해 정확하게 동의하지는 않는다. 설사 동의한다 해도 끓는점은 고도에 따라서 달라진다. 덴버에서는 샌프란시스코에 비해 낮은 온도에서 물이 끓는다. 여기까지 모든 개념이 확실히 이해가 가는가? 만약 이런 발견을 가능케 했던 온도계가 주어지지 않았다면 여러분은 이런 개념에 대해 생각이나 할 수 있었을까? 온도계는 어떻게 그런 일을 해냈을까? 그리고 온도계는 '열'이라는 개념에 대해 무엇을 말해 줄까? 또 이 열이라는 개념은 명확한가? 그동안 사람들은 열을 설명하기 위해 많은 모델을 만들어 냈지만 대부분은 실패로 돌아갔다. 열은 마치 액체처럼 한 물체에서 다른 물체로 흐르는 것처럼 보였다. 하지만 언제나 따뜻한 물체에서 차가운 물체로 흘렀다. 결코 반대 방향으로는 흐르지 않았다. 바로 그것이 차가움이 흘러가는 방식이다. 그런데 잠깐만, 차가움이 흐를 수 있을까? 어떤 실체가 있는 대상이 아니라 단지 열이 없는 상태가 아닌가? 누가 여기에 대해 결정하는가? 사실 온도계가 측정하는 것이 열기인지, 냉기인지 하는 것은 꽤 오랫동안 확실하게 정해지지 않았다. 그리고 초기의 온도계 가운데 상당수가 오늘날의 기준에서 보면 위아래가 뒤집어져 있었다. 물론 온도에는 위나 아래가 없기 때문에 이 점이 실제로 문제가 되지는 않는다. 이제 청소년들의 골치를 썩일 질문을 하나 던질 수 있다.

화씨온도가 섭씨온도에 비해 생명체를 기술하는 데 적합한 온도인 이유는 무엇인가? 이 문제는 개인적으로도 골치가 아픈 문제다. 그래도 이 문제가 다른 사람들의 머리도 아프게 할 것이라 생각하니 기분은 나쁘지 않다. 화씨온도는 꽤 생물학적인 온도 기준이라 할 수 있다. 포유동물의 피가 얼어붙는 온도가 0도이고 평균적인 체온이 100도이기 때문이다. 그러니 화씨온도에서는 우리들 대부분이 살아가는 온도 범위를 균등하게 100으로 나눈 셈이다. 여기에 비해 섭씨온도는 물이 어는 온도가 0도이고 물이 끓는 온도가 100도다. 이 말은 섭씨온도가 생물이 살아가는 온도 범위와 눈금에서 다소 벗어났다는 뜻이다. 일기예보에서 0.5도의 소수점이 등장하고 영하를 의미하는 음수가 그렇게나 자주 나오는 것도 이런 이유에서다. 그리고 사람의 체온은 섭씨 37도인데 이 숫자는 성가신 소수라서 우리가 어떤 반응이 이뤄지는 온도를 계산할 때 깔끔하게 나눠지지 않는다. 그래서 섭씨온도는 엔지니어나 물리학자들에게는 좋을지 몰라도 생물학자들은 친숙한 화씨온도가 좋다.

내가 앞서 말했듯이 이것은 개인적인 불평이다. 하지만 여러분 역시 온도의 진정한 의미가 무엇인지에 대해 유용한 논의를 시작해

볼 수 있다. 자의적으로 보이지만 그래도 실제 물리적인 조건을 기술하는 이 개념에 대해서 말이다. 이것은 어떻게 과학이 작동하는지를 보여 주는 멋진 모델이다. 뉴턴의 물리학이라든지 종의 기원에 대한 다윈의 이론, 멘델레예프의 주기율표에서 아인슈타인의 상대성 이론까지 말이다. 과학은 임의적인 무언가를 끌고 들어와 여기에 기대어 물리적 실재에 대한 전체적인 기술을 할 수 있다. 그것은 마법과 비슷한 측면이 있다. 단순한 사실보다 마법이 더 재밌고 사람들의 마음을 끈다는 사실은 누구나 알고 있다.

그러면 이제 과학 교육에서 무척 어려운 문제에 대해 살펴보자. 바로 수식과 수학이다. 스티븐 호킹은 『시간에 대한 짧은 역사^A Brief History of Time』에서 출판사 담당자가 이 책에 호킹이 원래 넣으려고 했던 수식을 전부 넣었다가는 매출이 절반으로 뚝 떨어질 거라 말했다고 밝혔다(그래도 호킹은 수식을 한 개 집어넣었다). 이 사례는 오늘날 수학 교육 프로그램이 낳은 전형적인 잘못된 추론이다. 수식이 하나씩 늘어날 때마다 판매 부수에 끼치는 영향은 사실 점차 반의반으로 줄어들기 때문이다. 그러니 일단 첫 번째 수식을 집어넣으면 그 다음 수식을 넣을 때는 비교적 매출 걱정을 접을 수 있다. 비록 여전히 판매 부수는 떨어지겠지만 말이다. 그리고 호킹은 가장 귀중한 수식 하나만 남겼기 때문에 매출은 큰 문제가 되지 않았다.

강의에도 이것과 비슷한 충고를 할 수 있다. 특히 이과 학생들 가운데 가장 수학과 거리가 멀어 보이는 생물학과 학생이 그 대상이라면 말이다. 사람들이 수식을 집어넣으면 수강생이 줄어든다는 충고를 했다. 하지만 나는 여기에 동의하지 않는다. 수식이 가치가 있는 이유는 단지 변수 속에 숫자를 집어넣어 문제를 해결할 수 있기 때문이 아니라, 특별한 속기법으로 작성한 일종의 설명이기 때문이다. 타이핑과는 달리 이런 속기법을 배워 잘 다루면 나름의 쓸모가 있다. 더 중요한 사실은 속기법을 통해 의미를 뽑아내고 뭔가를 이해하는 데 도움을 받는다는 점이다.

각 수식들은 우리에게 들려 줄 이야기가 있다. 그것은 갈등과 투쟁, 실패와 승리의 이야기이며 논리와 사고, 실험을 통해 비틀어 떼어 낸 이 우주의 몇 가지 특성을 알려 준다. 여러분이 이런 이야기를 접한다면 수식은 더 이상 의미를 알 수 없는 지루한 공식이 아니다. 높은 곳에서 떨어져 그대로 학생들에게 전해져야 하는 존재가 아닌 것이다.

여기 사례가 하나 있다. 나는 학생들에게 네른스트 방정식을 가르치는데, 이 방정식의 이름은 이것을 처음 만든 19세기 후반의 유명한 생물 물리학자인 월터 네른스트$^{\text{Walter Nernst}}$에서 따 왔다. 네른스트는 전지와 전기의 흐름에 흥미를 가졌고 염을 통해 전하를 운반할 수 있다는 사실에도 관심이 있었다. 그리고 네른스트는 여기에 대해 수학적으로 기술하는 방법을 알아냈다. 이온의 농도만 주어지면(나트륨과 칼륨, 염소 이온이 가장 흔하게 사용되었다) 그것을 불균등하게 분포시켜 만들어진 전압이 얼마인지 계산할 수 있었던 것이다. 네른스트는 최초의 전지를 만드는 방편으로 이 방정식을 사용했다. 그리고 어느 정도는 표준적인 알칼리 전지도 이 원리를 따른다. 또 생리학자들은 얼마 되지 않아 인체 내부에서 일어나는 전기적 활동에도 똑같은 방정식을 적용할 수 있다는 사실을 깨달았다. 우리가 심장, 뇌,

근육 안에서 벌어지는 전기적 활동을 측정하는 데 심전도, 뇌전도, 근전도 기기를 사용하는 이유도 바로 이것이다.

게다가 한 물리 화학자가 발전시킨 방정식은 두뇌가 어떻게 작동하는지를 기술하는 데 사용되었다. 물리학자인 켈빈 경^{Lord Kelvin}은 네른스트 방정식을 활용해 뉴욕에서 런던까지 전기 신호를 쏘아 올리려면 신호의 세기가 어느 정도나 되어야 하는지를 계산하기도 했다. 대서양을 가로지르는 최초의 전기 케이블이었다. 이 동일한 계산법을 활용해 우리의 두뇌에서 엄지발가락까지 전기 신호가 어떻게 흐르는지도 보여 줄 수 있다. 몸속의 염 용액에 푹 젖은 신경 섬유를 따라 신호가 흐르는 모습은 대서양 바닷물 속의 전기 케이블과 크게 다르지 않다. 오늘날에는 이 신호를 측정해 루게릭병(근위축성 측삭경화증, ALS)이나 다발성 경화증 같은 질환을 진단하는 데도 활용한다. 이 방정식을 활용하는 사례의 목록은 계속 이어갈 수 있지만 이 정도면 무엇을 말하려는지 잘 드러났을 것이라 생각한다. '네른스트 방정식'이 여러분의 머릿속에서 흥미로운 무언가로 여겨지게 하려는 시도다. 또 하나 덧붙이자면 여러분이 각종 물건에 집어넣어 사용하는 건전지와 그 물건을 즐기는 여러분 두뇌에 동력을 공급하는 메커니즘은 둘 다 하나의 단순한 공식으로 설명할 수 있다. 겉으로 보기에는 전혀 그렇게 보이지 않던 원리이니 다른 사례보다는 조금 더 흥미로울 것이다.

물론 여러분이 과학에 대해 교양이 있다면 알아둬야 할 몇몇 지식들이 있다. 문학이나 예술에 대한 소양과 다를 바가 없다. 인문학 분야에서는 이런 교양에 대해 꾸준히 강조하고 있다. 교양 있는 사람이라면 반드시 읽거나 익혀야 할 기본적인 고전이라 할 만한 책과 저술은 어떤 것인가? 예술과 건축 분야의 상징적인 작품들은 어떤 것들인가? 이런 논쟁거리는 종종 뜨겁게 과열된다. 외부에서 보기에는 대체 왜 그렇게 열을 올리는지 궁금할 지경이다. 그저 이거나 저거나 똑같은 책 아닌가? 사실 충분한 전문 지식을 가진 사람들이 무엇이 고전이고 훌륭한 사상인지에 대해 죽어라 논쟁을 벌이는 모습을 지켜볼 수 있는 사회 속에서 우리가 산다는 사실은 좋은 일이다. 이런 논쟁은 단순한 사치품이 아닌데, 만약 우리가 그 결론을 정치나 교육 위원회에만 맡긴다면 우리는 사고를 그들에게만 맡긴 채 허수아비가 되고 말 것이다(아무리 정치나 교육 위원회가 선의를 가졌다 해도). 우리는 무엇이 제대로 된 교양인지에 대해 의견이 서로 다르지만 합리적이면서 제대로 된 정보를 갖춘 전문가들을 필요로 한다. 이 문제에서는 만장일치가 전혀 좋은 것이 아니다.

그리고 나는 과학 분야에도 이와 같은 '논의'가 있어야 한다고 믿는다. 우리는 '어떤 사람이 과학에 교양이 있다고 간주하려면 어떤 지식을 갖춰야 하는지'에 대한 기준이 없다. 그런 교양이 있다고는 여기지만 무엇인지에 대한 합의는 없다. 그 이유는 문화와 마찬가지로 과학 교양도 유동적으로 변화하며, 꾸준히 개정되기 때문이다. 이것은 우리가 계속 머릿속에 담아 두면서 음미해야 할 내용이다. 우리가 공공선을 위해 공통적으로 알아야 할 교양, 절대적인 근본 지식이 무엇인지에 대해 면밀하게 검토할 기회이기도 하다.

인문학은 수십 년 동안(어쩌면 수백 년 동안) 이 주장을 계속 해 왔다. 그러니 과학도 이 좋은 아이디어를 제대로 이해하고 실천에 옮기기 시작해야 한다. 하지만 진화론과 지적 설계론에 대한 시답지 않은 논쟁에 대해 얘기하려는 것은 아니다. 그 안에는 정치적이고 문화적인 동기가 숨어 있으며 정직하지 못한 주장들이 가득하기 때문이다. 내가 말하려는 바는 천문학, 생물학, 화학, 컴퓨터 공학, 생태학, 수학, 물리학 분야의 전문가들이 우리가 알아야 할 진정한 필수 교양에 대해 진지한 대화를 해야 한다는 것이다. 조금 바꿔서 말하면 여러분이 1년 동안 무인도에 혼자 떨어져 지내야 한다면 무엇을 가져갈까에 대한 질문이다. 리처드 파인만은 만약 대재난이 일어나 모든 인류가 사망하고 혼자 살아남았을 때 어떤 지식이 필요할지에 대한 질문을 받은 적이 있다(원자폭탄 때문에 종말론적인 전망이 가득하던 시절이었다). 파인만은 주저 없이 원자에 대한 개념을 골랐다. 원자에 대한 아이디어 하나를 잃기만 해도 인류는 상당한 기간에 걸쳐 복구를 해야 할 만큼 퇴보하리라는 것이 파인만의 생각이었다. 성공할 확률도 그렇게 높지 않고 말이다. 하지만 이 개념 하나를 챙기는 것만으로 인류는 물리학과 화학을 다시 세울 수 있다. 그러면 그 토대 위에 생물학도 발전시킬 수 있다. 다음은 이 질문에 대해 내가 고른 몇 가지 개념들이다.

미적분

세포

화학 결합

엔트로피

진화

장(중력장, 전기장 등)

유전자

관성

열에 대한 운동론

주기율표

　　물론 다른 사람들이라면 의견이 다를 수도 있고 나 역시 이 목록을 바꿀 수 있다. 하지만 바로 그 점이 중요하다. 이것은 공식 목록이 아니다. 아무리 대단한 권위자나 전제군주가 와서 강제하더라도 말이다. 교육과정에 매우 많은 내용을 최대한 채워 넣고 그것을 바꾸지 않는 것은 교과서 저술가나 출판사에게는 바람직한 사업 모델이다. 하지만 과학을 가르치는 최선의 방법과는 거리가 무척 멀다. 이런 포괄적인 교과서는 일단 완성되기만 하면 여러 해에 걸쳐 여기저기 약간 손을 볼 뿐이다. 몇몇 경우에는 수십 년 동안 이어지기도 한다. 이런 교과서의 판권면을 한번 살펴보라. 1판을 펴낸 날짜가 거의 10년 전으로 거슬러 올라갈 것이다. 내용을 바꿨다 해도 겉치레에 불과하며 중고책 시장을 약화시킬 뿐이다. (여러분도 알겠지만 교과서는 새로운 판이 나온다 해도 여기 저기 사소한 부분을 손대고 쪽수를 변경하는 데 지나지 않는다. 하지만 교사들의 수업 계획서가 이 쪽수를 기반으로 하기 때문에 학생들은 다들 중고책보다는 새 책을 살 수밖에 없다.) 내가 이렇게 얘기하는 이유는 교과서 출판사들을 비난하기 위해서가 아니라 이들이 과학 교과서를 통해 자라나는 세대와 소통하는 데 가치를 두지 않는다는 사실을 강조하기 위해서다.

나는 지금까지 과학 교육에 대한 일반적인 이야기를 했는데, 주로 12세부터 18세까지의 아이들에 초점을 맞췄다. 학년이 낮을 때는 여학생이든 남학생이든 모든 아이들이 과학을 좋아한다. 하지만 7학년에서 8학년 무렵부터 조금씩 걸러지기 시작해서, 11학년, 12학년 무렵에는 과학을 전공하는 것은 둘째 치고 조금이라도 가까이 하려는 학생들의 수가 5퍼센트 미만으로 떨어진다. 우리는 그동안 최대한의 학생들이 과학에 대한 흥미를 잃게 만드는 탁월하게 효율적인 시스템을 발전시켜 온 셈이다. 이게 과연 우리가 원하는 바일까? 그럼에도 이것은 현실이다.

하지만 이런 현상이 비단 최근에만 국한되는 것은 아니다. 이미 1957년에도 유명한 인류학자 마거릿 미드(Margaret Mead)와 동료 로다 메트로(Rhoda Metraux)가 『사이언스(Science)』지에 「고등학생들이 가진 과학자의 이미지」라는 제목의 논문을 발표한 바 있다. 이 논문은 미국과학진흥회가 당시 미국 청소년이 가진 과학과 과학자들에 대한 인상과 태도를 조사한 결과를 바탕으로 했다. 당시 미국은 외국과 우주 전쟁 중이어서 자국 젊은이들이 앞으로 얼마나 국가가 필요로 하는 기술과 경쟁적인 필요를 충족시킬 진로를 택할지에 대해 상당한 관심이 있었다. 어딘지 요새 이야기처럼 익숙하게 들리는가? 결과도 그랬다.

이 논문은 지금 보면, 처음부터 끝까지 젠더에 대한 이상하고 신경이 거슬리는 편견으로 가득했다(저자가 두 명의 여성이라는 점을 생각하면 무척 놀라운 일이다). 하지만 오늘날 고등학교 교실에서 물어봐도 결과는 그렇게 다르지 않을 것이다. 질문지 안에는 다른 여러 질문과 함께 짧은 단락의 괄호 안을 메우는 문제가 있었는데 남학생은 "내가 만약 과학자가 된다면 …한 과학자가 되고 싶다"라는 문장을, 여학생은 "내가 만약 과학자와 결혼한다면 나는 …한 과학자와 결혼하고 싶다"라는 문장을 제시했다. 그리고 대부분의 남학생들은 결혼에 관심이 있거나 적어도 여학생들의 마음을 얻고 싶어 하기 때문에 여학생들의 반응은 남학생들이 실제로 진로 결정을 내리는 데 남학생 자신의 결정과 비슷하거나 오히려 더 큰 영향을 미친다고 간주되었다! 게다가 이 추론은 1960년대에서 1970년대 사이에 생물의 진화에서 암컷의 선택이 미치는 중차대한 역할을 재발견했던 로버트 트리버스^{Robert Trivers}와 동료들보다 살짝 앞선 결과이기도 했다. 비록 그보다 이전에 다윈(1871)과 R. A. 피셔(1915)가 이미 넌지시 언급한 적이 있지만 말이다.

연구 결과에 따르면 학생들은 과학자의 '공식적인' 이미지가 무엇인지 묻자 다음과 같은 대답을 내놓았다. '한 국가와 국민들의 삶과 세계에 결코 빠질 수 없는 중요한 역할을 하는 사람, 어떤 한 가지 주제에 헌신적이고 영리한 사람, 돈이나 명예에 구애받지 않고 일하며 병의 치료법을 발견하거나 기술적 진보나 방어와 보호를 제공해주는 사람, 대체로 우리가 감사해야 할 사람.' 하지만 학생들은 정작 본인이나 배우자의 직업을 고를 때는 이런 특성에 대해 상당히 부정적으로 바라보았다. 이런 직업은 지루하며 죽은 듯 활기가 없는 대상을 다루고(우주여행 같은 모험이 아니라면), 집과 가족, 평범한 인간관계를 절연하고 온전히 일에만 자신을 바쳐야 하기 때문이다. 게다가 경제적인 측면에서도 '비정상적'이라 할 만큼 상식에서 벗어난 대접을 받고(돈을 전혀 벌지 못한다든지) 전체적으로 온 신경을 일에 쏟아야 할 만큼 힘들고 까다롭다. 오늘날에도 정확히 들어맞는 이야기다.

여기에 이어 미드와 메트로는 학생들이 과학에 대해 이런 태도를 키우게 만들었던 교육의 잘못을 탓한다. 이들은 과학이 '지적인 활동에 따르는 기쁨'을 주지 못한다는 사실을 개탄했다. 과학자들은 여러해 동안 따분하고 음침하게 일만 하다가 '마침내 뭔가를 발견했을 때(만) 환호하는' 사람으로 여겨진다. 그리고 과학을 공부하는 학생들은 죽은 동식물을 다루면서 오래 전에 죽은 사람들의 사상이 가득한 생기 없는 교과서를 읽는다. 미드와 메트로는 과학을 가르치는 방식과 과학자들을 대하는 태도를 바꿔 보라고 주문한다. 그것은 무엇보다도 과학자를 영웅으로 묘사하는 데만 그치지 말고 과학 분야에서 발견이 이뤄지는 생생한 이야기를 전달하는 방식이었다. 여러분도 짐작하겠지만 나는 이 의견에 무척 동감한다. 하지만 두 사람이 이 권고를 발표한 시기는 1957년이었다. 다시 말하면 그동안 아무것도 변화하지 않았다. 오히려 상황은 더 악화되었다. 오늘날에는 그런 끔찍한 과학 수업이 대학교까지 이어지기 때문이다.

오늘날 거의 대부분의 대학교는 재학생들에게 다방면에 걸친 교양을 쌓으라는 의미에서 과학 과목을 필수로 수강하게 한다. 경영학과 재무학을 진지하게 전공으로 시작하기 전에 말이다. 이과 전공이 아닌 졸업생 인구의 80퍼센트는 이 과정을 통해 평생에 마지막으로 과학 관련 수업과 책을 접한다. 하지만 그런다고 머릿속에 과연 무엇이 남을까? 고등학교 시절과 마찬가지로 쓸데없는 지식들을 폭식증에 가깝게 욱여넣을 뿐이다. 심지어 이런 교양 수업들은 과로와 저임

금에 시달리는 강사들이 맡게 되는 경우도 흔하다. 그렇다고 강사들이 헌신적이지 않다거나 열심히 일하지 않는다는 뜻은 아니다. 다만 이런 과정을 임시적인 강사 인력에게 맡긴다는 사실 자체가 이공계 교수들이 교양 수업에 별 신경을 쓰지 않는다는 점을 보여 준다.

한편 과학자가 되고 싶은 학생들은 대학원으로 진학한다. 하지만 여기서 학생들은 지금껏 과학에 대해 가졌던 관점과는 정반대의 관점을 얻는다. 내가 대학원생이었을 적의 기억을 되살려 그 변화된 관점에 대해 나열해 보면 다음과 같다.

- 질문을 잘 던지는 것이 과학적 사실 자체보다 더 중요하다.
- 내가 얻게 된 대답이나 사실은 임시적이다. 데이터와 가설 (모델) 또한 잠정적이다.
- 실패를 아주 많이… 겪게 된다.
- 인내심이 필요하다. 시간이 약이다.
- 가끔은 운도 따른다. 다행히 내가 알아챘다면 말이다.
- 뭔가를 발견하는 과정이 논문이나 교과서에서 읽었던 대로 차근차근 순서대로 벌어지는 법은 없다.
- 매끈하게 원호를 그리며 아무 차질 없이 과학적 발견이 일어난다는 관념은 허구다. 덜컹거리며 여기저기 부딪히는 게 정상이다.
- 누가 공짜 음식을 주면 얼른 달려가서 먹어라.

학부생이라면 이런 중요한 진실을 결코 알아차리지 못한다. 내가

맡은 고급 과학 강좌에서도 그렇다. 훈련을 받은 엘리트 과학자들만
이 알아차리는 과학의 특정 측면이 있는 것처럼 보인다. 하지만 그
렇다고 여러분의 이해력을 넘어서는 내용이 이 목록 안에 들어 있지
는 않다. 나는 여러분에게 사람의 두뇌와 후각기에 대한 수많은 사
실을 마구 나열하면서 정신없게 만들 수 있다. 비록 여러분이 이해
하지 못할 내용을 그것도 여러분이 흥미를 가졌다고 억지로 가정하
면서 늘어놓는 것이라 지루할 공산이 크겠지만 말이다. 하지만 이러
한 지식은 내가 대학원에 다닐 때 배웠던 중요한 교훈과 상관없다.
위의 목록은 누구나 무슨 말인지 알 만한 내용이다. 다만 여러분이
과학자가 아니라면 진정으로 이해하지는 못할 것이다.

그렇다면 이제 다음과 같은 질문이 부상한다. 과학을 전공으로
하지 않는 학생들에게 과학을 가르쳐야 하는 이유가 무엇일까? 만
약 이 학생들에게 과학자가 되는 데 알아야 할 지식을 가르치지 않
는다면 그들의 지적인 발전을 위해 가르칠 만한 다른 특별하면서도
독특하고 중요한 내용이 있을까? 우리가 과학이 필수적인 교양 과
목이라고 느끼는 이유는 무엇일까? 우리는 무엇을 성취하려 하는
걸까?

지난 4세기 동안 과학은 인류 역사상 어느 때보다도 자연에 대한
풍부하고 더 나은 설명을 제공했다. 과학은 대부분의 경우에 무언가
를 발견하고 어떤 사실을 믿을 만한지 여부를 알아내는 전략으로 발
전했다. 이것은 '과학적 방법'이라기보다는 축적된 절차와 사고방식
의 커다란 체계에 가까웠다. 그뿐만 아니라 이것은 마술이나 신비주
의에 기울지 않고 제대로 된 정보에 근거한 세계관을 구축하는 잘

확립된 사실들이기도 했다. 과학에는 모든 것을 지배하거나 위반해서는 안 될 원리가 없다. 그리고 대부분의 경우 과학은 재앙을 불러일으키기보다는 생산적인 실수를 만들어내는 메커니즘이다. 이런 실수와 실패, 잠정적인 설명, 미친 듯한 사상과 이론을 비롯한 모든 것들이 다 함께 과학적 사고의 풍부함을 이룬다.

그렇다면 우리는 어떻게 해야 할까? 칼로릭이나 에테르, 양자가 발견되기 이전의 원자 이론, 생명에 대한 지적 설계론, 플로지스톤, 생기론을 비롯한 실패한 아이디어들을 전부 과학 수업에 끌어들여 가르쳐야 할까? 이런 아이디어가 사실은 전부 틀린 것으로 드러났다는 사실을 알게 되면 과학 교육과정에 깐깐한 사람들이 말도 안 된다는 반응을 보일 텐데 그래도 이런 내용을 가르쳐야만 할 이유가 있을까? 지성이 흘러넘치고 영리한 과학자들 가운데 엄청나게 많은 수가 인생에서 한 번쯤은 이런 잘못된 아이디어를 믿었다는 사실 말이다. 그러니 다음과 같은 몇몇 사례는 그렇게 이상하게 보이지도 않을 정도다. 예컨대 물리학자 마이클 패러데이는 지적 설계론을 믿었던 것이 확실하고 라부아지에를 비롯한 여러 과학자들은 칼로릭 이론을 무척 오랫동안 진지하게 받아들였다. 생기론의 미묘한 여러 형태들은 아직까지도 생물학 분야의 여기저기서 출몰하는 중이다. 중요한 사실은 이러한 개념들이 하룻밤 사이에 실패한 아이디어로 판명나지는 않았다는 점이다. 다들 한때는 제대로 된 과학적 제안이었고, 멍청하고 정보도 없는 사람이 그 제안자인 것도 아니었다. 그렇다면 우리는 어떻게 그 아이디어가 근본적으로 틀렸다는 사실을 알아차릴 수 있을까? 심지어 이런 아이디어들이 '훌륭한' 설명을 제공한다면 말이다. 어떻게 해야 올바르고 제대로 된 과학적 아이디어와 그렇지 못한 아이디어를 구별할 수 있을까? 참인 것이 분명한 이론인데도 우리가 느끼기에 틀렸다면 어떻게 해야 할까? 옳음과 참은 어떻게 다르고, 틀림과 참은 어떻게 다를까? 새로운 이론은 어떻게 해서 오래된 이론을 대체할까? 새로운 이론이 완벽하게 옳지도 않고 앞으로 수정될 여지가 있는 게 확실한 상황에서 말이다.

처음 들으면 좀 미친 듯한 소리일 수도 있지만 사실은 '실패'야말로 여러 가지 면에서 최고의 역사적 사례가 아닐까? 학생들은 실패를 통해 과학의 가장 뛰어난 두뇌들이 진지하게 받아들였던 아이디어들을 일단 진지하게 고려한다. 그리고 그 아이디어가 결국은 대부분 틀렸다는 사실을 알게 된다. 학생들은 실패 사례들을 통해 우리가 조금만 삐끗해도 틀릴 수 있으며 잘못된 이론이나 아이디어로 흐를 수 있다는 사실을 깨닫는다. 실패는 훌륭한 과학자들이라도 종종 잘못된 길을 택한다는 사실을 알려준다. 후대인이라는 역사의 유리한 고지에서 우리는 과거의 과학자들이 왜 그런 아이디어가 더 합리적이라고 여겼는지를 알 수 있다. 과학은 갈팡질팡 헤매는 암중모색을 통해 진보하며, 가끔은 뭔가를 발견했다 해도 더욱 오리무중의 상태에 빠지는 경우가 많다. 전보다는 나아졌겠지만 말이다. 과학은 원래 이런 식으로 작동하며 이런 식으로 진보한다. 그것도 썩 성공적으로 나아간다. 그렇다면 우리는 어째서 이런 실패 사례들을 지우고 실패 이후의 따분한 여파('과학적 사실'이라고 불리는)들만 다루는 걸까?

설사 역사적인 사례를 다루기보다는 오늘날의 과학을 가르치고 싶다 해도 여전히 유통기한이 다하고 개정이 필요한 아이디어들이 무척 많을 것이다. 과학에서 실패는 과거에만 일어나는 것이 아니기 때문이다. 지금 이 순간에도 전 세계 실험실에서 매일 일어난다. 그 이유는 뭘까? 과학이란 우리가 모르는 것에 대해 다루는 활동이고, 이 미스터리에 쌓인 숱한 대상들은 새롭고 더 나은 실패를 빚어내기 때문이다.

이런 사고방식이야말로 과학 교육이 학생들에게 전해야 할 내용이다. 과학은 언제나 피 튀기는 전쟁이고 성공과 실패, 대담함과 소심함, 기쁨과 슬픔, 확신과 의심, 즐거움과 비참함이 공존한다. 과학은 단지 교과서 속에 깔끔하게 박제되어 보존 처리되기에는 너무나 위대한 인류의 모험이다. 그리고 모든 인류의 모험이 그렇듯 과학에는 실패라는 조그만 구멍들이 송송 뚫려 있다.

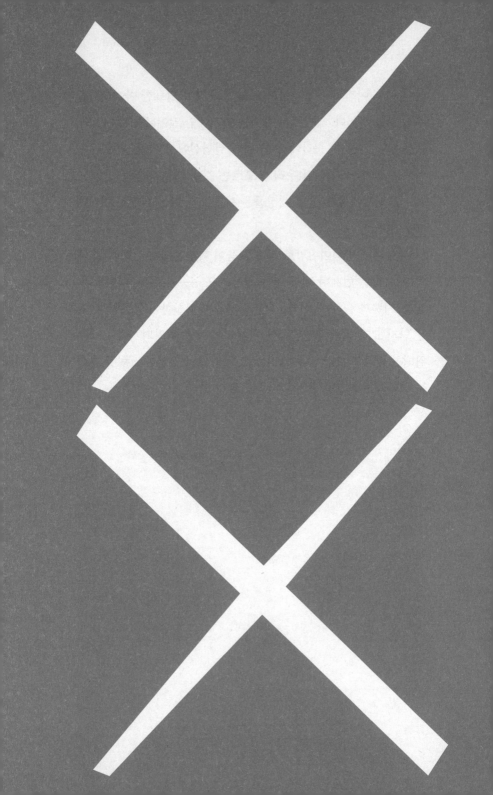

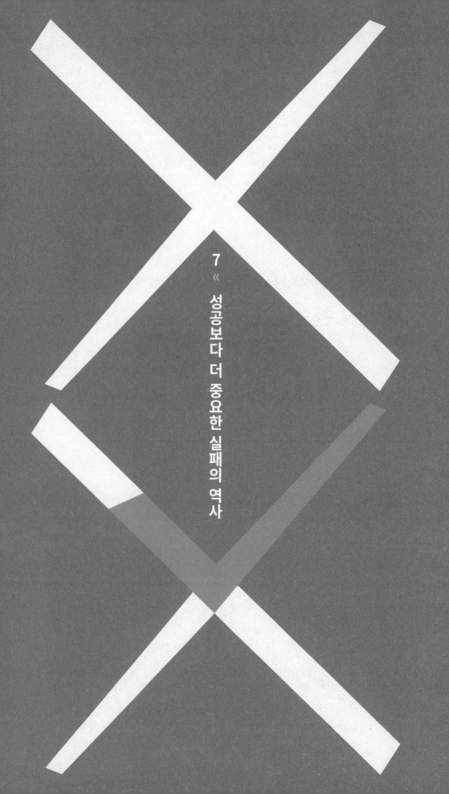

7
《
성공보다 더 중요한 실패의 역사

그것은 심지어
제대로 틀릴 수도 없다.

- 볼프강 파울리^{Wolfgang Pauli},

스스로 가치가 없다고 생각한 논문에 대해 언급하며

사람들은 과학의 위대한 성취에 대해 말할 때 '발견의 매끈한 원호'라고 표현하는 경우가 종종 있다.

이 원호 안에는 우리가 좋아하는 역사적인 승리들과 영웅적인 참가선수들, 직관적인 번뜩임과 도약, 제때 이루어진 우연한 발견들, 그리고 마침내 수십 년, 심지어는 수 세기에 걸쳐 마법처럼 이루어진 빛나는 진전들이 포함된다. 힘겨운 작업을 거쳐 사물의 진정한 모습이 무엇인지에 대해 훌륭하고 굳건하게 이해하게 된 것이다. 대부분의 큰 발견들이 여기에 들어간다. 원자, 화학 결합, 유전자, 세포, 트랜지스터를 비롯해 관성이나 중력, 진화, 알고리즘 같은 개념적인 도약을 그 사례로 들 수 있다. 진화와 상대성, 양자역학, 유전학을 비롯해 우리가 과학 수업에서 가르치는 모든 사실의 배경에는 위대한 몇몇 개념들에 성공적으로 도달한 발견의 원호가 존재한다. 뉴턴은 어쩌면 조금은 비꼬는 말투로 자신이 거인의 어깨 위에 서 있다고 말했다. 왓슨과 크릭은 이제는 케임브리지 대학교의 명물이 된 이글펍이라는 술집에서 생명의 비밀을 발견했다고 주장했다. 이렇듯 과학에는 영웅담이 가득하다.

하지만 실제로 과학은 절대 이런 식으로 나아가지 않는다. 위의 영웅담에는 잘못된 점이 두 가지 있다. 첫째, 전체적으로 보아 사실이 아니다. 둘째, 이런 이야기는 과학의 중요한 진전이 몇몇 천재적인 개인에 의해 생겨났다는 설을 퍼뜨린다. 갈릴레오, 케플러, 뉴턴, 패러데이, 맥스웰, 켈빈, 아인슈타인은 물리학 분야에서 유명한 한 획을 그었다. 이들이 만들어낸 원호는 관성에서 질량, 중력, 에너지장에서 열역학까지 물리학의 탄생과 성장을 쫓아가며, 여기에는 질량과 에너지가 등가라는 사실을 보여 주어 시공간의 모든 것에 대한 무척 중요하고 최종적인 설명이 포함되어 있다.

이런 원호는 어떤 고정된 목적을 향해 매끄럽게 속도를 더하며 나아가는 원대한 속성을 가진 것처럼 보인다. 하지만 앞에서 숱하게 강조했다시피 실제 역사적 사건은 결코 이런 식으로 나타나지 않는다. 영웅담은 훨씬 복잡하고 흥미로운 과정의 증류이자 대놓고 꾸며낸 이야기이고, 기껏해야 피상적인 요약에 지나지 않는다. 실제로 이뤄지는 과학은 잘못된 방향 전환과 막다른 골목, 그리고 한때 사실이었다가 틀린 것으로 판명되는(가끔은 그것이 다시 옳았다고 드러나기도 한다) 꼬리에 꼬리를 무는 사건들로 가득하다. 그리고 완전히 활동이 없는 건 아니라 해도 오랜 기간 진전 없이 쩔쩔매는 순간들도 있다. 영웅담을 중심으로 한 '발견의 매끄러운 원호'는 중요해 보이는 정점만을 내세우며 사소한 발견들은 무시하는 것 이상의 일을 한다. 더 중요한 사실은 이런 이야기들이 위에 나열된 여러 대단한 발견의 상당 부분을 차지하는 실패와 힘겨운 노력을 빠뜨린다는 점이다. 예컨대 과거 100년 넘게 지배적인 사상이었던 에테르 이론을 빠뜨린다. 칼로릭 이론도 예외가 아니다. 칼로릭이란 열의 구성요소로 실제로는 존재하지 않지만 사람들을 올바른 방향으로 이끄는 중대한 역할을 했고 결국에는 열역학으로 발전했다.

어쩌면 매끄러운 원호 신화에서 뭔가를 빠뜨린다는 것보다 더 심각한 단점은 우리가 결코 이른 적 없는 결말에 도달했다고 잘못 제안한다는 것이다. 아직까지 뉴턴-아인슈타인의 물리학과 아원자 수준의 양자 우주(물리학 분야에서 두 번째 발견의 원호) 사이에는 통합이 이뤄지지 않았다. 심지어 뉴턴-아인슈타인 물리학을 하나의 발견의 원호 취급을 하는 것도 사실은 죄책감이 들 지경이다. 둘 사이에는 250년의 세월이 가로놓여 있으며 중간에 끊어지지 않은 채 직접 연결되지 않았다. 하지만 이런 수식어는 무척 흔하게 쓰인다.

뛰어난 과학사학자이자 61세라는 나이에 비교적 일찍 세상을 떠난 데렉 드 솔라 프라이스Derek de Solla Price는, 비록 그 저서가 부당하게도 거의 절판되었지만 과학의 역사는 다른 분야의 역사와는 달리 성공적인 과거가 전부 현재까지 남아 있다고 지적한 적이 있다. "보일의 법칙은 오늘날 살아 있지만 워털루 전투는 그렇지 않다"라는 것이다. 이때 프라이스가 말하는 것은 '성공적인' 과거에 한정된다. 하지만 이런 관점은 영원히 계속 이어지는 과거와 여러 시대에 걸친 영웅들에 대한 대중적인 매혹을 의도치 않게 일으킨다. 그에 따라 과학을 거의 이미 죽어 완료된 무언가로 생각하게 만드는 긍정적이지만은 않은 결과가 나타난다. 과학은 생기가 없고 논리로만 구성되어 있으며 일반적으로 보아 지루하다는 것이다. 우리는 죽은 과학자들은 숭배하는 반면 살아 활동하는 과학자들은 거의 괴짜들로 간주

한다. 어린이들에게 과학자를 그려 보라고 하면 분명 시체 같이 생기 없는 사람을 그릴 것이다.

이렇게 과학과 과학자들을 사실과 다르게 표현하는 건 비단 교육 체계뿐이 아니다. 우리의 전체적인 문화적 시대정신이 그렇다. 모든 대중 서적이나 잡지 기사, 텔레비전 방송에서 과학은 몇몇 훌륭한 도약에 의해 껑충껑충 뛰며 진전하며 지속적으로 성공을 쌓아가는 과정으로 묘사된다. 물론 이런 내러티브가 눈길을 사로잡을 수는 있지만 내 생각에는 진정으로 매력적이지는 않다. 우리가 그 이야기에 자신을 동일시할 여지가 없기 때문이다. 여러분이 실수를 단 한 번도 하지 않는 천재가 아니라면 말이다. 이보다 훨씬 매혹적이면서도 실제와 가까운 묘사는 시작과 중단이 있고 당시에는 그럴 듯해 보였던 잘못된 아이디어로 넘치는 이야기다. 이것은 실패에 실패가 이어지는 과정이다. 이 가운데 몇몇 실패는 정말로 위대하고 멋지며 엄청난 실패다. 지금은 틀렸다는 사실이 명백하지만 특정 시기에는 콩깍지에 끼운 듯 잘못된 점이 보이지 않았던 실패도 존재한다. 인간은 원래 그런 식으로 사고하는 존재이기 때문이다. 근본적으로는 동일한 정보지만 그것을 바라보는 관점은 잘못되었거나 어떤 사실이 전혀 보이지 않는 사례도 있다. 이런 현상이 왜 생기는지에 대해 따져 묻는 일은 언제나 대단히 흥미롭다. 그리고 이런 사례를 탐구하다 보면 오늘날에도 앞이 잘 보이지 않아 가려져 있는 무언가가 존재할 것이라는 생각에 이를 수밖에 없다. 지금 당장은 뭐가 잘못되었는지 상상도 할 수 없지만 말이다. 물론 영원히 상상할 수 없는 게 아니라 지금 당장만 그렇다. 그러면 현재라는 시점의 한가운데에서 가장 훌륭한 실패는 어떤 것일까? 우리가 맹렬하게 탐구해야 할 막다른 골목은 어떤 것일까? 단순한 진리 가운데 어떤 것을 고치고 손봐야 할까? 이것은 개인적이면서 생생한 과학이다.

　어쩌면 지금 시점에서 역사적인 사례 하나를 드는 게 도움이 될지 모르겠다. 하지만 그러면 곧장 문제가 하나 생긴다. 예컨대 나는 지금 실패 이야기를 쓰면서도 불완전하고 빠뜨리는 부분이 많을 것이다. 중요한 실패담 가운데 기록되지 않은 것들이 상당수이기 때문이다. 무언가의 역사에서 공백기가 길다면 그 기간은 분명히 그래도 약간의 활동으로 채워져 있거나, 한 사람의 권위자에 의해 완전히 지배당한 기간이었을 것이다. 틀리든 말든 권위자와 다른 관점은 억압당하거나 적어도 무시당한다. 예를 들어 서구에서 교회가 지배하던 시기인 중세에는 어떤 책을 도서관에 들여놓을지에 대해서도 교회의 관점이 필터처럼 엄격하게 반영되었다. 도서관에 들어갔다 해도 가치가 없다고 판단한 책이라면 적극적으로 보존하지 않은 채 썩거나 곰팡이가 피게 내버려 두었다.

　이런 세부사항을 쫓는 일은 수박 겉핥기에 끝나는 경우가 많다. 아무리 전문적인 역사학자라 해도 해석하기가 어려운데 나는 역사학자가 아니기 때문이다. 나는 다음과 같이 사고할 수 있을 뿐이다. 400년의 시간이 흘렀지만 제대로 된 기록이 없다. 대체 그동안 무슨 일이 일어났을까? 실패는 기록할 가치도 없다고 판단했던 걸까? 사람들이 게을러서일까? 아니면 자기만족에 젖었거나 쩔쩔매고 당황하기만 했을까? 지금도 이런 상황이 가능한가? 다시 말해 우리 현대인들도 공백기에 들어설 수 있을까? 공백기는 역사적인 진행 과정으로 꼭 필요할까? 완전히 잘못된 아이디어를 오랫동안 추종하는 시기에 가끔 나타나는 특성일까? 잘못된 아이디어의 상당수는 끔찍할 만큼 오랜 기간 옳다고 받아들여진다. 사람들은 노예제를 수천 년 동안 아무 문제없다고 여겼다. 생명의 활력과 목적론 또한 천 년 동안 과학의 주류였다. 그리고 온갖 종류의 마법과 정령에 대한 믿음 또한 유사 이래로 인류와 함께 했다.

지금 우리가 할 수 있는 건 손에 쥐고 있는 것을 최대한 활용하는 일이다. 이것은 수백 년 동안 과학자들이 해왔던 일과 정확하게 일치한다. 근사치를 만들고 완벽하지 않은 모델을 만들며 진전이 생길 수 있는 지점을 찾는 것이다. 사실을 받아들이고 측정하며 불확실성을 수용한다. 그리고 이런 잠정적인 땜질과 질문 과정에서 생겨난 아이디어와 발견에 대해 인내심을 가진다. 한 마디로 정리하자면 다음과 같다. 실패를 예상하고 기다리는 것이다.

내가 사례로 들 이야기는 혈액의 순환 과정이다. 피가 온몸을 돌고 돈다는 것이 이제는 어린아이도 알 정도로 상식이라는 사실을 생각하면 꽤 흥미로운 사례다. 이 사실이 발견되는 역사적 흐름을 보면 들쑥날쑥한 아이디어와 잘못된 추측이 난무한다. 오늘날의 관점에서 보면 피는 당연히 몸속을 순환할 것만 같아서, 윌리엄 하비 William Harvey 가 그 아이디어의 대부분을 떠올리기 전까지 천 년 넘게 그 사실을 아무도 몰랐다는 점이 무척이나 놀랍다. 하지만 이보다 더 믿기 힘든 사실은 하비의 생각이 사람들에게 발표된 이후로 널리 받아들여지기까지 수십 년이나 걸렸다는 점이다. 하비는 혈액에 대한 생기론과 정령 이론 같이 잘못되었으면서도 단단히 자리 잡힌 학설과 싸움을 벌여야 했다. 그뿐만 아니라 로마 제국 초기에 상당한 영향력을 떨쳤던 고대 그리스의 유명한 과학자 갈레노스가 '발견한' 소박하고 오래되었으며 잘못된 해부학 이론도 물리쳐야 했다. 다윈과 비슷하게 하비는 혈액의 순환에 대해 이미 1612년에 확신을 가졌지만, 갈레노스의 설을 공개적으로 논박하는 데 대한 두려움 때문에 그로부터 15년 넘게 지난 1628년이 되어서야 자기 생각을 출판했다. 오늘날에는 당연해 보이는 아이디어지만 여러 세기 동안 대부분의 해부학자들이 전혀 그럴듯하지 않다고 여겼던 것은 다음과 같은 이유 때문이었다.

첫째, 단순히 얘기해 혈액의 순환은 복잡해 보인다. 우리 몸속에는 자그마치 8만 8,000킬로미터에 이르는 정맥이 있다. 무려 적도를 두 바퀴나 돌 수 있는 길이다! 대단하지 않은가? 우리 한 사람, 한 사람이 그 기나긴 정맥을 몸속에 꽁꽁 감추고 있는 것이다. 큰 혈관인 대동맥은 비교적 쉽게 눈에 띄지만, 이 큰 혈관은 가지를 치고 점점 작아져서 마침내는 눈에 보이지 않을 정도로 크기가 줄어든다. 현미경 같은 확대 장치를 통해서만 이 작은 혈관, 모세혈관을 볼 수 있다. 다시 말해 몸속에는 혈관이 무척 많고 이 혈관은 점점 작아져서 일종의 그물망처럼 변해 모습을 감추는 것이다. 그러니 이 혈관을 추적하기란 몹시 힘들다.

하지만 이렇듯 추적은 힘들어도 생명을 떠받드는 가지 같은 구조에 대한 이론은 무성했다. 대부분 틀렸지만 말이다. 이 중에서도 특히 오래 갔던 혈액에 대한 정령 이론에 따르면, 피란 가늠하기도 힘든 생명의 힘을 담아 옮기는 성분이었다. 바보 같이 들리는가? 여러분이 기원후 1세기 무렵의 로마 병사라고 상상해 보자. 어느 추운 날의 이른 아침, 전쟁터에 나와 있는데 새벽 박명이 희미해서 보이는 것이라고는 가장 밝은 별뿐이다. 그때 동료 병사 하나가 갑자기 가슴에 화살을 맞고 말에서 떨어진다. 그러자 상처에서 피가 뿜어져 나와 땅에 후두둑 떨어진다. 추운 새벽이라 뜨거운 피에서는 김이 솟아오르고 무게도 없는 가느다란 증기가 사체에서 빠져나와 둥둥 떠서 사라진다. 마치 동료의 목숨이 사라지는 모습을 지켜보는 것만 같다. 이런 경우에는 증기가 생명력이자 영혼이라는 사실을 믿는 것이 완벽하게 합리적이지 않을까? 생명력이 신체를 빠져나가 감각이 없는 불활성의 상태로 만든다고 말이다. 하지만 말로 묘사하기도 힘든 이 증기를 생명과 생명 아닌 것의 차이를 만드는 실체라고 여겼던 사람이 또 있을까? 놀랍게도 그런 사람들이 있었다.

정령 이론은 두 명의 영향력 있는 생리학자이자 해부학자에 의해 체계화되었다. 기원전 250년경에 활동했던 그리스의 에라시스트라토스와 역시 그리스에서 태어나 기원후 150~200년경에 로마 제국에서 활동했던 갈레노스가 그들이다. 이 두 사람이 미쳤던 역사적인 중요성은 이루 다 말하기 힘들 정도로 크다. 마치 갈릴레이를 최초의 진정한 물리학자라고 말할 수 있는 것처럼, 이들로부터 생리학과 해부학이라는 과학이 탄생했다고 응당 이야기할 수 있을 정도다. 이들은 인체를 해부해 연구했는데 해부는 오늘날까지도 대부분의 사람들이 상상도 할 수 없을 정도로 엄청난 작업이다. 인체의 해부라는 작업은 사람들에 따라 호의를 갖고 수용하는 정도가 다르지만 무척 과학적인 연구 방법이다. 겉껍데기를 일단 걷어내 보면 사람의 몸은 '놀라운 기계'라고 밖에 표현할 길이 없다. 갈레노스와 에라시스트라토스, 그리고 이들의 조수들은(조수들의 이름은 현재 일부만 알려져 있고 대다수는 기록되어 있지 않다) 인체의 모든 부위를 자세하고 철저하게 살폈고 다른 동물과 비교를 해서 그 결과를 발표했다. 이 결과물은 인체의 대부분을 망라했으며 이때 붙여진 어려운 라틴어 명칭이 오늘날까지 남아 의대생들의 골머리를 썩이고 있다. 이들이 확인해 냈던 수백 수천 가지의 인체 부위 가운데는 대동맥, 폐동맥, 뇌신경, 심실, 심방을 비롯해 남성의 고환을 매달고 있는 작지만 중요한 근육이 포함된다.

하지만 이 모든 인체 부위가 어떻게 작동하는지에 대해서는 이들의 견해가 대부분 잘못되었다. 과학에서는 이런 현상이 결코 드물지 않다. 기술적인 교묘함, 진전된 측정, 다량의 데이터가 과학을 껑충 발전시키면 우리의 이해력이 그 뒤를 쫓는다.

갈레노스와 동료들은 영적인 것과 정령에 푹 빠져 있었다. 그러니 당연히 이들에게는 호흡과 숨이 무엇보다 중요했다. 이들은 혈액이 정령, 또는 생명력을 몸의 곳곳으로 운반한다고 여겼다. 정령은 숨을 통해 몸속에 들어가 간에서 만들어진 핏속에 섞여든다. 그러면 이 피는 몸 곳곳으로 생명력을 나눠 준다. 만약 이것이 지어낸 이야기처럼 들린다 해도 이 모델에 대한 증거가 전혀 없지는 않다. 사실 증거가 있다. 다만 그 증거가 올바르게 해석되지 않았을 뿐이다.

에라시스트라토스는 사람 시체의 동맥이 다른 사체가 그렇듯 텅 비어 있다는 사실을 눈치 챘다. 그 이유는 폐가 움직임을 멈추고 나면 심장도 박동을 멈추며, 새로 펌프질해 들어오는 피가 없으니 동맥 속의 피는 전부 펌프질해 밖으로 나가기 때문이다. 이 점은 사실 좋은 증거였고, 하비는 1,000년 뒤에 이 증거를 토대로 혈액이 순환한다는 사실을 밝혔다. 그렇지만 에라시스트라토스가 보기에 비어 있는 동맥은 정령의 숨결이 지나가는 통로였다. 또한 혈관은 간에서 오며 간은 혈액이 만들어지는 장소라고 여겨졌다. 간은 유독 피가 많이 모이는 장기이기 때문에 에라시스트라토스가 이런 잘못된 가정을 한 것도 이해가 간다. 그는 심장의 이완기에 피가 심장 안으로 끌려든 다음 펌프질해 밖으로 빠져나간다는 사실을 관찰했다. 에라시스트라토스는 심장의 오른쪽이 피를 펌프질하며 크기가 큰 왼쪽은 정령을 고동치게 만든다고 생각했다. 그는 심장에 판막이 있어 피(그리고 정령이)가 역류하지 않게 막아 주는 모습을 관찰했다. 이 판막은 나중에 하비가 주장한 혈액 순환 모델의 중심 요소가 되었다. 하지만 기원전 250년경에 살았던 에라시스트라토스는 혈액을 순환하게 하는 심장의 박동을 가까이에서 지켜봤음에도 정령 이론이 머릿속을 지배했기 때문에 혈액 순환설이라는 통찰을 끌어내는 데는 실패했다. 그리고 놀랍게도 혈액 순환설이 다시 부상하는 데는 그로부터 무려 1,500년이나 걸렸다.

그 부분적인 이유는 에라시스트라토스의 시대를 비롯한 이후 시대에는 경험적인 관찰보다는 철학적인 세계관이 더 우선시되었기 때문이었다. 당시에는 철학자가 곧 과학자였고 인체 기관의 완벽한 체계와 복잡한 작동 방식을 신의 섭리라고 여겼다. 일찌감치 나타난 지적 설계론자였던 셈이다.

한편 의사들의 왕자인 갈레노스는『인체 각 부분의 쓸모에 대해』

라는 뛰어난 저작을 통해 신체의 여러 기관이 제 목적을 다하기 위해 완벽하게 만들어져 있으며, 이것은 우리의 상상을 뛰어넘기에 일종의 신적인 설계자가 있다는 증거라고 주장했다. 따라서 과학적 관찰의 목표는 각 기관의 궁극적인 목적을 찾아내고 각 기관이 완벽하게 제 기능을 달성하는 방식을 이해하는 것이다. 갈레노스는 사실상 최초의 지적 설계론자라고 할 수 있다. 비록 본인은 그렇게 표현하지 않았지만 말이다. 기독교와 신의 섭리에 대한 믿음은 아직 널리 알려지지 않았지만 갈레노스야말로 그 길을 닦아 놓았다고 말할 수 있다. 몇몇 역사학자들은 갈레노스의 저작이 중세의 성직자들에 의해 보존되었던 이유를 이 점에서 찾는다. 갈레노스는 비록 이교도에 속했지만 역시 이교도인 다른 저자들에 비해 많은 저작이 남겨져 있다. 한편 이 종교적인 필터를 통해 생리학과 해부학 분야의 중요한 아이디어들은 상당수 유실되었다. 물론 언제나 그렇듯이 이때 잃어버린 양이 얼마나 되는지는 추정하기가 어렵다.

　이런 '신성한 육체'라는 관점은 과학적인 연구를 거의 틀어막아 버렸다. 이 관점은 논박의 여지가 없는 권위였다. 권위와 그것에 동반하는 무오류성은 과학적 발견을 이루는 데 골칫거리다. 실패가 허락되지 않는다면 발견은 이뤄질 수 없다. 우리는 여기서 실패를 기록하는 데 실패함으로써 과학이 변질되고 망가지는 훌륭한 사례를 보고 있다. 그 실패 사례들에 대해 여기서 얘기하는 건 힘들다. 대신 당시 여러 세기에 걸쳐 지배적이었던 사상이 실패를 겪는 과정을 쫓아가 보자.

　당시 갈레노스는 정령 이론을 더욱 널리 알렸고 집필 활동에도 열심이었다. 갈레노스의 권위는 하늘을 찌를 정도여서 그가 죽고 수백 년이 지난 뒤에도 감히 필적할 만한 존재가 없을 정도였다. 에라시스트라토스나 갈레노스 같은 학식 깊고 열심히 일하며 지적인 사람들이 결국 실패한 이유는, 이들이 반박의 여지없이 옳다고 여겨진 권위적인 당대의 세계관과 단단하게 밀착했기 때문이었다. 이들은 훨씬 흥미롭고 정보가 풍부한 잘못된 아이디어나 실패를 충분히 많이 겪어 볼 기회가 없었다. 새로운 질문을 던지는 실패를 겪을 수 없다면 대를 이어 갈 미래의 과학자들은 등장하지 못한다. 물론 해당 시기의 권위자들은 존재했지만 그들은 대부분 갈레노스의 작업을 새 교과서에 베껴 넣는 데만 급급했다. 갈레노스의 작업은 수백 년 동안 진보를 가로막았다. 우리는 오늘날의 과학을 기준으로 한 단축된 연대표 속에서 각 발명들 사이의 수백 년, 수십 년 간격이 얼마나 긴지 종종 잊어버리는 경우가 많다. 비교적 최근인 1900년대에 이르기 전까지는 말이다. 예컨대 에라시스트라토스와 갈레노스 사이에는 400년이라는 세월이 있다. 그리고 그 다음 진보를 이루려면 훨씬 더 오랜 시간을 기다려야 한다.

해부학과 생리학 분야의 그 다음 위대한 한 발자국을 지켜보려면 소위 암흑시대라는 중세를 지나 르네상스기까지 기다려야 한다. 16세기 초반 안드레아스 베살리우스[Andreas Vesalius, 1514~1564]가 등장하기까지 말이다. 역사학자 찰스 싱어[Charles Singer]는 이 시기가 르네상스의 예술과 인문주의적 배움(고전 저작이 널리 번역되고 인쇄되어 쉽게 구할 수 있게 됨에 따라), 다시 불붙은 해부에 대한 열광, 그리고 조금은 역설적이지만 다시금 과학으로서 생기를 되찾은 해부학이 전부 합류하는 지점이었다는 흥미로운 주장을 펼쳤다. 이 시기가 흥미로운 또 다른 이유는 거의 비슷한 시점에 오늘날의 관점에서 과학을 기초로 한 물리학이 등장했기 때문이었다. 역사학자 데렉 프라이스는 당시에 그리스의 기하학과 바빌로니아의 수비학이 독특하게 조합된 결과물에 천문학에 대한 서양의 호기심이 합쳐져, 갈릴레오부터 시작되는 물리학의 완벽하게 지적인 돌풍이 몰아치기 시작했다고 얘기한다. 즉, 물리학과 생리학이라는 과학의 발전 과정에서 중요한 두 사례는 문화적인 두 가지 태도의 독특한 융합에 의존해서 생겨났다. 이 융합은 언뜻 불가능해 보인다. 여러분의 눈에도 이 상황이 복불복처럼 보이는가?

베살리우스는 최초의 현대적인 해부학자였으며 관점에 따라서는 최초의 현대적인 과학자라고도 볼 수 있다(앞에서 잠깐 얘기했듯 이 수식어는 대개 갈릴레오에게 돌아간다). 베살리우스는 그가 살던 시대가 낳은 산물이었다. 당시는 르네상스의 분위기에 더해 고전에 대한 존경심, 새로움에 대한 혁명적인 열정이 혼합된 시기였다. 베살리우스는 갈레노스의 철학과 해부학을 공부했는데 이 주제에서 유일한 전통이 있다면 중세부터 내려온 기나긴 따분한 내용을 참고 견디는 것이었다. 하지만 베살리우스는 해부학의 고전적인 방법론을 도저히 참을 수 없었다. 파도바 대학교 의과 대학에서 해부학을 강의하게 된 베살리우스는 강사와 해부 조수가 수업을 진행하는 오래된 방식에 혁신을 몰고 왔다. 그리고 '해부 작업에 직접 손을 담갔다.' 그 결과 짧은 기간 안에 베살리우스는 해부 시연 수업에 수많은 관중을 끌어들이는 인기 강사가 되었다. 그리고 28세이던 1543년, 베살리우스는 앞으로 수백 년 동안 해부학의 기초가 될 책을 한 권 저술했다. 제목은 『인체의 구조에 대하여^{De Humani Corporis Fabrica}』였는데 가끔은 간단하게 줄여 『구조^{Fabrica}』라고도 불렸다.

연대적으로 선후를 살피면, 베살리우스는 코페르니쿠스와 동시대에 일하고 책을 출간했으며 갈릴레오보다는 약 100년 전에 활동했다. 하지만 그 시대의 100년 차이는 지금의 관점에서 그렇게 큰 의미가 없다. 베살리우스의 『구조』는 현대 의학의 기초를 이룰 뿐 아니라, 코페르니쿠스의 『천체의 회전에 관하여^{On the Revolution of Celestial Spheres}』, 갈릴레오의 『두 개의 주요 우주 체계에 대한 대화^{Dialogue Concerning the Two Chief World Systems}』와 함께 진정한 서양 과학 전통에서 나온 최초의 저서라 할 수 있다. 지식은 권위가 아닌 증거와 관찰에 근거해야 한다. 해부학과 생물학의 세계는 자기 자신의 방식으로 이해되어야지, 단순히 저 높은 곳에서 신의 시선이 완벽하게 구현된 결과물로만 바라봐서는 안 된다.

베살리우스의 큰 공헌이 있다면 때로는 무덤을 파헤쳐 시체를 도굴해 가며 세밀한 과학적 관찰을 하고 거기에 예술을 혼합했다는 것이다(당시에 베살리우스가 살던 곳의 근처인 볼로냐에서는 도시 중심에서 30마일 이상 떨어진 곳에서 시체를 가져왔다면 그럭저럭 법적으로 인체 해부를 용인했다. 이웃의 시체만 해부를 허락했다는 점에서 무례하다고 여겨지지만 말이다). 운이 나쁜 경우에는 의도치 않게 아직 숨이 붙어 있는 여성의 몸을 부검할 뻔한 적도 있었다! 초기 단계의 해부학자들과는 달리 베살리우스는 시체들을 마치 살아 있는 듯한 생생한 자세로 그렸고, 어떤 구조를 하고 있는지 뿐만이 아니라 해부학적으로 어떻게 작동하는지에 대해서도 강조했다(으스스하지만 혹시 살아 있는 사람을 해부해서 얻은 결과는 아니었을까?). 하지만 베살리우스는 그동안 공부를 하면서 갈레노스의 영향을 크게 받았음에도 갈레노스의 가르침은 따르지 않으려 했다. 또한 인체의 기관들을 가장 잘 이해하려면 그것들의 의도와 목적을 살펴야 한다는 해부학에 대한 목적론적인 관점을 고수했다. 물론 좋든 싫든 생물학 분야에서는 목적론적인 관점이 실제로 들어맞는 경우가 있다. 이것은 옳지 않은 무언가가 도움이 되는 또 하나의 사례다. 베살리우스는 개별적인 기관이나 조직이 아닌 전체적으로 통합된 신체에 대해 이해하는 것이 중요하다고 제자들에게 가르쳤다. 이렇듯 전체적인 짜임새를 중요시했기 때문에 자기 책의 제목도 『구조』라 붙인 것이다. 물론 반드시 인정하고 넘어가야 할 부분은 베살리우스가 과학 분야에서 훌륭한 업적을 남긴 영웅이라는 점이다. 베살리우스는 단순하고 안정되어 있으며 자족적인 중세의 세계관에서 사람들을 끄집어냈다. 그리고 놀랍게도 모두와 똑같은 것을 바라보면서도 그 가운데 남이 보지 못하는 뭔가를 찾아냈다.

이에 따라 당대 사람들의 관점이 달라졌으며 권위에 대항해 경험 자료를 활용하게 되면서 베살리우스의 이론을 따르는 해부학 학파가 그 기초를 다지게 되었다. 그 가운데서도 뛰어난 구성원은 팔로피우스Fallopius와 레날도 콜럼버스Renaldo Columbus였다. 팔로피우스의 이름은 자궁에서 난자가 아래로 내려가는 통로인 나팔관Fallopian tube을 뜻하는 영어 단어에 남아 있으며 콜럼버스는 유명한 탐험가와는 상관없는 인물이다. 콜럼버스는 심장의 수축기가 동맥의 팽창과 동시에 일어나며, 심장의 확장기는 동맥의 수축과 동시에 일어난다는 중요한 발견을 해냈다. 여러 세기에 걸쳐 사람들은 그 정반대라고 믿어 왔다. 즉 심장에 피가 들어와 팽창하면 그 힘으로 가슴판을 밀어내고 심장 박동 소리를 내기 때문에, 이 단계가 순환 주기에서 중요하다는 것이다. 하지만 사실은 정확히 반대다. 오늘날에는 심장의 근육이 수축하면서 심장 박동 소리가 난다는 사실이 알려져 있다. 착각하기 쉬운 부분이기는 하지만, 심장의 작동 메커니즘을 펌프가 아닌 흡입기라고 완전히 반대로 이해한 셈이다. 콜럼버스의 간단한 수정 작업이 없었다면 피가 펌프질을 통해 동맥을 따라 몸 곳곳으로 퍼지며 정맥을 따라 수동적으로 다시 돌아온다는 순환에 대한 개념은 결코 이해되지 못했을 것이다. 하지만 이 콜럼버스의 발견은 동명이인의 업적만큼 사람들에게 널리 퍼지지 못하고 잊히거나 무시당했다. 이 내용이 다시 모습을 드러낸 것은 수백 년이 지나 윌리엄 하비가 나타나면서부터였다.

하비는 모든 것을 바꿨다. 1600년에서 1630년 사이에 활동했던 하비는 갈릴레오와 동시대인이었고 뉴턴보다는 수십 년 앞섰다(뉴턴은 1642년에 태어났다). 하비 역시 베살리우스가 기초를 닦은 해부학의 중심지 파도바에서 연구를 한 적이 있다. 사실 하비는 갈릴레오가 그 유명한 대중 강연을 하고 있을 무렵 파도바에 방문하던 중이었다. 1600년대 초반에 다시 영국으로 돌아온 하비는 비교 해부학에 대한 새로운 열정이 생겼다. 세세한 특징은 다르더라도 상당 부분 인류와 유사성이 있는 다른 동물들에 대해 이해하는 것이 이 학문의 목적이었다. 20년 동안 열심히 연구한 끝에 마침내 하비는

1628년에『동물의 심장과 피의 움직임에 대한 해부학 논고An Anatomical Dissertation on the Movement of the Heart and Blood in Animals』라는 대작을 펴냈다. 이 책은 72쪽에 지나지 않아 팸플릿보다 조금 더 두꺼운 정도였지만 인체에 대한 과학적인 관점을 완전히 바꿔 놓았다. 하비는 생리학을 해부학과 통합했다. 이제 사람의 몸이란 단순히 여러 부분들의 목록이 아니었다. 구조는 기능과 섞여들었고 유기체의 다른 부분들이 하는 일과 얽혔다. 이것은 목적론과 신학 체계가 빠진 갈레노스와 베살리우스의 작업이었다. 코페르니쿠스와 갈릴레오가 인간을 우주의 중심에서 제거했듯, 하비는 인간이 신의 창조물이라기보다는 기계에 가깝다는 사실을 보여 주었다. 과학은 급진적이고 새로운 세계관을 제공했고 램프의 요정 지니는 이제 더 이상 램프에서 할 일이 없어졌다.

혈액의 순환적 속성을 밝히기 위해 하비가 실제로 거쳤던 단계나 실험을 자세히 알아보는 것은 훌륭한 과학 수업이겠지만 이 책에 싣기에는 너무 길고 복잡하다. 다만 핵심적인 통찰은 몹시 단순해서 여기에 이르기까지 1,500년이나 걸렸다는 사실이 믿기지 않을 정도다. 첫째는 혈액이 심장의 좌우 양쪽 사이를 흐르는데, 심장의 오른쪽은 폐와 연결되어 있고(폐기관계) 왼쪽은 나머지 몸 전체와 연결되어 있다는 점이다. 이 아이디어와 여기에 대한 증거는 지난 100년 동안 존재해 왔지만 무시되고 심지어는 억압되었다. 그 이유는 그 증거가 갈레노스의 관점과 합치하지 않았으며 무척 중요한 정령이 들어설 자리가 없었기 때문이었다(앞에서 살폈던 거의 2,000년 전 에라시스트라토스의 주장을 떠올려 보라). 하비가 이 중요한 아이디어를 재발견해 수용하기로 일단 결정하자, 이제 문제는 다음과 같았다. 피가 순환한다면 그것들은 다 어디서 오는가? 갈레노스의 신조에 따르면 혈액은 간에서 만들어져 신체 기관에 뚫린 보이지 않는 구멍을 통해 흘러간 다음 피부로 스며든다. 하지만 하비는 간단한 계산을 통해 심실이 약 56그램의 피를 담을 수 있다고 추정했다. 이때 심장이 1분에 72번 뛴다고 하면, 1시간 만에 심실은 거의 245킬로그램에 달하는 혈액을 대동맥으로 펌프질한다는 뜻이다. 무려 평균적인 성인의 체중보다 3배가 많은 양이다! 『맥베스^{Macbeth}』에서 맥베스 부인은 던컨의 치명적인 상처에서 흘러나오는 피의 양에 놀라움을 금치 못한다. "저 늙은 남자의 몸에 저만큼의 피가 괴어 있었다고 누가 생각이나 했겠는가?"(5막 1장) 이것이 가능하려면 설명은 하나밖에 없다. 똑같은 피가 온몸을 돌고 도는 것이다.

이 통찰이 얼마나 중요한지에 대해서는 말로 다하기 힘들 정도다. 그럼에도 무척이나 단순한 아이디어이기 때문에 100년 전의 과학자들이 들었다면 이마를 철썩 때리며 "왜 그걸 생각하지 못했지?"라고 한탄할 법하다. 하지만 이 아이디어는 무척 혁명적이어서 우리가 인체에 대해 가진 관점을 영원히, 그리고 완전히 바꾸어 놓았다. 지구가 태양의 주변을 돈다고 했던 코페르니쿠스나 갈릴레오의 주장, 그리고 이후에 나왔던 뉴턴의 관성 개념과 맞먹을 정도다. 하비는 하룻밤 만에 생기론과 정령을 논했던 1,000년 묵은 사상을 흔적도 없이 말끔하게 몰아냈다. 그리고 오늘날 생명을 가진 시스템을 연구하는 데 나타나는 특징인 이성적인 탐구와 실험 생리학의 문을 열었다. 역사상 처음으로 생명은 신학과 철학의 영역에 그치는 것이 아니라 과학에도 소속될 수 있었다.

다만 이 변화 과정이 그렇게 순조롭지는 않았다. 하비의 작업물이 이전의 쓸데없는 이론을 모조리 쓸어버리는 게 당연해 보이지만 혈액의 순환 이론이 사람들 사이에 널리 받아들여지기까지는 수십년이 더 걸렸다. 당대의 영향력 있는 의사들은 이렇게 이야기하며 고집을 부렸다. "하비의 이론이 옳은지 어쩐지 모르겠지만 그래도 난 차라리 틀린 갈레노스의 이론을 택하겠어." 몇몇 형태의 생기론은 1800년대 내내 생물학적 사고에 스며든 채 물러서지 않았고 피를 일부러 흘리게 하는 사혈 요법은 적어도 18세기 후반까지 우리가 생각할 수 있는 거의 모든 질병에 대한 가장 인기 있는 치료법이었다. 맥박과 혈압을 재는 것이 흔한 의료 행위가 되려면 하비 이후로도 2세기를 더 기다려야 하는 것이다! 딱 봐도 신뢰도가 떨어지는 사상이라도 인간의 지성을 안개처럼 가릴 수 있는 것이다.

말이 나왔으니 우리는 오늘날 혈액에 대해 어떻게 생각하는가? 예컨대 우리는 현재 혈액 속의 콜레스테롤이 좋은지 나쁜지, 어느 정도가 적당한 농도인지에 합의를 이루지 못했다. 혈관 성형술을 통해 동맥을 청소하기는 하지만 효과가 언제까지 지속되는지에 대해 논란이 있으며 그래서 더 근본적인 혈관 우회로술bypass surgery이 낫다는 주장도 있다. 오늘날에는 강박적이다 싶을 정도로 혈압을 재지만, 서로 다른 성별, 인종, 연령을 반영했을 때 정확히 어느 정도의 범위가 용인되는지에 대해서는 잘 모른다. 또 얼마나 더 지나야 에이즈 같이 혈액을 통해 감염되는 질병의 역학을 제대로 이해할지도 미지수다. 혈액이 면역학적으로 중요한 기관이라고 인식하기 시작한지도 최근의 일이다. 사실은 혈액을 일종의 기관이라고 여기기 시작한지도 얼마 되지 않았다. 아직까지도 이렇게나 모르는 게 많다니 반가운 일이라고 해야 할지도 모르겠다.

본의 아니게 이야기가 장황해져 독자들에게 미안하지만 내 의도는 두 가지로 정리할 수 있다. 하나는 그동안 서양 과학을 설명하는 궁극적인 줄거리라며 숱하게 반복되었던 뉴턴에서 아인슈타인까지의 물리학 이야기의 대안을 내놓고 싶었다. 물리학 분야 외에도 과학 혁명의 사례들은 존재한다. 둘째로, 어떤 발명 이야기든지 기존의 교과서나 백과사전에서 설명하는 것처럼 간단하지 않다는 사실을 알리기 위해서다. 이 점은 첫 번째 의도보다 더욱 흥미롭다. 하지만 거의 2,000년에 걸친 과학적 사건을 다뤄야 하기 때문에 내 의도와는 조금 달리 중요한 인물들만을 포함시켜야 했다. 하지만 그밖에도 줄잡아 수십 명에 달하는 인물들이 존재한다. 이들 가운데 몇몇은 올바른 데이터를 남겼지만 몇몇은 데이터가 틀렸고, 종교라든지 철학적인 이유로 한 가지 관점을 고수하거나, 데이터에 집중했지만 해묵은 사고 때문에 현상을 바라보는 렌즈가 왜곡되는 경우도 있었다. 사실상 아무런 진전도 일어나지 않은 긴 공백기가 이어지는가 하면, 막다른 골목과 우회로가 등장하고, 심지어는 올바른 아이디어지만 온갖 이유로 무시되거나 잊히는 사례도 생긴다. 이것은 훌륭한 실패 위에 위대한 실패들을 쌓아올리는 과정이자, 현재라는 유리한 고지에서는 과소평가하기 쉬운 통찰들을 더하는 일이기도 하다. 이런 과정은 여러 세기 동안 제대로 평가받지 못했다. 하지만 과학이 실제로 진행되는 과정을 다룬다면 이런 이야기들은 결코 특별하지 않다. 전 세계 모든 실험실에서 지금 이 순간에도 벌어지는 일들이다. 기후 과학, 세포 생물학, 물리학, 화학, 수학을 막론하고 모든 분야에서 엄청난 속도로 온갖 실수담이 생겨나는 중이다. 그리고 그 결과는 바로 과학의 진보다.

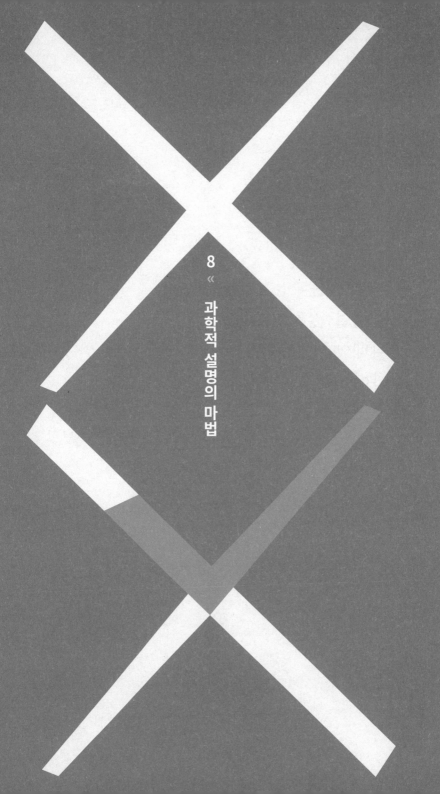

8 《

과학적 설명의 마법

성공이란
열정을 잃지 않고
실패에서 실패로
나아가는 과정이다.

- 윈스턴 처칠과 에이브러햄 링컨이 입을 모아서 했던 말

전작인 『이그노런스 - 무지는 어떻게 과학을 이끄는가』에서 나는 '과학적 방법론'이라는 결코 친절하지 않은 용어를 남발했는데 가설에 대해 얘기할 때 특히 그랬다. 나는 과학적 방법론이란 과학자들이라면 현장에서 결코 사용하지 않으며 학교에서 아이들에게나 가르치는 우스꽝스런 개념이라고 몰아붙였다. 이런 가르침을 받은 학생들은 과학을 창의성과는 몹시 거리가 멀다고 여길 터였다. '방법론'이란 단어 자체가 과학을 하는 데 어떤 규칙이 있고 따라야 할 레시피가 있다는 점을 암시한다. 마치 돌리기만 하면 발견을 쏟아내는 기계처럼 말이다. 이것은 널린 퍼진 과학에 대한 중대한 오해다. 나는 테드 강연을 통해 과학자들이 질서 정연한 방법론을 따르는 대신 실제로는 바보짓을 하며 보낸다는 주장을 펼쳐 악명을 얻은 적이 있다. 물론 내가 정말로 말하고자 했던 내용은 과학자들이 게으르거나 무의미한 짓을 한다는 게 아니었다. 대신에 과학자들은 여기저기 손대고, 꾸물대고, 찔러보는 놀이와 비슷한 일을 한다. 이것은 부자연스런 행동이 아니라 몹시 진지한 일이다.

여기에 그치지 않고 나는 과학적 방법론의 1단계인 '가설 세우기'

라는 개념에 대해서도 논박했다. 아주 오래 전부터 존재해 왔던 이 개념은 꽤나 문제덩어리다. 내 생각에 가설은 사람들을 편견으로 이끄는 데다 일반적으로 봤을 때 과학이 시작되는 지점이라 볼 수 없다. 그럼에도 정부의 지원을 받는 단체나 교육 커리큘럼에서 이 단어는 끔찍할 정도로 남발된다. 그러니 차라리 아예 통째로 이 개념을 갖다 버리는 게 나을 정도다. 대부분의 과학자들은 이미 '가설' 대신에 더 현대적으로 들리는 '모델'이라는 단어를 사용한다. 예컨대 다음과 같다. "기후에 미치는 인간의 영향에 대한 우리의 모델에 따르면 z년 안에 지구 표면의 온도가 x도 상승할 것이라 예측할 수 있다." 과학 분야에서 모델은 이론이나 가설과 비슷한 점도 있지만 그보다는 덜 완결된 느낌이다. 모델은 진행 중이며 유동적이고 잠정적인, 정제가 필요한 무엇이기 때문이다.

심지어 과학이 어떻게 진행되어야 하는지에 대한 일반적인 기술을 하는 과정에서 과학적 방법론을 받아들인다 해도 여전히 약간의 실용적인 도움은 필요하다. '가설'이라는 개념을 사용한다면 다음과 같은 단계를 거칠 것이다. (1) 관찰한다. (2) 가설을 세운다. (3) 실험을 설계한다. 이 실험을 통해 가설적인 원인을 조작하고 그에 따라 만들어진 새로운 결과를 관찰한다. (4) 실험 결과에 따라 가설을 새롭게 변경하며 다시 새로운 실험을 설계한다. 이런 식으로 마치 머리를 감을 때와 같은 과정이 언제까지고 반복된다(샴푸 거품을 내서 머리를 감고는 린스를 바르고 이 과정을 되풀이하는). 듣기에는 괜찮아 보이지만 내가 아는 과학자들 가운데 실제로 이런 단계와 규정을 따르는 사람은 아무도 없다. 이 가설 개념의 현대적인 형태는 원래 유명한 경험주의자 프랜시스 베이컨^{Francis Bacon}이 창안했다. 베이컨은 아이러니하게도 자신이 창안한 방법론을 따르다가 목숨을 잃었는데 아마도 이것은 미래의 과학자들에게 향하는 경고일지도 모른다. 눈보라를 뚫고 여행을 하던 베이컨은 고기를 보존하는 문제에도 과학적 방법론을 성공적으로 적용할 수 있다는 사실을 보여 주겠다는 집념에 휩싸였다. 온도가 차가우면 고기를 더 오래 보존할 수 있다는 게 가설이었다. 베이컨은 닭의 사체에 채울 눈과 얼음을 모았고 이게 원인이 되어 열이 펄펄 끓어 앓아누운 끝에 일주일도 안 되어 폐렴으로 세상을 떠났다. 병으로 쓰러지기 전에 베이컨이 쓴 편지에 따르면 실험은 성공이었다고 한다. 그 정도가 위안이었다.

여기까지는 괜찮다. 하지만 베이컨은 가설이 실제로 어떻게 작동하는지 말해 주지 않았다. 소위 '가설에 대한 입증'이란 과학의 전체 과정에서 가장 상상력이 발휘되지 않는 재미없는 단계이며 여기에 대한 설명은 굳이 필요하지 않다. 반면에 상상력과 사고, 영감, 직관, 합리성, 과거의 지식, 새로운 사고방식이 마법처럼 뒤섞이는 순간이야말로 과정 전체에서 가장 중요한 단계라 할 수 있다. 하지만 '과학적인 방법론'에서는 이 단계에 대해 전혀 말해 주지 않는다. 단지 '가설을 세운다'라고 표현할 뿐이다. 좋다. 하지만 대체 구체적으로 어떻게 한다는 건가? 가설이 마치 상품 카탈로그처럼 죽 진열되어 있고 그중에서 가장 나아 보이는 것을 고르면 될까? 만약 괜찮아 보이는 가설이 둘 이상이라면 어떤 기준으로 그 가운데 하나를 골라야 할까? 어떤 가설이 다른 가설보다 더 합리적이라는 사실을 어떻게 결정할 수 있을까? 이것은 미대생에게 붓을 쥐고 '그림을 그려라'라고 지시하는 상황과 유사하다. 베이컨은 차가운 온도에서는 고기를 보존할 수 있다고 믿었지만 우리는 베이컨이 그렇게 믿었던 이유를 알 수 없다. 당시에는 그런 결론을 이끌 만한 지식 체계가 존재하지 않았기 때문이다. 베이컨은 미생물을 알지도, 상상하지도 못했다. 오히려 고기를 보존하려면 가열을 해야 한다고 생각하는 것이 더 자연스러웠다. 훈연 방식을 통해 실제로 그렇게 하듯 말이다. 다시 말하면 베이컨을 죽음으로 내몰았던 실험은 사실상 그가 머릿속에서 혼자 생각해 낸 결과물이었다. 당시에는 그런 실험을 설계할 근거라고 해 봤자 우연한 관찰뿐이었을 것이다.

그렇지만 역설적으로 이것은 과학이 실제로 작동하는 방식과 훨씬 가깝다. 베이컨이 상상했던 방식은 아니었지만 그는 실제 행동으로 보였다. 이런 현상은 앞에서 말했던 과학적 조사 방법론의 규칙을 따르지 않는다고 보아야 가장 잘 표현할 수 있다. 이때는 문제를 단순히 해결하는 데 그치지 않고 문제 자체를 만들어 내려는 마음이 필요하다. 그런 다음 직관과 본능, 통찰력, 재능, 비이성적인 충동을 활용해 여러 문제 가운데 가장 적절한 문제를 찾아야 한다. 여기에는 물론 지식도 필요할 것이다. 가능한 해법을 언뜻 스치듯이 마주하기 위해서라면 미친 짓이라도 저지르게 할 만큼 여러분을 괴롭히는 수수께끼와 불확실성이 무엇인지 알아내려면 말이다. 이것은 과학에서 창의력이 필요한 순간이라서, 여러분은 아무런 방법론이나 지침 없이도 데이터를 쌓고 크랭크를 돌리듯 연구를 진행하며 결과를 얻어야 한다. 이 과정은 내가 『이그노런스 - 무지는 어떻게 과학을 이끄는가』의 맨 처음에서 인용했던 오래된 속담으로 가장 잘 표현된다. "깜깜한 방에서 검은 고양이를 찾기란 무척 힘들다. 특히 고양이가 없다면 말이다." 내가 아는 한, 어두운 방에서 그 안에 있는지 아닌지도 모를 고양이를 찾아 비틀대며 돌아다니는 모습이야말로 과학자들의 일상을 가장 잘 기술한다.

즉 '과학적 방법론'은 과학자들이 하는 일에 대한 빗나간 근사치 정도가 아니라 그보다 위험하다. 실제로는 아무런 말도 하지 못하면서 무언가를 얘기하려 할 때의 유감스러운 특성이 나타나기 때문이다. 하지만 모든 사람들은 이런 종류의 형식화에 만족한다. 이것이 대상을 설명하고 그렇게 교과서에 실리면 학생들은 그대로 배우고 시험을 친다. 하지만 이것은 올바르거나 참도 아니고 심지어는 사실에 가깝지도 않다. 이 '방법론'은 그야말로 재앙이다.

그렇다면 우리는 이것을 무엇으로 교체해야 할까?

첫 번째 선택지는 그대로 두는 것이다. 교체할 필요도 없는 것이, 과학적 방법론은 애초에 실제로 존재하지 않기 때문이다. 그것은 추상화이자 속기법, 협잡이고, 아무도 사용하지 않는 무언가에 대한 기술이다. 대부분의 과학자들은 아마 이 해법으로 만족할 것이다. 처음부터 존재하지 않았던 무언가를 다른 무언가로 바꿀 필요가 있을까? 과학이 어떻게 작동하는지에 대한 단순하고 독특하며 형식적인 설명을 하는 것이 가능할까? 어쩌면 그대로 내버려두는 것이야말로 가장 좋은 방법일지 모른다. 지나치게 주의를 기울이며 뭔가 규칙을 찾으려 하지 말아야 한다는 것이다. 충분히 먹이를 놓고 온기를 잃지 않게 살핀 다음 제대로 작동되게 두면 된다. 우리는 실제로 종종 그렇게 하고 그것이 우리의 최선이다.

하지만 나는 이런 결과로는 대중이나 자금 지원기관, 대중과학 잡지, 커리큘럼 담당자를 만족시키지 않을까 봐 두렵다. 그리고 만약 우리가 무언가를 전반적으로 설명하는 개념을(비록 공허할지라도) 다른 것으로 대체하지 않는다면, 그 개념은 사람들 사이에 계속 사용될 것이다. 왜냐하면 그 개념이 오랫동안 그 자리에 존재했고 손쉬운 속기법인데다, 실제로 일어나는 과정을 장황하게 늘어놓는 것보다는 덜 성가시기 때문이다. 어찌되었든 장황한 설명에 대해서는 아무도 편들어 주지 않는다.

그렇기 때문에 과학자 동료들을 비롯해 과학사와 과학철학 분야의 신뢰할 만한 친구들, 그리고 나도 모를 수많은 사람들의 분노를 사지 않기 위해 나는 과학적 방법론이라는 개념의 대안을 만드는 다소 오만한 시도를 할까 한다. 그래 봤자 그저 아무렇게나 놓아두는 것보다는 낫겠지만 그렇게 대단치는 않을 것이다.

이제 '깜깜한 방에서 비틀대며 돌아다니기'에서 시작해 우리가 무엇을 더 쌓아올릴 수 있는지 살펴보자. 다시 말해 우리는 어지르기부터 시작해서 뭔가를 시도한다. 성공할 확률이 아주 적다고 해도 말이다. 물론 아무거나 시도하는 것은 아니다. 여러분이 관찰하거나 어딘가에서 읽은 것, 세미나에서 들은 것을 비롯해 설명하기 힘든 무언가에서 첫 단추를 꿰는 것이다. 과학자들은 설명을 하고 싶은 욕망에 이끌린다. 어쩌면 필요나 일종의 집착일 수도 있지만 말이다. 설명은 무언가에 대해 이해하는 최고의 방법이다. 뭔가를 '이해'하는 데는 여러 방식이 있는데 종교적이거나 영적인 방식, 도덕적이고 윤리적인 방식, 법이나 사회적인 방식, 심지어는 직관적인 방식도 존재한다. 하지만 설명을 통한 이해는 과학만이 할 수 있는 특별한 방식이다.

과학은 설명을 통해 무언가를 이해하며, 다른 접근 방식과는 차별되는 특별한 설명을 한다. 과학적 설명은 어떤 일이 왜 그런 방식으로 일어나는지를 말해 줄 뿐 아니라 미래의 특정 조건에서 그 일이 어떻게, 어째서 일어나는지, 아니면 다시 일어나지 않을지 말해 준다. 이때 과학적 설명은 의미를 제공하려는 시도가 아니라는 점을 유념하자. 사람들은 신에 대해 예측할 수 없거나 적어도 신의 신비로운 방식을 우리가 이해할 수 없다고 얘기한다. 도덕과 법은 문화마다 다르다. 직관 역시 특정 환경에서는 작동하지만 다른 환경에서는 작동하지 않을 수 있다. 세상에는 온갖 종류의 설명이 존재하지만 그것들은 키플링의 『그저 그런 이야기』Just So Stories보다 낫지 않다 (그리고 훨씬 재미가 덜하다). 그 설명들은 인간의 사회적인 편견과 약점을 감안해야 제대로 적용된다. 관찰 결과가 아닌 한, 이런 설명들은 다른 모든 것에 의존적이다.

우주론자이자 무척 영리한 사상가였던 데이비드 도이치는 좋든 싫든 가벼운 마음으로 읽기에는 심오한 내용을 담은 자신의 저서를 통해 내가 지금껏 접했던 누구보다 '설명'에 대해 훌륭하게 풀어 놓았다. 이 책에서 논의하는 상당 부분은 도이치의 도움을 받은 것이다. 나는 그의 책 『무한의 시작』The Beginning of Infinity을 추천하지만 미리 충고하자면, 꽤 집중해서 읽어야 할 내용이다.

그러면 이제 '설명'에 대해 조금 더 깊이 파고들어 보자. 과학적 설명에 대해 우리가 한 가지 알 수 있는 사실은 그것이 언제나 개정되는 중이라는 점이다. 이것은 과학적 설명을 정의하는 일부다. 과학적 설명은 개정될 수 있으며 또 그렇게 될 것이다. 얼른 듣기에는 그런 특징이 과학적 설명의 기반을 흔드는 것처럼 보인다. 설명은 무언가가 일어났거나 일어나고 있는 과정과 이유를 밝히는 작업이기 때문이다. 만약 설명이 개정될 예정이라면, 즉 그것이 전체 이야기가 아니라면 대체 어디까지가 진짜 설명인가? 이것이야말로 정확히 과학적 설명의 마법이다. 불완전하다 해도 옳을 수 있기 때문이다. 보통 그렇다. 도이치는 그 이유가 훌륭한 설명은 쉽게 바뀌지 않아서라고 설명한다. 물론 새롭게 개정된 설명은 뭔가를 더 잘 설명한다. 새로운 데이터를 얻으면 설명이 바뀔 수는 있지만 예전 설명이 완전히 폐기되는 것은 아니고, 그럴 수도 없다.

내가 보기에는 이런 흔한 오해가 생기는 이유는 역사학자 토머스 쿤이 도입한 유명한 패러다임 전환 모형 때문인 것 같다. 이 모형에 따르면 과학은 여기저기 부딪치면서 진보해 나가다가 자신이 설명할 수 없는 데이터를 여기저기서 맞닥뜨리며, 이 불가해한 데이터가 무시할 수 없을 정도로 무더기로 쌓이면 커다란 격변이 일어난다. 이렇게 근본적인 패러다임이 구조적으로 변화하면 새로운 설명들이 나타난다. 물리학에서 절대적인 시공간을 바탕으로 하는 뉴턴의 역학에서 상대적인 시공간 틀을 주장하는 아인슈타인의 이론으로 이행한 것은 고전적인 사례다. 하지만 사실 쿤 본인도 이 아이디어가 다소 과장되어 있다는 사실을 인정한 바 있었다. 아인슈타인은 뉴턴이 틀렸다는 사실을 증명한 것이 아니라, 우주에 대한 더 포괄적이고 사실에 가까운 근사치를 제공했을 뿐이다. 뉴턴의 원리에 기초해 수행되었던 250년 동안의 물리학과 공학이 전부 틀렸고 모든 것을 처음부터 시작해야 했던 상황은 아니라는 것이다. 아인슈타인 때문에 뉴턴이 쓰레기장에 버려지지는 않았다. 물리학을 배우는 고등학생에게 한번 물어 보라. 다만 설명이라는 측면에서 패러다임의 변화가 있었던 것은 확실하다.

다양한 패러다임, 또는 설명 체계가 서로 공존하는 사례도 숱하다. 개별 패러다임은 전체를 아우르는 설명이라기에는 약간의 단점이 있다 해도 말이다. 케임브리지 대학교의 장하석 교수는 오늘날 우리가 일상에서 익숙하게 사용하는 GPS 기기가 네 가지의 서로 다른 과학 체계를 무리 없이 구현하고 있다는 사례를 든다. 이 기기는 원자에 대한 양자 물리학적 모형을 기초로 하는 원자시계, 뉴턴 역학에 의해 계산된 궤도에 얹힌 위성을 사용하며 이때 지구에 기반을 둔 시계의 저중력 상대론적 수정이 필요하다. 그리고 이 모든 것이 편평하게 구현된 지구의 지도와 함께 우리에게 제공된다!

물론 세상에는 나쁜 설명들도 존재하지만 적어도 과학 문헌에서는 이런 설명들이 일반적으로 점점 사라진다. 가끔은 나쁜 설명이 우리 예상보다 오래 버티기도 하지만, 그 이유는 그것이 한동안은 꽤 좋은 설명이었기 때문이다. 하지만 그러다가 그 설명은 개정될 희망 없이 실패해 사라지고 만다. 두상으로 사람의 성격을 결정하려 했던 과학이었던 골상학은(한때는 진짜 과학이라 간주되었다) 세월이 지나면서 시험을 견디지 못하고 없어졌지만 신경과학에 꽤 중요한 영향을 주었다. 사람이 갖는 사고, 감정, 성격의 주된 원천이(전부는 아니라도) 심장이나 위장, 췌장, 간이 아니라 두뇌라는 사고방식은 역사상 처음이었다. 더 나아가 골상학자들은 두뇌의 특정 부위가 사고, 감정, 성격 같은 특징의 상당수를 국소적으로 담당한다고 여겼다. 그 말은 특정 행동이나 인지적인 특성이 두뇌의 특정 부위에서 일어난다는 뜻이었다. 골상학에 따르면 두뇌의 해당 부위가 늘어나거나 줄어들면 그 특성들도 따라서 강해지거나 약해진다. 그에 따라 두개골을 가로지르며 튀어나온 부위가 커지거나 작아진다는 것이다. 이처럼 사람들은 각자 돌출부가 달라 전체적인 두개골의 생김새가 조금씩 다르기 때문에 두상을 보면 그 사람의 성격을 예측할 수 있다는 주장이 가능했다. 물론 지금 관점에서 보면 전부 말도 안 되는 이야기다. 거의 모든 측면에서 나쁜 설명이라고 할 수 있다. 하지만 여기에는 신경과학의 새롭고도 옳은 두 가지 원리가 담겨 있다. 두뇌는 성격의 원천이며, 두뇌의 기능은 거의 특정 부위에 국소화되었다는 사실이다. 이 두 가지 원리는 오늘날 두뇌 연구의 기본으로 여겨지며, 비록 간접적이기는 해도 현대적인 뇌전도와 기능적 자기공명영상^{fMRI} 연구를 태동시켰다. 그뿐만 아니라 인류학자들은 원시 인류의 두개골을 주형으로 뜬 결과물을 보고 이들의 두뇌 기능에 대해 흥미로운 추측을 하는 중이다. 즉 아무리 나쁜 설명이고 완전히 실패에 그친 설명이라 해도, 약간의 가치를 지닌 셈이다.

이 모든 이야기는 '좋은 설명을 찾아 나서는 것'이야말로 그 어떤 과학적 방법론보다 실제 과학이 하는 일에 가깝다는 뜻일지도 모른다. 설명을 찾아 나서는 것과 과학적 방법론은 어떻게 다를까? 과학적 방법론은 무척 냉정하고 초연하며 3인칭에 가까운 행위다. 하지만 앞에서 살폈듯이 방법론은 가설을 세우는 방법에 대해 제대로 말해 주지 않는다. 단지 수동적인 태도로, 가끔은 아무것도 없는 허공에서 가설을 만들어 냈다고 할 뿐이다. 여기에 따르면 여러분이 객관적으로 무언가를 관찰하면(마치 인간을 위해 맞춤으로 무언가 있기라도 한 듯이) 가설이 짠, 하고 만들어진다. 이것은 여러분과는 하등의 관련이 없는데 왜냐하면 결국 이것은 경험 과학이기 때문이라는 것이다. 특정 개인과 상관이 없을수록, 더 낫다. 물론 과학이 공평무사하고 편견에 젖어 있지 않으며 관여된 사람에 의해 물들지 않는다면 좋은 일이다. 하지만 그것은 결코 달성할 수 없는 이상이고, 어쩌면 달성해서는 안 될지도 모른다. 가치와 무관한 과학이란 불가능한 목표일 수 있지만, 우리는 스스로 가진 불완전함과 문제점을 충분히 인식해서 편견을 가능한 한 제거하는 일련의 과정을 향해야 한다. 한편 냉정함을 고집하는 태도 또한 과학에서 중요한 요소를 빠뜨리고 넘어간다. 바로 열정이다. 쉽게 착각하고 넘어가지만, 냉정함은 객관성과 동일하지 않다.

과학적 설명을 추구하려면 적당한 호기심으로 시작해야 한다. 호기심은 결코 냉정하거나 비인간적이지 않다. 호기심은 개성을 반영하기에 매우 개인적이라는 점에 대해서는 내 과학자 동료들도 다들 동의할 것이다. 예컨대 여러분이 꽃에 색깔이 있는 이유를 궁금해한다면, 나는 그 문제는 아무래도 좋고 꽃에 어째서 좋거나 나쁜 냄새가 있는지 하는 문제에 매달릴 수 있다. 여러분이 너무 멀어 결코 닿을 수 없는 밤하늘의 조그만 불빛에 매혹된다면, 나는 우리 위장 속에 어째서 성능 좋은 현미경으로만 보이는 조그만 세균들이 존재하는지가 궁금할 수 있다. 가만히 생각해 보면 이런 목표들은 결코 냉정해 보이지 않는다. 어쩌면 이성적이지도 않기까지 하다. 일상에서 신경 쓰기에는 다들 말도 안 되는 주제처럼 보인다. 하지만 이런 흥미를 가진 사람들이야말로 인류의 삶을 개선하는 치료법과 기술을 개발하고, 더 중요하게는 우리가 사는 이곳에 대한 지식을 마련해 준다. 정직하지만 개인적이며 호기심에 넘치는 태도로 기묘한 세균을 수집하며 외진 생태학적 군집까지 조심조심 나아가는 현장 생물학자보다 더 바람직한 과학자의 상이 존재할까? 자기가 연구하는 침팬지에 푹 빠진 나머지 거의 그 집단의 일원이 되어 버린 헌신적인 연구자 제인 구달$^{Jane Goodall}$은 어떤가?

과학자들은 실패부터 시작하는 경우가 많다. 겉보기에 망쳐 버린 실험 때문에 어쩔 줄을 모르거나, 지금 갖고 있는 데이터에 문제가 있다는 사실을 알아채거나, 여러 실험실에서 나온 결과 보고서에 모순이 있다는 사실을 알아채거나, 새로 얻은 데이터가 오래 잘 확립된 데이터에 의문을 제기하는 것이다. 다시 말하면 뭔가에 대한 설명 속에는 아무리 작더라도 실패가 포함되어 있다. 가수 레너드 코헨의 노랫말을 생각해 보자. "모든 것에는 갈라진 틈이 있지 / 그래서 빛이 그 안에 들어가는 거야." 이런 갈라진 틈, 엔지니어들이 '구조적 결함'이라 부르는 것이야말로 환한 빛살이 들어가는 곳이다. 우리의 호기심이 이끌리는 장소이기도 하다. 실패는 우리의 무지를 드러내고 호기심을 돋운다. 그곳에서 과학이 시작된다.

어떻게 해야 창의적인 사람이 되고, 우리 내부의 창의성을 깨울 수 있는지, 일과 직장에서 어떻게 창의적인 해답을 얻을지 등등에 대한 워크숍은 엄청나게 많다. 하지만 핵심은 다음과 같다. 창의성이나 상상력, 호기심을 제대로 끌어내는 방법은 물론이고, 그것들의 신경생물학적인 측면은 전혀 알려져 있지 않다. 심지어 우리는 여기에 대한 심리학적인 기초도 모른다. 창의력 워크숍에서 하는 일이라고는 창의적인 사람들이 무슨 일을 하는지 알아낸 다음, 역으로 따라하는 게 고작이다. 그래도 그 과정에서 반복적으로 드러난 한 가지가 있다. 창의적인 사람들은 보통 같은 곳에 속하지 않는 것들을 한데 모은다는 점이다. 이들은 범주를 넘나들며 작업해 새로운 해법을 찾는다. 이것은 꽤 흥미로운 사후 관찰이기는 해도 창의성을 실제로 발휘하기 위한 처방이라 볼 수는 없다. 결국은 어떤 아이디어를 지녀야 하고, 그것을 서로 떨어진 다양한 영역에 적용해야 한다. 하지만 아무도 그 방법을 말해 주지는 않는다.

과학에서 창의성은 실패로부터 비롯한다(내 생각에는 예술도 마찬가지다). 단순히 여러 가지를 한데 모으는 데 지나지 않고 때로는 멀리 떨어뜨려 봐야 한다. 창의성은 모순과 불일치 사이에서 생겨나기에, 가끔은 그동안 무심코 오랫동안 서로 어울렸던 것들을 해체해 봐야 한다. 지식도 없고 이해도 되지 않는 그 틈새에서 창의성이 솟아날 수 있다. 그 공간은 실패와 무지로 텅 빈 곳이다. 새로운 아이디어가 다른 어디서 나오겠는가? 새로운 아이디어는 우리가 이미 알고 있는 것으로부터 나오지 않는다. 이미 아는 지식이 새로운 질문을 창출하지 않는다면 말이다. 여러분이 확실한 해법을 찾는 중이지만 잘 되지 않는다면, 실패야말로 대안적인 답을 찾도록 마음을 열어 줄 것이다.

창의성은 그동안 전통적으로 분리되지 않았던 아이디어를 떨어뜨리는 능력을 통해 가장 잘 측정된다. 아이디어를 서로 합치는 것보다는 떼어 놓는 것이 비용이 많이 들지만, 일단 시작이 반이다. 이전의 아이디어들을 서로 분리하는 것은 실패와 어떤 관련이 있을까? 새로운 아이디어는 알지 못하는 것에서 나오며 알지 못하는 분야는 실패율이 가장 높다. 과학은 이런 식으로 이뤄진다. 끊임없이 탐색하고 호기심을 가지면 단순한 절차상의 공식을 올바르게 바꿔놓을 수 있다. 과학은 결코 완결되지 않으며 그 가치를 증진하는 방향으로 복무한다.

'완전한 재난 또는 실패'를 의미하는 영어 단어 'debacle'은 프랑스어 'débâcler'에서 비롯했는데, 이 단어는 '무언가를 불러일으키다, 개시하다'라는 뜻이다. 원래는 바다 위에서 얼음을 깨는 작업을 의미하는 단어다. 즉 단단한 무언가를 깨서 새로운 길을 만들어 내는 것이다. 이 단어가 영어에 편입된 시기는 19세기 초이지만 언제부터 지금처럼 부정적인 함의를 지니게 되었는지는 알려져 있지 않다. 내 생각에는 우리가 이 단어의 어원에 감춰진 흥미로운 이중적 의미(개시와 실패)를 다시 잘 살펴보는 게 좋을 것 같다. 예전 것을 부숴서 새로운 길을 드러내는 것이다. 창의력 역시 이런 식으로 생각할 수 있을 것 같다.

* * *

유명하고 무척 사려 깊은 유전학자였던 프랑수아 자코브[François Jacob]는 멋진 저서 『파리, 생쥐, 그리고 인간(Of Flies, Mice and Men)』

에서 '밤의 과학'과 '낮의 과학'을 구별했다. 이것은 같은 활동의 두 가지 측면을 즉각 명확하게 포착한다는 점에서 놀라운 구별이다. 낮의 과학은 논리적이고 합리적이며 심지어 방법론에 따라 체계적으로 데이터를 얻으려 한다. 여기에 비해 밤의 과학은 직관적이고 영감을 따르며 흥미롭기만 하다면 어떤 아이디어든 개의치 않는 태도로 뭔가를 발견하려 한다. 어떤 면에서는 이 구별이 개인적인 수준에서 낭만적인 것 대 경험적인 것의 구별로 보일 수 있을 것이다. 낮의 과학은 흔하게 이야기되는 과학적 방법론과 조금 관련이 있어 보이지만, 밤의 과학은 이와는 완전히 별개이고 규칙도 다른 것 같다. 어쩌면 아예 규칙이 없는지도 모른다.

물론 두 가지 모두 한 가지 개념의 일부다. 하지만 모험이라든지 진정한 도약, 가장 중요한 진전은 밤의 과학에 속한다는 사실을 다들 알 것이다. '아하!'하고 깨닫는 순간은 전혀 예측할 수 없는 순간에 찾아온다. 늦은 밤은 고독하고 시간이 어떻게 흐르는지도 모르게 지나간다. 해가 지고 나면 어둠은 언뜻 봐서 별다를 것 없어 보이지만, 생각해 보면 밤은 오전, 한낮, 오후로 쉽게 나뉘어 각자 할 일이 정해져 있는 낮과는 확연히 다르다. 낮과 달리 밤에 하는 생각은 꿈과 더 가깝다. 그렇게 급하지도 않고 방향이 명확하지도 않으며 마음속을 떠다니며 오가는 듯 초점도 잘 맞춰져 있지 않다. 호기심이 일어나기에 좋은 시간이다.

여기서 밤과 낮은 하나의 비유다. 밤의 과학이라고 해서 해가 진 이후에만 이뤄질 필요는 없다. 마음이 적당한 조건에 있다면 하루 중 언제라도 밤의 과학을 할 수 있다. 고독함과 어둠이 반드시 필요하지는 않다. 그것들은 도움을 주는 여러 요소 중 하나일 뿐이다. 밤의 과학은 햇살이 가장 밝게 비칠 때도 이뤄질 수 있고, 대낮부터 웅웅거리며 돌아가는 커다란 실험실의 혼돈 속에서도 이뤄질 수 있다. 어떤 실험이 혼란스러운 결과를 낼 때마다, 실험실에서 "흠, 그것 참 이상한 걸"이란 말이 들릴 때마다 밤의 과학이 진행된다. 이 대사는 아이작 아시모프가 과학자들이 데이터를 살필 때 가장 많이 내뱉는다고 말해 유명해졌다.

이런 밤의 과학을 관장하는 방법론은 무엇일까? 물론 그런 건 존재하지 않는다. 그렇다면 우리는 어째서 기껏해야 낮의 과학을 어설프게 묘사하고 겨우 그것만 설명할 뿐인 과학적 방법론이라는 개념을 그렇게나 중요하게 가르치고 숭배하려 드는가? 그리고 여러분을 실망시켜서 미안하지만 과학적 방법론을 대체하고자 했던 내 오만한 시도 역시 실패하고 말았다. 하지만 난 별로 개의치 않는다.

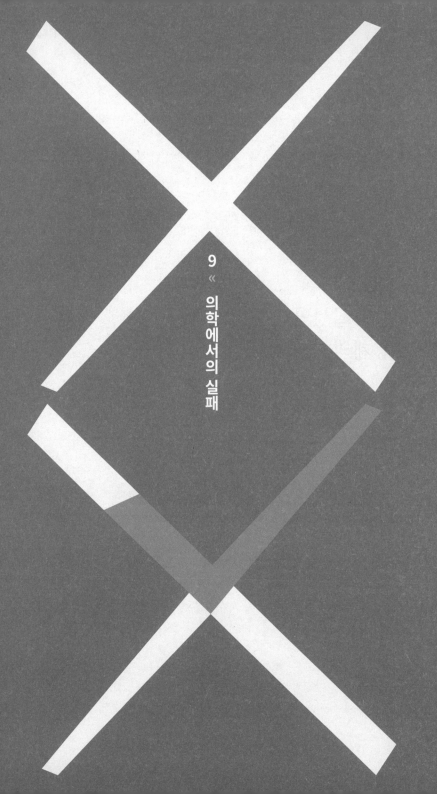

9 《

의학에서의 실패

의학은
불확실성의 과학이자
통계의 예술이다.

- 존스홉킨스 의과대학의 창립자 윌리엄 오슬러^{William Osler} 경

××××××✓

의학 분야로 넘어오면 실패는 특히 더 무거운 의미를 가진다. 그 결과가 재앙에 가까울 수 있기 때문이다. 엄밀하게 말하면 의사들이 수행하는 일 자체는 과학이 아니거나 과학 말고 여러 가지가 섞여 있다. 하지만 현대 의학의 기술, 절차, 기초는 과학에 단단히 뿌리 내리고 있다. 그래서 공학과 마찬가지로 의학에 대해 이야기할 때는 종종 과학 용어가 유용하다. 그렇다면 의학 분야의 실패에 대해서는 어떻게 생각해야 할까?

태곳적 우리 조상은 의료 문제에 몰두해 있었을 확률이 높다. 이런 관심은 하늘에 대한 흥미보다도 우선했고, 그래서 의학이나 그와 비슷한 형태의 무엇은 가장 오래된 원시과학이라 할 수 있다. 자주 이야기되는 천문학이 아니라 말이다. 초기 인류는 여러 가지를 활발하게 발견했던 게 틀림없는데, 아마 우연이었을 테지만 적어도 일부는 시행착오가 분명하다. 그렇게 약초로 감염을 치료하거나 치약으로 썼고, 출산과 사망을 관리하는 방법을 개발했으며, 뭔가를 먹거나 마시고 취하는 법을 알아냈다(오늘날 고릴라들은 취하기 위해 발효된 과일을 골라 먹으며 순록은 환각 효과가 있는 버섯을 찾는다). 비록 조금 조

잡하기는 해도 의학적 처방은 세대를 따라 전해지는 첫 번째 종류의
정보였을 가능성이 높다. 어쩌면 '전문가'들이 다뤘던 최초의 지식일
지도 모른다.

위약 효과가 동물에서도 나타난다는 점을 감안하면, 이런 조잡
한 의학적 처방은 성공률이 기껏해야 30퍼센트를 웃돌았을 것이다.
이 확률은 일반적인 위약 효과의 성공률이다. 그 말은 가짜 약이나
처방을 받은 집단의 약 3분의 1이 실제로 몸이 낫는다는 뜻이다. 그
렇기 때문에 FDA의 검사 지침은 새로운 약이나 치료법은 그것을 복
용하거나 적용한 환자의 3분의 1 이상에 대해 치료 성과를 내야 한
다고 규정한다(사용하는 통제법에 따라 조금 다르긴 해도). 기록에 따르면
위약이 60퍼센트의 환자에게 효과를 보인 사례도 있었다고 한다. 가
장 원시적인 의학적 개입을 사용했던 초기 인류라 해도 실패율은 믿
을 수 없게 낮았다. 대부분의 주술사들은 종족 사람들의 병을 고치
는 성공률이 33퍼센트는 되었기에 꽤 행세를 할 수 있었고 자기들의
방법과 절차를 의심하지 않고 믿었다.

위약은 의학에서 가장 혼란을 주는 실패의 한 측면이다. 새로운
약을 발견하거나 의사들이 환자를 지켜볼 때 위약 효과는 실패를 종
종 명백한 성공으로 착각하게 만든다. 그리고 의약품이기 때문에 윤
리적인 문제도 있다. 결국 위약이 효과를 보여서 환자의 증상이 낫
는다면 값비싼 약이나 치료 과정만큼이나 의학적인 도구의 일부로
여겨야 하지 않을까? 만약 의사의 조심성만으로 병을 낫는 데 충분
하다면 애초에 그것부터 시도해야 했던 게 아닐까? (나는 종종 농담으
로 내가 실험 대상이라면 위약을 복용하는 편을 더 선호한다고 얘기한다. 이득

은 모두 누리면서 부작용은 전혀 없기 때문이다. 제대로 된 조건을 갖춘다면 위약 또한 예상되는 부작용을 낳을 것이라는 주장은 사실이 아니다.) 한편 우리가 경험 과학적인 관점에서 쓸모없다는 사실을 이미 알고 있는 처치를 하는 작업 자체는 적절할까? 비활성 성분만 들어 있는 알약을 준다든지 기계가 뭔가 돌아가고 있다는 사실을 알리려고 계기판에 불만 깜박인다든지 하는 것 말이다.

위약 효과가 어떻게 작동하는지는 여전히 어느 정도는 미스터리로 남아 있다. 대규모든 소규모든 여기에 대해 실체를 규명하기 위한 많은 연구가 이뤄졌지만 그 이유를 실질적으로 밝히지는 못했다. 좀 애매하게 말하자면 분명 그건 심리학적인 요인일 것이다. 최면과 마찬가지로 어떤 사람은 남다르게 예민하고 민감하다. 하지만 이런 특성이 있다고 해서 속기 쉬운 사람이라고 말하면 안 된다. 자기가 무척 교양 있고 세련되어서 위약 효과나 최면에 넘어가지 않는다고 주장하는 사람들도 종종 미끼를 덥석 물고 만다. 사실 위약 효과는 치료를 실시하는 의사들에게도 적용된다. 자기가 진짜 약을 투여하고 있다고 믿는 의사들은 자기가 위약을 처방하는지 실험 약을 처방하는지 모르는 의사들에 비해 환자들의 치료 성과가 더 좋았다. 가끔은 의사들 자신이 위약이 되는 셈이다. 대부분의 연구가 '이중 맹검double-blind' 조건에서 수행되는 것은 바로 이런 이유에서다. 의사도, 환자도 지금 어떤 처방이 이뤄지고 있는지 모르게 하는 것이다.

과학적인 관점에서 보면, 위약 효과는 다소 눈엣가시다. 그래도 마음과 신체 사이의 잘 알려지지 않은 상호작용을 반영하기 때문에 최근에는 상당히 많은 연구자들이 흥미를 갖고 위약 효과를 이해하려 애쓰고 있다. 하지만 이 효과는 어떤 약의 성공률을 높이고 실패 사례를 가리기 때문에 그 약이 실제로 잘 듣는지 아닌지를 알기 위한 작업을 복잡하게 한다. 다만 이 책의 목표만 두고 보자면, 위약 효과는 어째서 신뢰할 만한 훌륭한 실패가 그토록 중요한지에 대한 완벽한 예라고 할 수 있다.

이제 여기서 주제를 약간 바꿔 의학 분야의 진정한 실패에 대해 생각해 보자. 과학의 실천에서 실패가 무척 중요하기는 하지만 의학에서는 그 실패의 결과가 끔찍하거나 바람직하지 않은 경우가 많다. 그럼에도 실패는 언제든 일어나기 때문에 이것을 이해하고 잘 활용하는 일은 의학의 일상적인 실천에서 굉장히 중요하다. 과학의 다른 어느 영역보다도 실패는 의학 분야의 도구와 치료법의 발달을 위해 꼭 필요하다. 한 가지 장애물은 의학의 실패에 동반하는 법적인 그리고 그에 따른 경제적인 여러 영향들이다. 다른 분야에서도 마찬가지지만 조심성 없는 실수와 진짜 실패를 주의 깊게 구별 지어야 할 것이다.

의학에서 실패를 측정하는 방식은 다른 분야와 다르지만 그럼에도 보통의 확률 개념을 사용하기 때문에 가끔 혼동을 불러일으킨다. 어떤 처치가 95퍼센트의 확률로 성공적이라고 하면, 환자 20명 가운데 1명은 100퍼센트 실패했다는 사실을 깨닫지 못할 수 있다. 이것은 뭔가를 적용했을 때 95퍼센트 성공을 거뒀다는 말과는 꽤 다르다. 이 두 가지는 어떻게 해야 결과를 개선할 수 있는지, 또는 환자와 의사가 특정 처치나 약을 사용할지 여부에 대해 어떤 결론을 내릴지를 바꾸어 놓을 만큼 아주 다른 뜻을 지녔다. 이것은 어떻게 해야 실패를 정확하게 이해하고 표현할지에 대한 문제다.

나는 자신감 넘치는 한 멋진 의사를 인터뷰한 적이 있다. 그녀는 (그렇다 여성 의사다) 안와^{orbital} 수술 분야의 선구자라 할 만큼 뛰어났다. 궤도를 뜻하는 'orbital'이 들어간다고 해서 그녀가 NASA에서 일하는 건 아니다. 물론 우주에서 궤도를 수술하는 게 전공 분야라면 그것도 나름 꽤나 멋지겠지만 말이다. 실제로 안와 수술은 굉장히 섬세하고도 중요하며 집중을 요하는 수술이다. 이 의사는 흔히 눈구멍이라 불리는 부위와 그곳을 둘러싼 뼈가 손상되었을 때 수술로 고쳐 주었다. 이 일은 치료와 미용이 함께하는 작업이다. 눈이 제자리에 있게끔 바로잡아 주는 일은 시각 기능에 무척 중요하며 성형외과 의사의 손길이 없다면 외양이 심하게 나빠질 수도 있기 때문이다. 그녀가 다루는 분야의 병리학은 무척 전문화되어 있어 환자의 안구는 이 의사에게 단지 자기가 손보는 부위의 공간을 채우는 무언가로만 여겨질 정도였다. 그녀가 주로 하는 수술은 종양 제거, 갑상선 질환에 따른 증상을 치료하기 위한 안와감압술(돌출된 안구를 치료하는), 상해를 입은 안와를 재건하는 수술 등이다. 마지막 수술은 그녀에 따르면 "전 여자친구의 새 남자친구에게 주먹으로 얻어맞은" 남성들이 주된 환자다. 이제 그녀의 이름을 편의상 '나'라고 부르겠다. 나 박사는 무능한 의학을 싫어했으며 잘못되면 환자에게 상해를 입힐 수 있는 수술을 할 때 특히 그랬다. 치료의 이름으로 행해지는 일이기 때문이었다. 그녀는 그런 수술을 하게 되는 이유가 금전에 이끌리는 비윤리적인 동기 때문인 동시에 외과 전문의들의 전제조건처럼 보이는 자아 때문이라고 생각했다. 이들은 실패를 용납할 수 없었다.

하지만 그럼에도 의학 분야에는 실패를 이끄는 깊은 원천이 존재하며 어쩌면 의학의 고유한 특성이라고도 볼 수 있다. 우리가 그것을 통해 진보를 이룬다면 이런 실패는 용서해야만 한다. 나 박사가 특별하게 경험해 왔던 의학적 실패는 유용함과 무용함의 아슬아슬한 가장자리에 있었다.

사실 나 박사는 아주 독특하며 놀라운 한 모임에 속해 있다. 이 모임은 이름도 없고 홈페이지도 없으며 회원은 40명뿐인 전 세계 안와 전문 외과 의사들의 모임이다. 이들은 평생 이 모임에 초대받으며 1년에 한 번 회원들이 반드시 참여해야 하는 비공개 회의를 연다. 여기에 한 번이라도 결석하면 모임에서 쫓겨난다. 이 회의에서 회원들은 자기들의 실패에 대해 토론한다. 각 회원들은 지난 1년 동안 경험했던 실패를 발표하는 시간을 가진다. 실패는 단 한 번일 수도, 여러 번일 수도 있다. 이 실패들은 진단이나 기술, 치료 측면일 수도 있고, 개인적이거나 전문적인 영역일 수도 있다. 하지만 보통의 회의와는 달리 발표를 끝마친 뒤에 청중으로부터 질문을 몇 가지 받는 형태는 아니다. 발표를 하는 중간에도 사람들이 끊임없이 끼어들며 질문을 던지고 세부사항이나 대안을 묻는다. 또 당시에 어떤 생각이었는지, 지금은 어떤 생각인지에 대해서도 궁금해 한다. 실패는 예상된 것이고 맞서야 하는 대상이다. 모임의 청중은 이 분야를 이끄는 지도자들이다. 나 박사가 심각한 표정으로 회의에 집중한다면, 여러분의 청중은 서재와 도서관에 있다. 서가에 꽂힌 모든 책이 청중이다. 마지막으로, 이 모임의 목적은 자기비판에만 그치는 것이 아니라 이 작고 특별한 모임에서 모인 지식을 퍼뜨리는 것이다. 이 모임은 결코 잘못이 아닌 실패를 찾아내도록 설계되었다. 더 큰 공적인 회의 자리에서는 할 수가 없는 일이다. 게다가 회원들이 회의장을 떠나 논문을 쓰거나 교과서를 개정하고 강연이나 상담을 할 때 이 모임의 진정한 가치는 더욱 확실하게 드러난다.

오늘날 대규모의 병원에서는 '질병과 사망(Morbidity and Mortality, M&M)' 회의를 매주 연다. 이 회의는 바로 앞에서 설명했던 모임과는 달리 긴장감이 감도는 분위기인 경우가 많다. 비록 나 박사의 모임이 10~20년 일찍 시작했지만 그런 모임이 있어야 한다는 아이디어는 이미 1900년대부터 나왔다. 종종 저항에 부딪혔지만 말이다. 그밖에도 중요한 차이점들이 있다.

병원의 '질병과 사망' 회의에서는 의료계의 위계가 드러난다. 가장 선배인 외과 의사가 맨 앞줄에 앉고, 4년차 치프 레지던트가 환자가 사망했거나 다른 치명적인 실수를 저지른 사례에 대해 발표한다. 이때 설명은 과거형으로 진행된다. 그 과정에서 일을 망쳐 버린 특정인은 드러나지 않는다. 그보다는 어떤 일이 시도되었는데 성공을 거두지 못했던 것처럼 기술된다. 예컨대 이렇게 말한다. '마취가 기도 속에 자리해야 했죠.' 이때 책임은 온전히 그 환자의 담당의에게만 돌아가는데 당시에 담당의가 현장에 있었든 그렇지 않든 상관없다. 담당의는 모든 사례를 감독해야 할 책임이 있으며 그렇기 때문에 이 자리에 호출되는 것이다. 담당의는 레지던트나 간호사를 대표할 수 있으며 다음과 같은 최후의 질문에 궁극적으로 대답해야 할 책임이 있다. '예전과 다르게 했던 일이 뭐죠?' 그러면 대개 그 대답은 적당한 인물을 적당한 시간과 장소에 배치했는지에 대한 절차적인 문제와 관련된다. 그리고 상황을 개선시키기 위한 노트, 다음 사례로 진행하기 위한 절차가 이어진다.

이런 회의가 그저 보여 주기에 불과하다고 얘기하려는 것은 아니다. 이 회의는 의료 관습에 중요한 효과를 가져오며 불필요한 실수가 생겼던 순간을 되짚어 보는 기회다. 하지만 일반적으로, 이런 회의는 기존에 받아들여졌던 관습에 도전하지는 않는다. 예전에 해 왔던 대로 계속 이어가는 것이다. 반면에 나 박사의 모임은 중요한 점에서 이 회의와 다르다. 첫째, 나 박사의 모임은 위계적이지 않고 개인적이며, 수동적이라기보다는 적극적이다. 역설적이지만 소위 말하는 공개회의보다는 비공개 모임이 더욱 개방적인 분위기다. 예컨대 나 박사는 동정과 연민을 잃지 않았지만 사실 그대로를 말한다. '나는 이렇게 했지만 효과가 없었죠.' 그러면 실제로 해당 절차를 담당한 개인에게 질문이 쏟아진다. 그리고 왜 그것이 효과가 없었는지, 어디서부터 잘못되었는지`에 대한 제대로 된 통찰이 가능해진다. 권한뿐만이 아니라 구체적인 기술에 대해서도 질문을 던질 수 있다. 개별 사례에 대해 예전부터 의심 없이 받아들여졌던 방식이 의문의 대상이 된다. 다른 방식으로 할 수는 없었을까? 과연 이렇게 했어야 했나? 나 박사는 차라리 손을 대지 않았으면 좋았을 만한 사례가 얼마나 많은지 깜짝 놀랐다고 말한다. 그렇다면 왜 손을 댔는가? 차라리 아무 조치도 취하지 않는 게 낫다는 사실을 미리 알았는가? 앞으로는 이런 상황에서 어떻게 할 것인가? 아무 조치를 취하지 않는 게 낫다는 사실을 환자에게 어떻게 설득할 것인가? 의료계의 오랜 격언인 '무엇보다 해를 끼치지 않아야 한다primum non nocere'는 환자에 대한 개입이 중시되는 이 시대에 무시되는 경우가 종종 있다.

　무능력한 것도 가끔은 나쁘지 않을 수 있다. 우리에게 겸손을 가져다주고, 자아를 초심에 들게 하며, 근면함을 되찾게 하고, 결국에는 자신감을 높여 주기 때문이다. 역설적으로 들릴지 모르겠지만, 나 박사에 따르면 외과 의사들은 사실 비현실적인 기대에 부응하려는 압박 탓에 두려움을 품고 시술에 임한다. 의학적인 기대를 관리하는 일은 환자뿐만이 아니라 의사로서도 무척 중요하며, 이 목적을 달성하는 한 가지 방법은 실패를 대하는 적절한 태도를 유지하는 것이다.

　하지만 나는 의학이라는 주제를 그렇게 오래 다루지 않으려 하는데 그 안에는 도덕과 윤리가 많이 얽혀 있기 때문이다. 경제적인 문제가 상당한 추진력을 제공하는 건 물론이고 말이다. 의사들뿐만 아니라 전체적인 의료 기반시설 면에서 보면 더욱 그렇다. 병원에서 보험회사, 의료기기 제작사, 제약 업계에 이른다. 의학은 과학이자 기예이며 유감스럽게도 이제는 하나의 산업이다. 물론, 산업으로서 실패를 다룰 수도 있겠지만 내가 지금 쓰는 책은 아니다. 하지만 나 박사를 만나서 들었던 놀라운 이야기를 전하지 않는 건 안 될 일이니 여기 전하는 바이다.

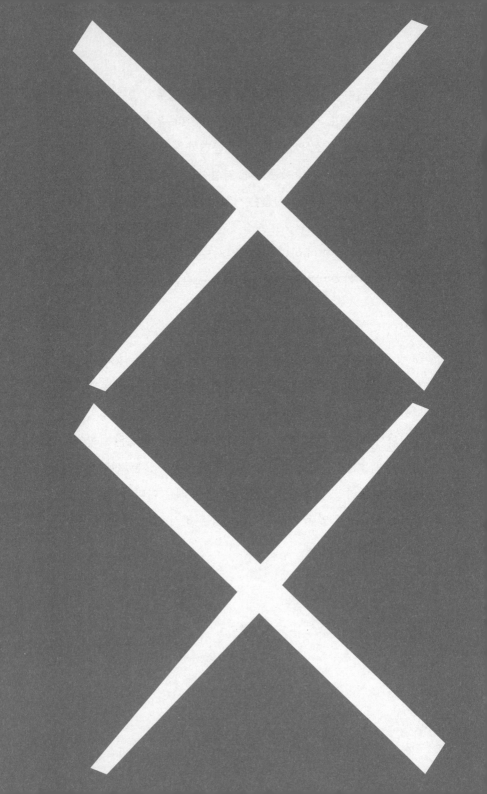

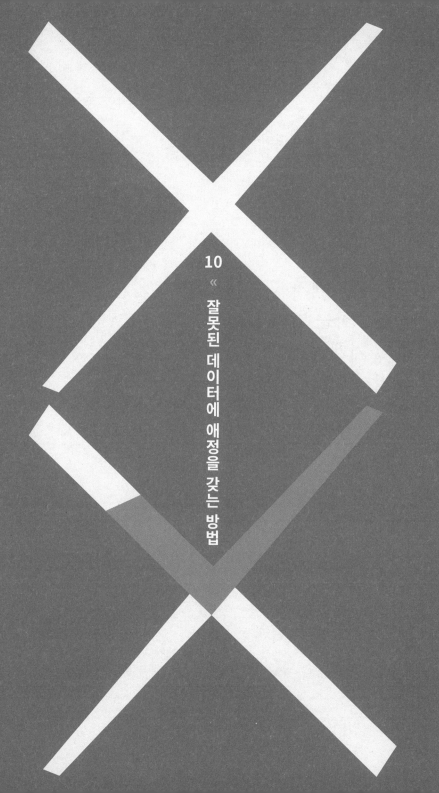

10
«
잘못된 데이터에 애정을 갖는 방법

만약 기계가
실수하는 법이 없다면,
그 기계는
지성적일 수 없다.

– 앨런 튜링Alan Turing

×××××× ✓

여러분에게 어떤 아이디어가 있다면, 실험을 통해 그 아이디어가 옳은지 살필 것이다. 이것이 여러분이 학교에서 배웠던 과학적 방법론이다. 하지만 앞에서 얘기했듯 실제로 이 방법론을 그대로 따르는 사람은 없다. 하지만 일단 여러분이 어떻게든 그 방법론을 따르기로 했고, 어떤 대상이 여러분이 가설로 세웠던 것처럼 작동하는지 알아보기 위해 실험을 한다고 가정해 보자. 그런데 실험 결과는 생각대로 나오지 않았다. 실망이다. 그래서 여러분은 실험을 다시 하는데, 이것은 정말로 지루한 과정이다. 확실히 어디선가 실수를 저질렀거나 집중력이 흐트러졌을 수도 있고, 필요한 단계를 다 밟았는지 확인해야 할 수도 있다. 그렇게 여러분은 실험을 다시 실시했지만 역시 제대로 되지 않아 좌절에 빠진다. 여러분은 모든 과정을 똑바로 지켰는지 점검하기 위해 노트북을 다시 살핀다. 확실히 커피가 필요한 시점이다. 아주 늦은 시간이라 맥주를 마시러 갈 수 없다면 말이다. 여러분은 이렇게 생각할 것이다. 내가 아무리 주의를 기울였어도 약간의 기술적인 문제가 있는 게 분명한데 어쩌면 그럴 듯한 이름을 갖고 있는 시약 가운데 하나가 문제인지도 모른다. 염의 농도가 틀렸던 게 아닐까? 그 완충제를 누가 혼합했지? 연구실에 체험 학습을 하러 새로 온 학부생인가? 그 애가 뭔가를 망친 게 틀림없어. 이제 새롭게 다짐을 한 여러분은 모든 시약을 처음부터 다시 직접 준비하기로 한다. 이제 현장으로 돌아갈 시간이다.

이렇게 하면 결국에는 성공할지도 모른다. 하지만 실험 아이디어가 좋지 않아 결국 실패할지도 모른다. 만약 성공을 거뒀다면 그 결과는 한 논문의 도표 속 데이터가 되거나 통계 분석의 일부가 되고, 그 결과가 논문에서 중심적이라면 도표 하나를 따로 차지할지도 모른다. 반면에 실패를 거뒀다면 그 결과는 실험실 노트북 속에 처박힐 테고 여러분을 포함한 아무도 살펴보지 않을 것이다. 어쩌면 누군가와 논의를 하거나 발표 자리에서 다시 잠깐 수면 위에 오를 수도 있겠지만 말이다. 예컨대 맥주를 한 잔 하며 누군가가 "…이렇게 저렇게 하면 어떨까 싶어요."라고 얘기하면, 여러분은 "아뇨, 내가 그렇게 해봤는데 실패했어요."라고 대답할 것이다. 바로 부정적인 결과의 한 사례다.

대부분의 경우에 실험은 하나 이상의 이유로 제대로 작동하지 못한다. 따라서 과학을 하다 보면 대부분 부정적인 결과가 따른다. 하지만 특정 저녁 모임 자리에서 굳이 화제에 떠오르지 않는다면 누가 그것에 대해 알겠는가? 여러분, 실험실에서 여러분과 가장 가까운 동료, 랩 미팅에서 같이 논의했던 몇몇 사람들, 그리고 여러분의 담당 교수 정도일 것이다. 최대한 많이 잡아 봐야 그 정도다. 다시 말해 전 세계 실험실에서 수행하는 과학 연구의 대부분은 결코 세상의 빛을 보지 못한다. 사람들이 뭔가 문제가 있다고 생각하기 때문이다.

이 문제는 임상실험이라 알려진, 약이나 치료법을 시험하는 연구를 생각해 보면 더욱 놀랍다. 솔직히 말해 나는 임상실험을 과학이라고 여기지 않지만 이것은 나만의 편견일 것이다. 어떤 점에서 보면 임상실험은 다른 기초연구에 비해 순수한 형태의 과학이다. 임상실험은 고도로 조직화되어 있고 수많은 통제가 이뤄지며, 가설에 기반하고, 엄밀한 통계학을 사용하며, 연구비도 많이 들고, 흰색 실험실 가운을 입은 사람들이 수행한다. 과학이라 할 만한 장식적인 요소는 다 들어 있는 셈이다. 반면에 기초 과학은 대부분의 시간 동안 이것저것 뒤지고 돌아다니기만 한다. 나는 이것을 발견 과정이라 부른다. 하지만 임상실험에서는 뭔가를 찾아내기 위해 정확한 측정을 한다. 두 가지는 비슷하게 들릴 수도 있지만 조금만 더 생각해 보면 공통점이 거의 없다는 사실을 깨닫게 된다. 하나는 뭔가를 이해하기 위한 것이고, 다른 하나는 그 방식이 완전히 이해되지 않더라도 뭔가가 작동하는지 아닌지를 알기 위한 것이다. 여기에 대해서는 나중에 더 살펴볼 예정이다. 일단 이 장에서는 부정적인 결과라는 주제에 집중하자.

만약 임상실험이 실패하거나 부정적인 결과를 도출한다면, 내기에 거는 돈은 조금 더 많아진다. 어떻든 간에 그 데이터는 발표되어야 하기 때문이다. (비록 오늘날 제도적으로 그렇게 유도하기 전까지는 그런 결과가 일상적으로 발표되지는 않았지만 말이다. 의사이자 언론인 벤 골드에이커Ben Goldacre의 제약 회사의 속임수에 대한 폭로를 참고하라.) 그 데이터는 아무리 여러분이 보여 주고자 하는 바가 아니었다 해도 논문으로 발표되어야만 한다. 심지어 사실상 아무것도 말해 주는 바가 없어, 사람들로 하여금 여러분이 애초에 이 작업을 왜 했는지 의아하게 생각할 정도의 데이터라 해도 마찬가지다. 하지만 이것은 완전히 공정하지는 않은데, 마지막까지는 꽤 잘 될 것처럼 전망이 괜찮다가도 순간적으로 실패에 이르기 때문이다. 우리는 쥐를 대상으로 암 치료를 여러 번 되풀이했다. 결코 암으로 죽을 필요가 없는 쥐들인데 말이다. 하지만 이런 치료법은 사실상 단 한 번도 인간에게 제대로 작동한 적이 없다. 그리고 아무도 그 이유를 모른다. 다시 말해 우리는 쥐를 대상으로 암에 대한 유망한 치료법을 계속 개발해 내고 있지만, 인간 대상의 임상실험에는 계속 실패하는 셈이다. 그렇다면 대안은 무엇인가? 언젠가 여러 번 시도한 끝에 누군가 한 번 성공할 수도 있고, 그러면 우리는 그동안 다들 실패를 거둔 이유에 대해 알게 될지도 모른다. 더 중요하지만 사실상 충분히 연구되지 않은 문제는 어째서 그 사례인가 하는 것이다(이것은 발견과 측정 사이의 차이점 가운데 하나다). 나는 만약 우리가 과거로 돌아가 생쥐에서는 성공하고 인간에서는 실패를 거둔 이유를 면밀하게 살핀다면 흥미로운 사실을 배울 수 있으리라 생각한다. 하지만 내가 아는 바에 따르면 그동안 아무도 이렇게 하지 않았다. 임상실험이 실패하면 대단한 낙담을 안긴다. 시간이며 비용이 낭비되고 그동안 열심히 일했던 사람들의 희망이 사라진다. 하지만 그렇다고 누구를 탓하겠는가? 그 많은 시간과 돈을 날려 버린 차에 그 망할 쥐가 아직까지 멀쩡하게 살아 있는 이유를 알고자 연구를 더 하고 싶은 사람이 누가 있겠는가?

요즘에는 임상실험에서 얻은 부정적인 데이터가 전부 출간되는지 아닌지, 또 FDA의 승인을 얻고자 전략적으로 일부가 발표되지 않는 것은 아닌지에 대한 의문이 제기된다. 연구비로 오가는 돈이 꽤 막대한 경우가 많기 때문에 여기저기서 조작과 날조를 하려는 동기는 충분하다. 예컨대 최근 바이옥스 사의 사례는 역사상 전례 없는 사례 연구를 제공한다. 이 회사에서 만든 약은 사람이 복용하고 몇 주 만에 심각한 부작용을 보인다는 점이 명백하게 드러났고 임상실험에서도 그 점을 알았을 테지만 이 데이터들은 숨겨지거나 최소한 무시, 축소되었다. 어째서 그런 행동 방침이 정해졌는지에 대한 합리적인 이유는 알기 힘들지만, 피할 수 없는 결과 가운데 하나는 해당 약품을 다수의 환자를 대상으로 처방하다 보니 부정적인 결과가 나온다는 것이다. 다만 그 결과가 심각한 질병인 뇌졸중이나 심장마비, 더 나아가 사망으로 이어져 법적 소송을 부를 뿐이다. 여러분은 사람들이 어떻게 생각할지 궁금할 것이다. 모든 약에 부작용이 따른다는 점은 사실이다. 약학의 제1법칙은 모든 약이 두 가지 효과가 있다는 것이다. 하나는 우리가 의도한, 알고 있는 효능이고 다른 하나는 부작용이다. 어떤 약도 위험에서 자유로울 수는 없지만 만약 부작용이 심각하다면 그 약이 실제로 시중에 나왔을 때는 더 심해질 것이다.

여기서 우리가 얻을 교훈은 부정적인 효과가 우리를 정직하게 만들어 준다는 점이다. 부정적인 효과를 보고한다면 더욱 정직한 사람이 될 수 있다. 정직함을 지키는 것은 과학의 전부다. 물리학자 리처드 파인만은 과학의 실천에 대해 이렇게 말했다. "첫 번째 원칙은 스스로를 속이지 말아야 한다는 것이다. 가장 속이기 쉬운 사람이 바로 자기 자신이다." 과학은 우리 스스로를 속이지 않는 방법이다. 그 과정에서 실패에 대해 인정하고 보고하는 일은 가장 중요하다. 여기에 대해 파인만은 이렇게 얘기했다. "중요한 점은 여러분의 공헌이 얼마나 가치 있는지 판단하도록 다른 사람들에게 모든 정보를 제공하는 것이다. 하지만 이때 어느 한 가지 방향으로만 이끄는 정보여서는 안 된다." '모든' 정보 안에는 부정적인 발견 역시 포함된다.

이제 이 점은 꽤 명확할 테니 여러분은 다음과 같은 질문을 던지고 싶을 것이다. '어떻게 해야 실수를 저지르지 않을까?' 이것은 좋은 질문이지만 생각처럼 간단하지는 않다. 다만 실패가 어떻게 일어나는지 이해하지 못하면 그 문제를 고칠 수도 없기 때문에, 한 번쯤 여기에 대해 살펴볼 만한 가치는 있다. 그러니 더 자세히 알아보자.

부정적인 데이터에는 두 가지 종류가 존재한다. 1형 오류와 2형 오류가 그것이다. 여러분이나 나 자신을 헷갈리게 만들려는 것은 아니다. 다만 여러분이 눈치 채지 못했던 생각할 거리를 조금 끌어내고자 한다. 나는 지금껏 '실패', '부정적인 결과', '실수', '오류'를 섞어서 썼다. 이것들이 확실히 비슷한 부류이기는 하지만 완전히 같은 단어는 아니다. 그렇다면 왜 이렇게 뒤섞이는가? 우리는 통계학자들을 탓해야 한다(종종 그러듯이). 통계학자들은 오류에 말미암은 특정 종류의 실패에 관심을 보인다. 또한 이들이 사용하는 방식은 오류의 횟수, 오류가 나타날 가능성, 그밖에 오류에 대한 여러 가지 사실을 이해하는 데 무척 유용하다. 통계적인 유의성을 얻는 데 '실패'했다는 이유로 '부정적인, 음성^{negative}' 결과로 판정되는 경우가 많은 만큼, 우리는 이런 오류에 대한 통계학자들의 용어를 활용하는 게 좋겠다. 즉, 우리는 1형 오류와 2형 오류를 저지를 수 있으며 이것은 대략적으로 각각 뭔가를 더하는 오류, 뭔가를 빠뜨리는 오류라 말할 수 있다.

1형 오류는 사실 그곳에 존재하지 않는 것을 찾아냈을 때 생긴다. 이 오류는 가끔 '가짜 양성'이라는 용어와 혼동을 일으킨다. 이것은 실제로는 그곳에 없는 무언가를 증명하느라 데이터가 잘못된 것을 말한다. 그 이유는 사람의 실수이거나 측정 자체가 잘못되었을 수 있지만 어떤 이유에서건 그 데이터는 존재하지 않는 뭔가를 드러낸다. 반면에 2형 오류는 사실은 존재하는 무언가를 존재하지 않는다고 잘못 보고하고 놓쳐 버리는 오류다. 소위 '가짜 음성'인 것이다. 두 가지 오류 모두 심각하지만 그것에 대해 확신하기는 둘 다 어렵다. 올바른 종류의 충분히 강력한 통계학을 무기로 제대로 분석하고 가능한 객관적으로 데이터를 생산해 내며 이중 맹검법을 활용하는 등 스스로 속지 않기 위한 모든 방법을 활용하다 보면 1형 오류는 어렵지 않게 잡아낼 수 있다. 이런 오류는 결국에는 거의 언제나 발견 가능할 테지만, 겉보기에 훌륭해 보이는 데이터라도 다른 실험실이 그 작업을 이어가 여러분의 결과에 의존할 수 있는지 결정하도록 해야 한다. 이것이 바로 과학자들이 말하는 실험의 재현 과정이다. 단순히 다른 실험실이 여러분의 데이터를 다시 만들어 내는 것이 아니다. 이런 복제는 지루할 뿐만 아니라 내 생각에는 시간과 돈을 낭비하는 일이다. 비록 몇몇 출판된 결과물에 정말로 의심을 품거나 막 출판된 결과와 무척 다른 결과를 이미 얻은 상태라면 몰라도, 다른 사람의 실험을 그대로 되풀이할 동기는 부족하다.

그럼에도 연구자들은 이미 출판된 결과와 방법론을 활용해 자기들만의 실험을 하기 위해 다른 연구자들의 실험을 되풀이한다. 이때 실험이 제대로 작동하지 않거나 예상과 다른 이례적인 결과가 나오면, 새로 실험하는 연구자들은 자기들이 의존하고 있던 원래 데이터가 정확하지 않을 것이라 의심하기 시작한다. 최근에는 이런 정황에 대해 무척 불만이 많은 전문 학술지나 대중 잡지가 나오는 듯하다. 출판되어 소개된 실험들은 상당수가 그 안에 신뢰할 만한 데이터라든지 후속 조사를 견딜 만한 결과를 소개하지 않는다. 나는 이것이 문제라고 여기기보다는 실험을 입증하는 과정에서 정상적인 과정이라고 생각한다. 출판물에 1형 오류가 전혀 없기를 요구하다가는 출판에 이르는 과정이 느려질 것이다. 절대적으로 완벽한 결과를 얻기 위해 끝도 없이 반복하고 데이터를 다시 분석해야 할 테니 말이다. 게다가 그럼에도 실수가 나올 여지는 존재한다. 나는 대상에 집착해서도 안 되지만 그래도 철저하고 세심하게 바라봐야 한다고 생각한다. 우리 모두가 접근할 수 있도록 문헌을 지나치게 빨리 훑고 지나갈 필요는 없다. 출간된 결과의 무엇이 옳고 그른지는 공동체에서 찾아낼 일이다. 그리고 이 문제는 흑백논리라고 볼 수 없다. 완전히 옳은 문제도, 완전히 그른 문제도 없기 때문이다. 가끔은 이전에 저질렀던 실수를 드러내기 위해 새로운 기술이 필요한 경우도 있다. 다시 말해 한동안 '옳다'고 여겼던 결과가 나중에는 '틀린' 것으로 드러날 수도 있는 셈이다.

나는 오늘날 과학이 과연 정확한지에 대해 대중이 갖는 불신의 상당 부분이 바로 사람들이 이런 과정에 친숙하지 않아서라고 생각한다. 대중은 교육과 언론, 텔레비전 같은 다양한 원천을 통해 과학 논문이란 과학의 정점이자 모든 것이 안정되는 최종 지점이라고 믿는다. 사람들은 논문이 과정의 일부일 뿐이며 계속해서 발전시키고 확인을 거쳐야 한다는 사실을 모르기 때문에, 데이터가 확정적이지 않거나 개선되어야 한다고 하면 실망을 금치 못한다. 하지만 이것은 과학이 이루어지는 보통의 과정일 뿐이다. 알아 둬야 할 핵심적인 사실은 여러분이 결과에 얼마나 의존하고 있는지, 그리고 얼마나 차후 입증이 필요한지다. 사회학자 해리 콜린스^{Harry Collins} 등의 지적에 따르면 어떤 정보의 종류를 아는 것만으로도 그 사람은 특정 분야의 전문가가 될 수 있다. 이게 무슨 뜻일까? 여기에 대해서는 뒤에 또 다른 맥락에서 다시 설명하겠다. 일단은 오류에 대한 이야기로 돌아가자.

2형 오류는 완전히 다르다. 이 오류들은 특별한 짐을 지고 있는데, 그 이유는 현재 존재하지 않는 무언가가 옳은지 틀린지를 가리는 것은 어렵기 때문이다. 이것들은 우리가 흔히 '부정적인 결과'라 얘기하는 오류들이다. 즉 무언가를 찾는 데 실패한 경우다. 이런 오류들은 출간하기가 어렵고, 따라서 현장에서 널리 면밀하게 검토되는 경우도 많지 않다. 설사 출간되었다 한들 이런 오류는 거의 관심을 받지 못한다. 어느 누가 아무런 성과도 보여 주지 못했던 실험을 다시 수행하려는 고생을 도맡겠는가? 물론, 어떤 일이 일어났어야 했는데 그렇지 못한 상황이라고 본다면 이야기는 다를 것이다. 이것은 많은 사람들에게 문제로 여겨졌으며 대체로 나도 동의한다. 같은 이유에서 임상실험은 부정적 결과까지 출간해야 하고, 기초연구에서도 그래야 한다. 그렇지 않으면, 다른 사람을 돕기 위해 제공한 모든 정보가 나의 공헌을 판단하는 기준이 된다는 파인만의 금언을 따르지 않는 셈이다.

그렇다면 사람들이 부정적인 결과를 출간하지 않으려는 이유는 뭘까? 일부는 출간하기도 하지만 약간 비뚤어진 방식이다. 긍정적인 결과이기는 해도 다른 연구실에서 시험하면 부정적인 결과라는 사실이 드러나는 식이다. 아니면 비록 단점은 없다 해도 문제에 대한 해법을 내지는 못한다. 2형 오류라는 부정적인 결과를 실제로 인식하는 일이 어렵다는 점 말고도 긍정적인 결과를 얻지 못할 가능성은 항상 존재한다. 그것은 여러분이 실험을 잘못했거나, 기술적인 오류를 저질렀거나, 최고의 도구를 갖추지 못했거나, 그 밖의 여러 이유들 때문일 것이다. 어쩌면 누군가 실험을 할 때 긍정적인 결과를 실제로 얻었을지도 모른다. 이런 경우에 부정적인 결과를 발표하는 것은 다른 사람들이 동일한 종류의 실험을 시도하지 못하도록 막는 게 아닐까? 2년차 대학원생이 막 비슷한 실험을 생각해 냈는데, 훨씬 경험 많은 박사 후 과정인 여러분이 제대로 된 결과를 얻지 못했다는 이유로 그 실험을 피하게 된 것은 아닐까? 우리가 원하는 결론은 이렇지 않다. 이것은 부정적인 결과를 다루는 과정에서 생기는 문제다. 여러분은 그 부정적인 결과가 진짜인지, 여러분의 무능이나 단점의 소치가 아닌지에 대해 결코 확신할 수 없다.

긍정적인 결과가 나중에 부정적인 결과로 판정되는 경우와 마찬가지로, 이런 부정적인 결과 또한 나중에 긍정적인 결과가 될 수 있을까? 예컨대 다른 사람들이 자기들이라면 성공할 거라 생각하고 여러분이 실패했던 실험을 하기로 결심한다면 말이다. 하지만 그것은 사람들이 여러분의 긍정적인 발견에 대해 그것을 다시 시험하며 발전시키는 경우보다는 일어날 가능성이 적다. 즉 부정적인 결과들은 시험을 거치지 않기 때문에 오래 살아남는다는 부가적인 문제를 안고 있다. 긍정적인 결과들처럼 재현되지 않기 때문이다. 여러분은 부정적인 결과에 대한 재현이 부족하다며 불평하는 모습은 들어본 적이 없을 것이다. 하지만 사실 여러분은 그렇게 해야 한다. 부정적인 결과는 긍정적인 결과에 비해 신뢰받지는 못할 테지만, 그럼에도 그만큼 중요하기 때문이다.

여기까지 따라왔다면, 여러분이 다섯 문단 전에 생각했던 것보다 실제 현실이 까다롭다는 사실을 알았을 것이다. 그렇지 않은가? 이 문제에 대한 해결법이 있을까? 내 생각엔 해결책이 있으며, 극히 최근에야 가능해진 만큼 우리는 운이 좋다. 바로 구글이 그것이다. 또는 이 문제를 해결하고자 검색 엔진을 활용할 만큼 현명하고 모험적인 누군가가 해결책이다. 오늘날 우리는 구글과 기타 검색 엔진이 가능한 사실에 가까운 정보들을 전해 준다고 생각한다. 검색 엔진의 목표는 여러분에게 특정 주제에 대해 입수할 수 있는 모든 정보를 전해 주는 것이다. 하지만 실제로 그렇게 하지는 못하는데, 왜냐하면 그것들이 유용하며 신뢰할 만한 형식의 부정적인 정보를 제공하는 데 실패하기 때문이다. 이것은 파인만의 격언과는 배치된다. 학술지에서 부정적인 결과를 출간하지 않는 이유와 거의 동일하게 여러분에게 부정적인 결과를 제공하지 않는 것이다. 그런 결과를 내놓는다면 신뢰성이 떨어진다고 여기며, 긍정적인 결과를 내보내야 좋은 검색이라고 간주된다.

하지만 구글을 비롯한 검색 엔진들이 학술지보다는 좋은 점이 한 가지 있다. 바로 종이를 쓰지 않는다는 점이다. 또한 검토자도 필요하지 않고 전문가와 아마추어를 여럿 참가시키는 크라우드 소싱 형식을 사용한다. 만약 구글이 과학 분야에서 부정적인 결과를 내놓는 사이트를 만든다면 아마 여러 과학자들이 자기들의 부정적인 결과를 그곳에 '출간'할 것이다. 이것 역시 인용할 수 있는 참조 문헌이기 때문에 출간물로 여길 수 있다. 중립적인 과학 협회가 사이트를 관리하고 있는 가장 훌륭한 사례인 미국과학진흥회^{AAAS}에서는 과학자로 이뤄진 패널과 학술지 편집인들이 모여 큐레이팅과 검토에 관한 기준을 정한다. 이 기준은 학술지의 논문 검토에 비하면 그렇게 엄밀하지는 않으며 그래서 시간도 덜 소모된다. 내용은 한자리 숫자나 데이터 표 하나로 구성될 정도로 짧아도 되지만 상당 부분 방법론에 대해 고려해야 한다. 그러면 대학원생과 박사 후 과정 연구원들은 이 웹사이트 안에서 귀중한 배움의 시간을 가질 것이다.

우리가 기억해야 할 사실은 신뢰도란 검토 과정에서 나오는 것이 아니라 부정적인 결과가 보고되는 횟수에서 나온다는 점이다. 구글 같은 환경 속에서는 언제든 가능한 일이다. 즉 이런 보고의 횟수가 잦아질수록 2형의 부정적인 결과는 더욱 더 믿을 수 있는 옳은 결과가 된다. 부정적인 결과가 나온 실험을 수행한 사람이 누구인지 알려지지 않는 상황이라면 보고는 더 자주 이뤄질 것이다. 부정적인 결과는 여러 실험실에서 한 번 이상 나타나며 이런 새로 생긴 웹사이트에서 각기 독립적으로 보고될 것이다. 그렇게 시간이 지나면 데이터베이스가 축적되면서, 특정 부정적인 결과 안에서 가질 수 있는 신뢰도를 수량화하는 분석적인 도구를 개발할 수 있다. 또한 과학에 대한 역사학과 사회학을 연구하는 학자들은 이 부정적인 결과의 영향력을 탐구하고 과학적 발견 과정을 더욱 잘 추적해서 이해할 수 있을 것이다.

그런데 이런 웹사이트는 스스로 쉽게 유지되어야 한다. 나는 현장에서 일하는 과학자들이 이 사이트에 자주 방문할 것이라 확신한다. 특히 온갖 종류의 비싼 과학 기기를 사들이는 사람들이 말이다. 확실히 내 실험실에서도 구매 담당자들은 어떤 기기에 대한 후기를 웹사이트에서 한 번쯤 확인한 뒤에야 구매를 결정하려 한다.

구글의 연구 책임자 피터 노빅$^{Peter Norvig}$은 실패란 어떤 회사의 기억과 같다고 내게 말한 적이 있다. 새로 채용된 사람이 어떤 실험이나 아이디어를 들고 오면 예전부터 있던 직원들은 이렇게 말하곤 한다. '아니야, 우리가 5년 전에 시도해 봤는데 별 효과 없었어.' 이런 것은 어디 적혀 있지도 않은 회사 차원의 기억이다. 이런 기억은 누군가가 시간과 자원을 낭비해 엉망진창인 프로젝트로 향하지 않도록 해 주는 긍정적인 효과를 낼 수도 있다. 하지만 어쩌면 그 아이디어를 처음 시도했을 때보다 상황이 크게 바뀌었기 때문에 지금은 새로운 기술과 신선한 관점을 갖고 다시 적용해도 괜찮을 수 있다. 노빅이 말했다시피 새로 생기는 조그만 회사들이 갖는 장점은 이런 회사 차원의 기억이 없다는 것이다. 그렇기에 예전에는 나빴지만 지금은 상황이 바뀌어 괜찮아진 아이디어를 다시 시도할 수 있는 것이다. 하지만 가장 좋은 것은 부정적인 결과에 대한 정보와 그것이 생겨나는 맥락 두 가지를 모두 잘 알아두는 것이다. 그래야 지금 실험을 하는 사람들도 그것을 다시 시도할지 말지를 결정할 수 있고 새로운 방식으로 같은 것을 다시 시도해 볼 수도 있다. 우리가 유념해야 할 사실은 부정적인 결과 뒤에는 반드시 그 뒤에 긍정적인 아이디어가 따르며, 그 아이디어는 당시에는 제대로 작용하지 않았다 해도 지금은 괜찮을 수 있다는 점이다.

이런 비슷한 역학은 학술적인 연구를 하는 실험실에서도 존재한다. 특히 꽤 오랫동안 실험하는 곳이 그렇다. 나는 학생들에게 종종 15년 전의 「네이처Nature」와 「사이언스」를 보면서 새로운 아이디어를 찾아보라고 조언한다. 그 논문들은 발표된 지 꽤 오랜 시간이 흐른 만큼, 그동안 새로운 기술들이 많이 발견되었을 것이다. 그렇기에 당시의 저자들은 던질 생각도 하지 못했던 질문들을 지금 우리는 생각해 볼 수 있다. 이처럼 당시에는 실패라고 여겨져서 우리가 들어 본 적도 없던 것 가운데 오늘날에는 성공할 수 있는 것들이 많으리라 상상할 수 있다.

이제 나는 이 장을 과학자 공동체에서 무척 심각하게 다뤄지는 한 문제를 정면으로 다루며 마무리할까 한다. 언론에서는 무척 많이 등장하지만 정작 여기에 대한 이해는 빈약하다. 바로 앞에서 잠깐 스치듯 다뤘던 적이 있던 재현 문제다. 이 문제는 앞에서 여러 번 다룰 기회가 있었고 몇몇 장에서 이야기해 볼까 하는 유혹을 받기도 했다. 무척 오해를 많이 받는 주제이기 때문에 여러분에게 꼭 알리고 싶었기 때문이었다. 일단은 여기서 시작하자.

제약회사 암젠에서 일하는 연구자 두 명은 2012년에 한 논문을 발표한 이후로 엄청난 관심을 받았다. 이 논문에서 두 사람은 평판 높은 학술지에 발표된 유명한 53가지의 암 연구 사례 가운데 자기들이 그 결과를 재현해 낼 수 있었던 것은 6건뿐이었다고 폭로했다. 그리고 이들은 성공률이 11퍼센트밖에 되지 않으니 꽤 '형편없는' 상황이라고 불만을 제기했다. 이들이 '형편없는'이라는 경멸적인 단어를 사용했다는 데 주목해야 한다.

정말 그 말대로일까? 획기적이고 무척이나 혁신적인 연구가 11퍼센트라는 사실을 흥분되는 일로 받아들이면 안 되는 걸까? 만약 암젠이 자사에서 일하는 과학자들의 데이터를 찬찬이 들여다본다면 실제 성공률이 11퍼센트보다 높을까, 낮을까? 그리고 암젠은 이 6가지의 완전히 새로운 발견에 대해 어떤 대가를 지불했을까? 알고 보면 이들은 한 푼도 대가를 지불하지 않았다. 그리고 만약 암젠이 이런 혁신적인 연구들을 받아들여 사람들로부터 엄청난 금액을 받는 암 치료제로 개발한다 해도 이렇게 거두어들인 돈 가운데 같이 일했던 대학원생이나 박사 후 과정생에게 돌아가는 액수는 얼마나 될까? 그런 돈이 존재한다 해도 1퍼센트 미만이다. 그러면 암젠은 좋은 결과를 낼 미래의 과학자 세대를 잘 훈련하기 위해 학술적인 연구의 파이프라인을 지원하는 데 얼마나 돈을 들이고 있는가? 알려져 있지는 않지만 그렇게 많지 않거나 그 쥐꼬리만 한 금액에 우쭐해 하고 있으리라는 점은 확실하다. (여기서 한 가지 밝혀야겠는데, 암젠은 내가 알고 있는 제약회사 가운데 유일하게 '암젠 학술 프로그램'이라는 훌륭한 하계 연구 프로그램을 지원하고 있다. 매년 재능 있는 학부생들이 풀타임으로 실험실에서 일하거나 특별한 컨퍼런스에 참석하도록 하는 프로그램이다. 내 딸도 이 프로그램에 참여한 적이 있는데 그 경험은 그야말로 그 애의 인생을 바꿨다. 그러니 여기서 내가 암젠을 다른 모든 회사들을 대신해 비난받는 존재로 이용하는 건 이 회사에 감사할 줄 모르는 태도다. 하지만 바꿔 생각해 보면 다른 대규모 제약회사는 어째서 이런 프로그램을 지원하지 않는지에 대해 되짚어 보는 기회도 될 수 있다.)

이런 '형편없는' 성공률은 과학이 잘못되고 있다는 밑도 끝도 없는 엄청난 비난과 과학의 제도와 기득권층이 속에서부터 부패했다는 식의 서투르고 근거가 부족한 비판을 낳았다. 또 다른 저자인 통계학자 존 이오나이디스$^{John\ Ionnaidis}$는 동료평가를 실시하는 주요 학술지에 실린 과학 논문의 재현성이 낮다고 비판하면서 특별한 명성을 얻었다.

그렇다면 이런 상황이 우리에게 진정으로 이야기하는 바는 무엇일까?

바로 재현 가능성이란 과학을 수행하는 과정의 일부이지, 사후에 확인되는 무언가가 아니라는 점이다. 따라서 그 안에는 실패가 몹시 높은 비율로 포함될 것이다. 또한 동료평가를 실시하든 그렇지 않든 어떤 학술지에 논문을 발표하는 것만이 능사가 아니며, 성공률 100퍼센트를 기대할 수도 없다. 논문을 출간하는 일은 지난한 과정인 데다 그 안에는 실수와 오류, 잘못된 방향 전환, 우연히 얻은 결과들, 당시에는 최고의 기술을 사용해 얻었지만 그럼에도 불완전한 데이터들이 포함된다. 논문과 그 안의 결과들은 전부 많든 적든, 결코 예측할 수 없을 정도로 개정될 것이다. 만약 그 과정에서 지나치게 빨리 완벽함을 요구했다가는 연구자 공동체 안에서 흥미로운 아이디어의 흐름을 저해하고 말 것이다. 그렇기에 과학을 일궈내는 과정의 몹시 중요한 일부임에 틀림없는 재현성은 느릿느릿하게 이뤄진다. 과학자 아닌 사람들은 종종 여기에 대해 오해하는데, 이 가운데는 미안하지만 통계학자들도 포함된다. 이들은 실제로 실험을 하는 대신 적잖은 시간을 들여 결과가 요행수가 아니었는지에 대해 비교적 사소한 의미에서 재현성을 확인한다. 이것은 유용하지도 않을 뿐더러 진정한 의미의 재현성도 아니다. 아무도 그런 것에는 자기 시간을 쏟지 않을 것이다. 물론 순수하게 논리적인 의미로 어떤 실험에 대한 정확한 재현은 불가능하다. 사실 어떤 실험에 대한 재현은 독립적인 실험실에서 이뤄져야만 한다. 몇몇 경우에는 서로 다른 기술을 사용하는 실험실일 수도 있다. 하지만 심지어 같은 실험실에서 재현성을 확인했다 해도 완벽하게 동일한 결과는 나오지 않을 것이다. 이들 실험실 구성원들은 첫 번째 실험의 결과를 지켜봤기 때문에 이미 편향되어 있고, 이 점은 어쩔 수가 없다. 이들 역시 인간이기 때문이다. 어쩌면 첫 번째 실험은 겨울에 했는데 재현성 확인 실험은 여름에 했을지도 모른다. 이런 점이 정말 문제가 될까? 나는 확실하게 답해 줄 수 없다. 그 누구도 할 수 없는 일이다. 내가 그저 극단적으로 얘기한다고 들릴 수도 있지만 그렇지 않다. 기록이 충분히 남아 있는 하나 이상의 사례에서 드러난다.

단 여기서 잠깐 논지를 벗어나 한 가지 멋진 사례에 대해 이야기하고자 한다. 20세기 초반에는 신경세포 사이의 커뮤니케이션이 전기 신호에 따른 것인지 화학 신호에 따른 것인지에 대한 논쟁이 한창 불붙고 있었다. 신경세포들은 '시냅스(그리스어로 '움켜잡다', '걸쇠'라는 뜻이다)'라고 불리는 막 위의 특정 장소를 통해 서로 소통했다. 이 시냅스는 신경세포 사이의 아주 작은 공간을 차지했고 수적으로도 무척 많았다. 하나의 신경세포에는 다른 수천 개의 신경세포와 소통하는 이런 연결점이 수천 개 존재하는 듯했다. 두뇌가 그렇게나 복잡한 이유도 바로 엄청나게 많은 연결점을 갖기 때문이었다. 이때 우리가 무척 궁금한 문제는 이것이다. 신경세포 하나의 활성이 어떻게 해서 그것과 연결된 다른 세포의 활성에 영향을 미칠까? 생리학자들은 생체전기로 이 문제를 설명하고자 한 반면, 약리학자와 생화학자들은 당연히 화학 신호 때문이라고 여겼다.

1921년, 독일 출신의 약리학자로 오스트레일리아에서 일하던 오토 뢰비Otto Loewi는 이 문제에 대한 답을 얻을 실험을 꿈꿨다(말 그대로, 꿈속에서 발견했다). 잠에서 깬 뢰비는 침대 맡에 놓인 공책에 뭐라 끼적인 다음 다시 잠들었다. 하지만 다음 날 아침 뢰비는 꿈 내용이 생각나지 않았을 뿐더러 자기 글씨를 알아보지도 못했다. 꿈의 내용을 기억해 내느라 장장 3주 동안 끙끙 앓은 끝에 어느 날 밤 뢰비는 똑같은 꿈을 다시 꾸었다. 그리고 이번에는 새벽 3시에 잠에서 깨자마자 곧장 연구실로 달려가 실험을 시작했다.

실험이 구체적으로 어떻게 설계되어 있는지는 여기서 중요하지 않다(위키피디아 같은 곳에서 쉽게 찾아볼 수 있을 것이다). 개구리 두 마리의 심장을 꺼내 하나는 신경이 아직 연결되어 있고 다른 하나는 생리 식염수에 담가 두기만 했다는 정도만 알면 족하다. 심장에 연결된 신경은 박동수를 조절하는 역할을 하지만 정상적인 박동을 유지하기 위해 반드시 필요하지는 않다. 심장이 혼자서 그 일을 할 수 있기 때문이다. 이런 상황에서 뢰비는 심장에 붙은 신경을 자극하면 심장 박동수가 떨어진다는 사실을 보여 주었다. 이때 그가 심실 안의 용액을 꺼내 신경이 붙어 있지 않은 심장에 더했다면 그 심장의 심박수 역시 떨어졌을 것이다. 뢰비의 결론은 다음과 같았다. 신경에서 화학물질이 분비되며, 자극을 받은 신경에서 나온 직접적인 전기 활성이 아닌 바로 이 화학물질이 심장에 영향을 준다는 것이다. 이 선구적인 업적으로 뢰비는 결국 노벨상을 받았다.

하지만 문제가 하나 있었다. 뢰비를 비롯해 어느 누구도 그 실험을 무려 6년 동안이나 신뢰할 수 있을 만큼 재현할 수 없었다는 점이다! 어째서였을까? 한 가지 이유는 뢰비가 애초에 실험을 했던 계절이 겨울이었다는 점이다. 개구리는 냉혈동물이기 때문에 계절에 따라 심장의 생리가 바뀐다. 뢰비가 처음에 실험을 했던 계절이 일 년 중에서도 가장 추운 달이었기 때문에 개구리의 신경은 심박수를 살짝 높이는 경향이 있었다. 또한 신경전달물질이 추운 곳에서는 빠르게 분해되지 않기 때문에 겨울에 실험을 하는 경우에는 두 번째 심장에 더 많은 신경전달물질이 전달되었다. 학생들이 논문의 '실험 방법' 절에서도 언급하지 않는 계절이라는 변수가 이 모든 차이를 만든 것이다!

사회학자 해리 콜린스에 따르면 한때 최신 기기였던 TEA 레이저가 처음 생산되던 시기에는 이 기기를 만들어 내는 유일한 방법이 이전에 기기를 성공적으로 만든 적이 있던 실험실에 찾아가 이곳에서 사용했던 방법을 그대로 따라하는 것이었다고 지적한다. 아무리 자세한 설명서를 갖고 있다 해도 만약 경험이 없다면 제작에 성공할 수가 없다는 것이다. 이런 비슷한 일은 아무리 기술적으로 까다롭지 않은 실험을 한다 해도 오늘날 과학 분야의 실험실에서 매일 되풀이 된다.

하지만 우리가 어떤 논문을 읽을 때 실험을 어떻게 하는지를 설명해 주는 '실험 방법' 절을 보면 누구든 이 실험을 재현하고 싶은 사람이 있다면 이 논문의 지침을 그대로 따르면 된다고 주장한다. 이것은 사실과 완전히 다르다. 과학적 방법론이 말도 되지 않는 것과 마찬가지로 문제가 많은 사고방식에서 연원하는 생각이다. '실험 방법' 절의 목적은 그 절차를 사용하는 분야의 다른 전문가들에게 합리적이고 수용할 만한 방식을 알리는 것이다. 이때 흔치 않은 무언가가 시도된다면 여기에 대해 더욱 자세하게 설명하고 정당화해야 한다. '실험 방법' 절은 특정 분야의 전문적인 과학자들에게 그 실험이 제대로 행해졌다고 설득하고자 한다. 결코 해당 실험을 수행하기 위한 설명서가 아닌 셈이다. 실제 당사자들이 구체적으로 어떻게 실험을 했는지에 대해 무의식적인 차원까지 세밀하게 궁금하다면 해당 실험실에 전화를 걸거나 방문하면 된다. 다시 말해 '실험 방법' 절에서 "이 반응을 약 20~30분 진행하라"라고 서술하고 있다면 실제로는 "이 반응이 충분히 진행되기를 기다리는 동안 나는 나가서 커피를 한 잔 마셨다"인 셈이다. 그러면 실제로는 반응이 진행된 시간이 30~40분일 테고, 이 추가 시간은 보통 꽤 중요하다.

재현성은 과학이 진보하는 과정의 일부다. 그 결과는 논문으로 발표되며 원래 가졌던 목표와 함께 다른 실험실에서 수용된다. 만약 다른 실험실이 이 결과를 내지 못한다면 시간이 지날수록 뭔가 잘못되었다는 사실이 드러난다. 대부분은 결과가 옳다는 사실이 드러나지만 그 과정에서 처음 연구자들이 깨닫지 못했거나 제대로 신경 쓰지 않았던 사실들도 드러난다. 가끔은 애초의 결과보다 새로 얻은 결과가 더욱 중요하다는 점이 증명되기도 한다. 가끔은 새로 알려진 결과가 겉으로만 그럴듯해 보이는 추가 사항에 불과한 경우도 있다. 그리고 가끔은 새로 얻은 결과가 처음 결과가 어디에서 잘못되었는지를 보여 주지만, 그것이 시사하는 바를 알기 위해서는 예전에는 한 번도 고려되지 않았던 살짝 다른 관점에서 접근해야 하는 경우도 있다. 꽤 의미가 있다는 사실은 변하지 않지만 말이다.

이런 모든 시나리오는 오늘날 전 세계의 실험실에서 매일 벌어지는 일이다. 그리고 그 결과 과학은 조금씩 실패하면서도 매일 앞으로 나아간다.

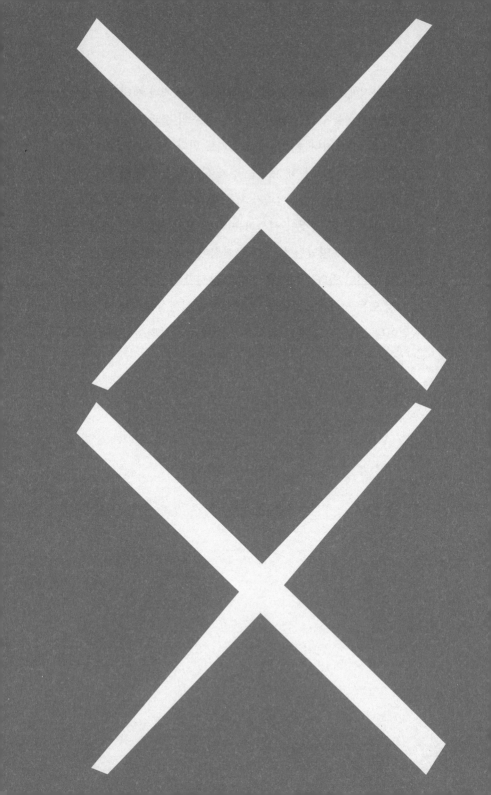

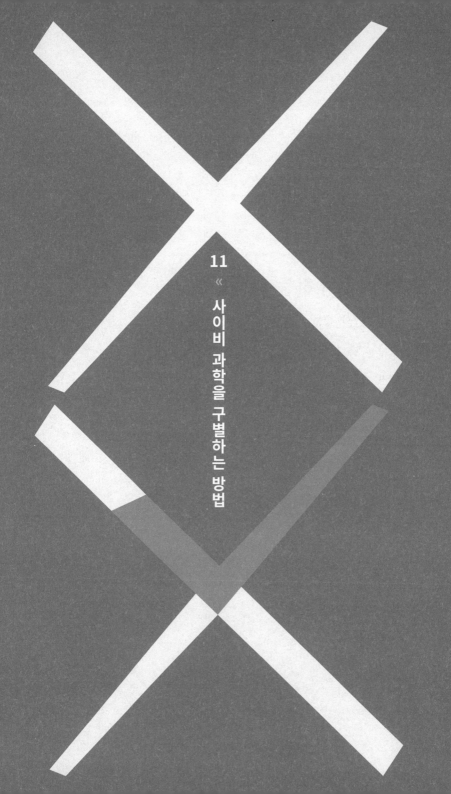

11

《

사
이
비
과
학
을
구
별
하
는
방법

바보들이 하는 행동을 보면
현명한 사람들이
왜 무언가를 하지 않는지
알 수 있지.

- '마법에 걸린 어떤 저녁^{Some Enchanted Evening}',
로저스 앤드 해머스타인, 「사우스 퍼시픽^{South Pacific, 1949}」

옛날 옛적에, 아니 사실은 1919년 어느 날 철학자 카를 포퍼[Karl Popper]가 오스트리아 빈에서 정신의학자 알프레드 아들러[Alfred Adler]를 만났다. "나는 아들러가 꼭 잘 해결할 것 같지는 않은 사례 하나를 그에게 얘기했다. 하지만 아들러는 그 사례를 자신의 열등감 이론으로 자신감 있게 분석했다. 환자의 어린 시절을 듣지도 못했는데 말이다. 살짝 놀란 나는 어떻게 그렇게 확신할 수 있는지 물었다. '1,000번은 되는 수많은 경험 덕분이죠.' 아들러가 대답했다. 그래서 나는 그에게 이렇게 얘기할 수밖에 없었다. '그럼 이 새로운 사례를 당신의 1,001번째 경험으로 생각해야 할 거예요.'" 포퍼가 조숙한 17살짜리 소년이었던 무렵의 이 사건은 그에게 평생 영향을 주어 유명한 반증 가능성의 이론을 개발하도록 이끌었다. 종종 잘못 해석되는 이 이론은 제대로 된 과학적 가설인지 아닌지를 알 수 있게 해 주는 유일한 표지를 제공한다.

포퍼는 어느 현대 과학철학자보다도 현장 과학자들에게 큰 영향을 끼쳤다. 포퍼는 아마 과학자들 사이에서 가장 잘 알려진 과학철학자일 것이다. 그리고 그 뒤를 바짝 뒤따르는 학자가 토머스 쿤일 것이다. 쿤은 그의 저서인 『과학 혁명의 구조』를 통해 비전문가인 대중 사이에서도 유명세를 얻었으며 이 책에 등장하는 '패러다임 전환'이라는 어구는 평범하게 쓰이는 일상어가 되었다. 하지만 실험에 대한 생각과 방식을 바꿔 나가는 대부분의 과학자들이 쿤의 책과 사상을 칭찬하지는 않는다. 상당수는 포퍼의 주장이 자기들과 더 잘 맞는다고 여긴다.

그렇지만 흥미롭게도 과학자들의 생각과는 정반대로 대부분의 과학철학자들은 오늘날 포퍼의 주장에 심각한 결함이 있으며 그래서 가치가 떨어진다고 여긴다(반면에 쿤은 여전히 일반적으로 높은 평가를 받는다). 즉 과학자들과 철학자들이 서로 의견이 다른 것이다. 결코 놀라운 일은 아니다. 나는 포퍼의 이론을 완전히 내던져 버리지는 않겠지만 이 문제의 전문가들인 철학자들의 의견을 따라가려 한다. 그래도 오늘날 어떤 평가를 받고 있든 간에 포퍼의 작업은 중요했고, 그는 여전히 골칫거리로 남아 있는 질문에 대한 하나의 프레임을 성공적으로 설정했다고 볼 수 있다.

포퍼의 원래 동기는 단순하지만 끈덕지게 해결되지 않는 다음 질문에 대한 답을 구하는 것이었다. 진정한 과학과 사이비과학의 차이를 신뢰성 있게 구별 짓는 방법은 무엇일까? 특정 과학 이론이 믿을 만한지, 그리고 겉보기에 과학처럼 보여도 사실 말이 되지 않는 이야기는 어떤 것인지 어떻게 알 수 있을까? 협잡꾼, 사기꾼, 마술사, 거짓말쟁이, 그리고 최악의 경우 선의를 가진 주변부의 사이비과학에 헌신적으로 투신하는 자들을 피할 수 있는 방법은 무엇일까? 이런 문제는 일견 사소해 보일 수도 있지만 아무리 기술적으로 진보한 서구 문화권에서도 여기에 대해 만족할 만한 답을 얻은 적은 결코 없다. 민간요법이라든지 사물에 대한 다양한 마술적인 '설명'이 지배적인 문화권들은 일단 제친다 해도 말이다. 최근까지도 백신이 자폐증을 일으킨다고 해서 벌어진 소동이라든지 에이즈의 원인에 대한 음모론에 이르기까지, 다른 분야에서는 지성적인 사람들이라도 과학적으로 타당한 설명과 사이비과학의 헛소리를 제대로 구별하지 못하는 사람이 많은 듯하다. 포퍼도 깨달았듯이 그 부분적인 이유는 제대로 된 과학이라도 가끔은 틀리며, 사이비과학이라 해도 가끔은 소발에 쥐잡기 식으로 맞는 말을 하는 경우가 있기 때문이다.

매년 수백만 명의 사람들이 독감에 걸리는데 이 질병은 오늘날에도 전 세계적으로 수천 명의 사람들을 사망에 이르게 한다. 독감을 의미하는 단어 'influenza'는 '영향'이라는 뜻을 가진 이탈리아어에서 왔는데, 그 이유는 이 질병이 점성술사들이 예언하는 대로 눈에 보이지 않는 천상계의 영향력 때문이라고 여겨졌기 때문이다. 당시는 뉴턴의 중력 이론 대신 눈에 보이지 않는 별들의 힘이 파도와 조류를 일으킨다고 믿었던 시절이었다. 물론 뉴턴 쪽이 과학적으로 옳은 설명이고, 독감은 실제로 눈에 보이지 않는 것에 의해 일어나기는 하지만 천상계가 아닌 미생물이 그 원인이다. 지금은 다들 진실을 알지만, 17세기만 해도 눈에 보이지 않는 달의 영향력이 거짓이며 역시 감지할 수 없는 달의 또 다른 영향력이 실재라는 사실을 받아들이기는 힘들었다.

대신에 오늘날에는 마음대로 꾸며낸 바보 같은 단어로 더욱 과학적인 것처럼 속여 대는 사이언톨로지 같은 종교가 존재한다. 또 진화를 부정하는 지적 설계론자들이 있고 점성술 역시 건재한다. 이것들은 별것 아닌 시시한 존재라고? 그렇다면 유전자 변형식품이나 핵에너지 같은 주제는 어떨까? 천연 제품은? 생명을 구하는 표준적인 의료 행위를 거부하는 대안 요법은 어떤가? (지금 나는 치료가 가능했던 초기 단계의 췌장암이었지만 수술을 거부했던 똑똑한 스티브 잡스를 떠올리고 있다. 잡스는 암이 말기에 다다를 때까지 현대의학이 아닌 대안요법과 여러 식이요법을 선택했다.) 교육을 잘 받은 지적인 사람들이라 해도 이런 완전히 비과학적인 개념이나 요법을 맹신하곤 한다. 그리고 종종 이들은 중요한 정치적 결정을 뒷받침하며 수백만 명의 사람들에게 영향을 끼치고 엄청난 규모의 경제적인 파급력을 몰고 온다. 이들은 과학에 대한 소양이 없지만 스스로 과학적이라고 이야기한다.

다시 20세기 초의 빈으로 돌아가면, 당시 이곳은 시내의 유명한 커피하우스에서 활발한 토론과 논쟁이 벌어지며 혁명적이고 격렬한 사상이 꿈틀대는 현장이었다. 포퍼가 특히 흥미를 보였던 것은 두 가지 아이디어였는데, 아인슈타인의 상대성 이론과 프로이트의 정신분석이 그것이었다. 질량과 에너지를 더 이상 구별할 수 없고 시간이 늘어났다 줄어드는 아인슈타인의 이론은 미친 이야기처럼 들렸다. 인간의 마음은 유년기의 질투와 신경증, 히스테리로 상상할 수도 없을 만큼 부글대는 기관이며 이것이 언제라도 겨우 통제 가능한 자아의 틈을 비집고 나올 수 있다고 여긴 프로이트의 설명 역시 마찬가지였다. 하지만 그러던 중 1919년 5월, 아서 에딩턴 Arthur Eddington 경이 일식이 일어나는 동안 별빛이 태양에 가까이 다가가는 모습을 보고했다. 이 관찰 결과는 중력이 공간을 구부러뜨리며 광자의 경로를 변경시킨다는 아인슈타인의 가장 급진적인 예측을 확인해 주었다. 동시에 포퍼는 프로이트가 관찰 결과와 상관없이 자신의 이론을 지속적으로 확증하고 있다는 사실을 발견했다. 다시 말해 앞에 등장한 아들러의 일화와 함께 프로이트가 창조해 낸 정신분석학이라는 구조를 논박할 방법은 없는 듯했다. 새로운 사례가 등장할 때마다, 그것이 아무리 겉보기에 현재 받아들여지고 있는 도그마와 반대된다 해도 어떻게든 그 사례를 욱여넣으며 이론을 더욱 더 단단하게 확증하는 수단으로 삼는다. 그렇기에 이론에 대한 논박이 이뤄지지 않으며 사실상 논박이 가능하지도 않다. 포퍼는 이런 특성은 과학적인 사고방식을 뒷받침할 수 없다고 결론 내렸다. 그 이유는 이론을 증명할 수 없기 때문이 아니라, 이론을 반증할 가능성이 없어서다.

이러한 포퍼의 해결책은 엄청난 통찰이었다. 포퍼는 어떤 믿음 체계가 진정으로 과학적이라는 사실을 보여주기 어려운 이유는, 그 분야에서 뭔가를 옳다고 증명할 수 있으며 대부분의 이례적인 발견들을 설명할 수 있기 때문이라는 사실을 알아냈다. 과학을 진정으로 과학이라 말할 수 있는 이유는 단순히 옳은 설명을 제공하기 때문이 아니다. 이것은 어떤 믿음 체계에서도 가능한 일이다. 어떤 진술을 과학적으로 만드는 것은 그것이 틀릴 수 있는 가능성이 있는지에 달려 있다. 포퍼에 따르면 과학은 어떤 것이 경험적으로 시험 가능한지, 그리고 무언가가 만약 이론에 모순된다고 드러났다면 그 이론을 폐기할 수 있는지에 대한 위험한 예측을 내린다. 따라서 진정한 가설은 경험적으로 과학적인 실험에 의해 옳지 않다고 증명될 수 있는 가설이다. 그러니 과학은 실패에 의존하며 적어도 실패할 가능성이 있는지에 달려 있다.

그렇다고 해서 어떤 가설이 틀려야만 한다는 뜻은 아니다. 다만 틀릴 가능성이 있어야 한다는 것이다. 다시 말해 어떤 과학적인 가설이 옳다면 그것은 일시적인 데 불과하다. 언제든 실험을 수행해 그 결과를 통해 가설이 틀렸다는 사실을 보일 수 있기 때문이다. 물론 이런 실험이 여러 번 수행되어 그때마다 가설을 입증한다면, 해당 가설은 옳을 가능성이 높아진다. 하지만 그럼에도 이론적으로는 한 번의 부정적인 결과만으로도 전체 가설을 뒤엎을 수 있다.

이것은 '검은 백조^{black swan}'의 사례에서 가장 흔하게 나타난다. 오랫동안 사람들이(물론 유럽인들이) 보아 왔던 모든 백조는 흰색이었다. 이에 따라 사람들은 '모든 백조가 흰색'이라는 가설을 세웠다. 그러던 어느 날 오스트레일리아에서 검은 백조가 존재한다는 사실이 발견되었다. 그리고 '모든 백조는 흰색'이라는 가설은 무너졌다. 여기서 중요한 사실은 가설이란 부정적인 시험 결과를 허용한다는 것이다. 검거나 흰색이 아닌 백조가 발견됐다는 관찰 결과가 나오면 가설이 뒤엎어질 것이다. 이런 특성 때문에 이 가설은 과학적인 진술이 된다. 여기에 비해 '모든 백조는 천국에서 왔다'는 비과학적인 진술의 예다. 이런 진술은 증명될 수도 없고 반증될 수도 없다. 아무리 백조의 알이 부화하는 모습을 직접 봤다 해도, 누군가 백조가 궁극적으로 기원한 곳은 천국이라고 주장할 수 있기 때문이다. 정의상 천국이란 우리가 바라는 무엇이든 될 수 있기에 이론을 반증할 방법은 전혀 없다. 따라서 이것은 과학적인 진술이 아니다.

　과학적 가설에 대한 포퍼의 세련된 진술은 반증 가능성^{fallibility}에 기초한다. 과학을 신뢰할 만한 이유는 바로 과학이 실패할 수 있기 때문이다. 어떤 가설은 그것을 반증할 가능성이 있는 경우에 비로소 믿을 만하다. 과학자들이 실제로 가설을 활용하는 만큼(8장, '과학적 설명의 마법'을 참고하라), 이것은 좋은 조언이다. 가설을 설정하려면 쉽게 실패할 수 있으며 해당 가설을 기각할 수 있는 실험을 제안하는 기술이다. 만약 어떤 가설을 확실하게 반증할 수 없다면 그것은 받아들일 만한 가설이 아니다.

　그렇다면 여기에 문제점은 없을까?

　첫째, 우리가 언제나 명료한 결과를 얻을 수 있는 것은 아니다. 포퍼식 기술에 따르면 해왕성의 궤도에 이상이 감지되었다면 뉴턴의 천체 역학을 뒤엎을 이유가 되어야 한다. 하지만 대신에 그 현상은 당시에는 관측되지 않았던 행성인 천왕성의 존재를 예측하고 발견하도록 이끌었고, 그 과정에서 뉴턴의 법칙은 다시 확증되었다. 한편, 수성이 예측되는 궤도에서 이탈한 사례 역시 뉴턴의 중력 이론에 대한 반증이었으며 이번에는 정말로 그렇게 되었다. 수성의 궤도 이탈은 중력에 대한 상대론적 모형을 통해서만 설명될 수 있었기 때문이다. 이런 점에서 보면 포퍼의 반증 가능성 개념은 완벽하지 않다. 한번은 실패했다가도 다른 사례에서는 유용한 실패를 제대로 감지해 낸다. 결국 여러분은 이론 자체보다 실패가 얼마나 중요한지에 대해 고민하게 된다. 게다가 몇몇 과학 분야는 포퍼가 요구하는 종류의 실험을 충족시키지 못한다. 진화 생물학이 이처럼 실험을 구축하기가 다소 어려운 분야의 한 사례다.

또 다른 어려움은 대부분의 이론이 그 자체만으로 존재하는 것이 아니라 이리저리 직조된 아이디어와 다른 이론들에 파묻혀 그것들에 의존하고 참조해야 하기 때문에 나타난다. 그렇기 때문에 어떤 실험이 모순되는 결과를 보여 준다고 할 때 실제로 잘못된 곳이 어디인지 결정하기가 어려운 경우가 많다. 또 부분적으로 사소한 실패가 나타났다 해서 전체를 뒤엎어야 할 필요도 없다. 더욱 정교한 주장들이 어떤 주장이 만들어지고 대답이 이뤄지는 논리 자체를 공격할 것이다. 예를 들어, 쿤에 따르면 사실상 모든 이론들은 언젠가는 어느 부분에서 반증된다. 나도 이 주장에 동의한다. 과학은 반복적으로 진실에 조금씩 가까이 다가갈 뿐 결코 완전히 얻을 수 없는 잠정적인 일련의 발견이다. 하지만 아무리 잠정적으로 되풀이되는 작업이 궁극적으로는 틀렸다고 해도 그것은 가치가 있다. 이 작업은 결코 버려져서는 안 되는데, 이것은 엄밀한 의미의 포퍼주의가 우리에게 요구하는 바다.

조금은 역설적이지만, 포퍼는 과학의 발전에서 실패를 배제하는 리트머스 시험지를 가져오는 방식을 통해 실패와 반증 가능성의 중요성을 강조했다고 볼 수 있다.

포퍼는 진정한 과학의 특징이 실패라고 주장했다는 점에서는 옳았다. 과학은 증명의 수준을 높이지 못할 수도 있다. 사실 몇몇 활동은 진정한 과학의 자격을 만족시킨다는 증거가 없을 수 있다. 그 과정이 그렇게 간단하거나 어떤 아이디어를 안정화한다고 생각되지는 않는다. 우리가 말할 수 있는 것은 실패가 지속적인 과학 활동의 일부가 되어 영원히 함께한다는 점이다. 만약 실패가 없어진다면 어떤 활동을 과학이라고 간주할 가능성은 심대하게 줄어들 것이다. 과학자는 정기적으로 일어나는 터무니없는 실패보다는 엉뚱한 성공을 의심쩍게 생각해야 한다. 포퍼의 아이디어는 옳았지만 만약 그 아이디어가 자신이 마음에 담고 있던 최종적인 목표를 실현하는 데 실패한다면, 역시 포퍼에게는 자랑거리일 것이다.

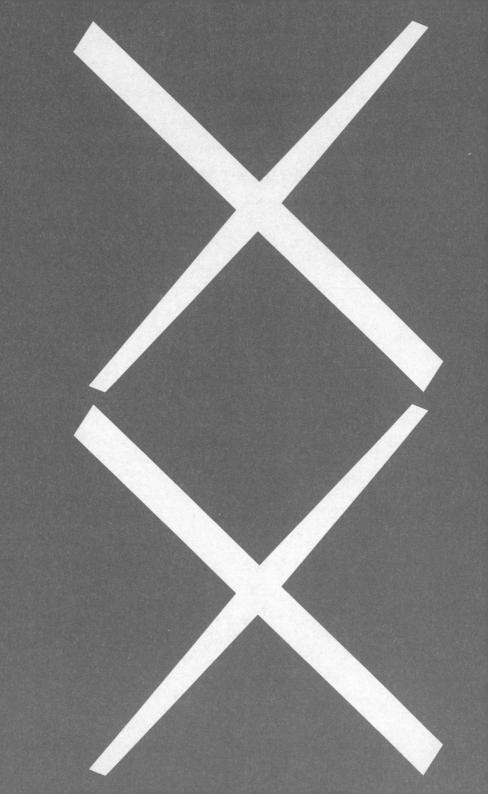

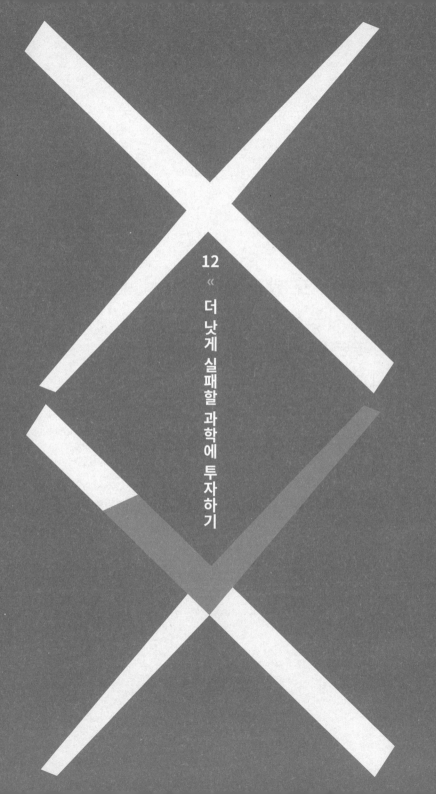

12

《

더 낫게 실패할 과학에 투자하기

장기적으로 봤을 때
예측 가능하게
작동하는 것은
실패뿐이었다.

- 조지프 헬러 Joseph Heller

2차 세계 대전은 거의 과학 기술의 싸움이었다. 그리고 과학 기술은 승리를 거뒀다. 비행술에서 로켓, 레이더, 수중 음파탐지기, 암호 해독술, 그리고 물론 원자폭탄에 이르기까지 과학은 과거 그 어느 때보다도 전쟁을 지배했다. 2차 세계 대전이 끝날 즈음 미국은 지구상 그 누구보다도 발전된 과학 인프라를 소유하기에 이르렀다. 이것으로 무엇을 할 수 있을까? 전쟁 도중에 발달한 과학이 평화로운 시대에는 어떤 역할을 할까? 대통령 프랭클린 루스벨트[Franklin Roosevelt]는 전쟁 중에 바네바 부시(Vannevar Bush, 오늘날의 미국 정치 명문가 이름과는 상관이 없다)를 최초의 비공식적인 대통령 과학 고문으로 임명했는데, 이제 부시는 방어를 위한 과학 연구를 평화로운 시절에 적당한 창의력으로 전환해야 했다.

이 지시는 무척 폭넓었기 때문에 부시로 하여금 의학에서 안보, 교육에 이르는 모든 분야를 고려하도록 재량을 주었다. 그 결과물이 이제 유명해진 보고서 「과학, 끝없는 프런티어[Science, the Endless Frontier]」다. 모든 분야를 아우르는 이 보고서를 통해 부시는 국가 방위와 상관없는 문제에서도 과학 연구를 거의 정부의 책임으로 만드는 구조를 효과적으로 구축했다. 질병에 대한 치료법, 일자리, 경제 발전, 교육, 현대적인 삶을 가져오는 일반 복지 등 사회에 대해 과학이 갖는 가치는 일차적으로 국가의 책임이어야 했다. 오직 정부만이 전쟁을 승리로 이끈 요인들을 이끌었던 만큼 그와 비슷한 노력을 들여 과학을 더 광범위한 공공의 선에 복무하도록 할 수 있다는 것이다.

비록 오늘날의 미국 국립보건원^{NIH} 같은 기관들이 존재하고 의회의 자금 지원을 받지만, 이곳은 진지한 연구 기관이라기보다는 공중보건 서비스(국립보건원의 원래 이름이기도 했다)에 가깝다. 이와 비슷하게 1950년에 설립된 오늘날의 국립과학재단 역시 여러 부수적인 부서들과 함께 과학 연구를 위한 연방 기금을 받아서 사용했다. 하지만 이런 기관들이 오늘날 미국의 모든 과학 연구의 주요 지원자로서 지위를 갖기까지 확장되기에 이른 것은 부시의 노력을 통해서였다. 그리고 이러한 부시의 비전은 과학 연구에 대한 모델이 되어 전 세계로 퍼졌다. 비록 그가 과학이 정치로부터 더욱 독립적이며 자연과학과 보건 과학이 더욱 통합되는 계획을 원했지만, 부시의 정책은 전후 과학에 대한 태도를 사회적인 책임과 주인의식 쪽으로 상당히 전환시켰다. 전쟁 때 총력을 기울였던 만큼 이제는 그때와 동등한 정도의 노력을 인류의 삶을 개선하는 데 들였던 것이다. 이 정도의 막대한 공을 들이기 위해서는 정부의 관리가 필요했다.

이 과정에서 우리는 과학에 총괄적으로 세금을 들이는 일이 사회 전체를 위한 투자일 뿐 아니라 그 구성원인 개인들에게도 이득이 된다는 사실을 암묵적으로 인식한다. 과학이 발전한 사회에서는, 과거나 현재에 과학이 사회 조직의 중요한 일부분이 아닌 사회에서보다

생활수준이 훨씬 높다. 과학의 대부분을 정부에서 지원하는 두 번째 이유는 사회에 그 비용을 전가하기에는 너무 비싸기 때문이다. 비용이 올라가는 데는 두 가지 방식이 있다. 다양한 종류의 실험을 수행하는 데 드는 비용과 기기의 값이 점점 비싸지고 있으며, 더 중요한 사실은 과학자들의 수가 그동안 극적으로 늘었기 때문이다. 오늘날 과학 분야에 종사하는 사람들의 수는 역사상 어느 때보다도 많다. 사실 현재 활동하고 있는 과학자들의 수는 갈릴레오(약 1600년대) 이후로 존재했던 과학자들을 전부 합친 것보다 많다고 추정된다. 그에 따라 해가 갈수록 과학에 책정된 비용도 늘었다. 최근 들어서는 연방 예산이나 GDP 할당량 면에서 상승세가 주춤해지고 심지어는 줄어들기까지 했지만 말이다.

여러분은 어째서 산업계가 직접 비용을 지불하지 않는지 궁금할 것이다. 충분히 그럴 수 있을 텐데도 말이다. 물론 몇몇 산업계는 독자적인 연구 개발 프로그램에 참여하지만, 해당 업계를 건전하게 유지하는 데 필요한 만큼 연구를 무제한 지원해 줄 회사는 없다. 그런 일은 아무리 업계를 이끄는 선두주자라 해도 지나치게 위험하고 모험적이다. 차라리 수익성 있는 신약이나 기기를 개발할 때도 연구 과정을 학계에 맡기고 정부에서 지원을 받도록 하면 비용은 거의 공짜다. 어쩌면 마치 못 먹는 감 찔러나 본다는 것처럼 들릴 수 있지만 이 모델은 실제로 존재하며 꽤 오랫동안 거의 모든 사람들에게 잘 작동했다.

하지만 과학이 대부분 정부의 지원을 받아 공공의 선을 전부 창출한다고 할 때, 우리가 유념해야 할 치명적인 효과가 나타날 수 있다. 한 가지는 이런 경우에 과학은 정책의 문제가 되며, 정부가 검토 위원회나 자문단, 의회 명령을 통해 자기들이 알고자 하는 것을 연구하도록 지시하는데 이것은 자연 세계에서 제공하는 것과는 다를 수도 있다. 정부가 정한 정책과 안건, 달성해야 할 목표, 다스려야 할 질병이 존재하기 때문이다. 물론 가능한 계획을 잘 짜서 돈을 써야 하지만 절대적으로 필요한 것 이상을 계획해서도 안 된다. 그럼에도 우리가 과학을 얼마나 과대평가해 위험한 오만을 부릴 수 있는지는 자문단이나 관리직을 수행하는 현장 과학자를 포함해 선의를 가진 사람들에게도 놀랄 정도다. 그렇기에 책임 있는 관리와 역효과를 낳는 통제 사이에서 균형을 잡는 일은 결코 사소하지 않은 중요한 일이다. 이것은 많은 점에서 실제로 돈을 쓰는 것보다도 오늘날 과학계 지원에 얽힌 난맥상의 중심에 있는 문제다.

오늘날 일반적으로 연구비 자금줄이 빡빡해졌기 때문이든, 자금을 대는 시민들이 의견이 분분해졌든, 또는 사회학자들이 머리를 쥐어짤 만한 다른 이유가 있든 과학 지원에 대한 지형도가 바뀌었다는 점은 확실하다. 그리고 대부분 좋은 방향으로 변화하지 않았다. 지원금이나 프로그램 문제로 옥신각신하기도 하지만 오늘날 과학 분야를 괴롭히는 재정난을 일으킨 한 가지 원인을 꼽기란 불가능해 보인다. 그래도 그 저변에는 과학의 실천과 문화에 가장 악영향을 미친 한 가지 큰 변화가 자리한다. 오늘날에는 과거와 달리 실패에 투자하지 않는다는 점이다.

19세기에는 오직 자산가들만이 과학자 직업으로도 먹고살 수 있었다. 과학자^{scientist}라는 단어 자체도 이런 사람들을 기술하기 위해 생긴 말이다(1833년에 케임브리지 출신의 박식가 윌리엄 휴얼이 만들었다). 당시 대부분의 과학적인 진전은 여기저기 손대고 실험하면서 때로는 실패를 겪을 만한 시간이 있는 부유한 사람들의 몫이었다. 결국 자기 돈을 쓰는 것이기에 당시의 대단한 이론을 내버리든지 미스터리한 현상을 이해하고자 애쓰든지 본인의 권리다. 예컨대 찰스 다윈은 상류 지주 계층이라 비글호를 타고 5년간 탐험 경비를 자기가 충당하고 이후로도 상당한 양의 표본을 수집하고 실어 나르며 관리하는 데 드는 비용까지 댈 수 있었다. 게다가 이후로도 20년에 걸쳐 데이터에 대해 숙고하고 이론을 발전시킬 만한 재력가였다.

한편 그레고어 멘델은 브르노라는 작은 마을의(당시에는 체코슬로바키아가 아닌 오스트리아였다) 구석에 자리 잡은 무명의 수도사였다. 솜씨 좋은 정원사였던 멘델은 완두콩으로 이리저리 실험을 하면서 유전자를 발견했다. 사실 멘델은 이런 실험에 대한 수도원장의 너그러운 지원과 보호 덕에 수도원 정원을 마음껏 이용할 수 있었다. 그가 이곳에서 키웠던 완두콩은 적어도 2만 9,000그루에 이르렀고 수십 번의 복잡한 교배 결과 여러 대에 걸쳐 7가지의 서로 다른 유전형을 골라냈다. 멘델은 고된 작업을 해냈고 당대의 과학 학술지에 실려 널리 알려졌지만 왜 그런지 모르겠지만 후세 사람들에게 잊혔다(이런 현상은 과학 분야에서 그렇게 드문 일이 아니다). 중요한 사실은 수도원장이 그의 작업을 지원해 주었고 멘델 자신이 수도원에서 어느 정도 지위가 있었기 때문에 이런 수고로운 실험에 전념할 시간을 낼 수 있었다는 것이다. 자그마치 7년도 넘게 걸린 실험이었다.

우리는 과학에서 인내력의 중요성을 과소평가하곤 한다. 그런데 인내력은 우리가 실패라는 선택지를 가질 때 비로소 따라온다. 유망한 아이디어지만 궁극적으로는 틀렸거나, 어딘지 옳지 않은 것으로 드러날 수 있는 것들을 추구할 기회가 있어야 한다. 하지만 이런 종류의 도전에 대한 자금 지원은 지난 수십 년 동안 우려스러운 속도로 사라지고 말았다.

과학 활동에 대한 자금 지원은 무척 경쟁이 심하고 제한적이기 때문에 연구자들은 지원을 확실히 받아줄 만한 프로젝트만을 제안하게 되었다. 그렇기 때문에 연구자들이 신청서를 제출하기도 전에 실험을 절반 정도 이미 마치는 것도 꽤 흔한 일이다. 그래야만 나중에 이 실험이 성공적이라고 주장해 자금을 확실히 받을 수 있기 때문이다. 이렇듯 어떤 실험을 제안할 때 그 성공을 사실상 보증하기 위한 '예비 데이터'가 충분히 필요하다. 독립적으로 연구를 수행하는 생물학자이자 노벨상 수상자인 시드니 브레너$^{Sydney Brenner}$는 반농담으로 NIH의 보조금 지원이 이뤄지는 표준적인 과정을 두 부분으로 구별해 설명한다. 하나는 연구자가 이미 수행한 실험들을 발표하는 것이고 다른 하나는 연구자 자신이 앞으로 절대로 하지 않을 실험에 대해 이야기하는 것이다.

과학 분야에서 자금 지원이 부족하고 그에 따라 연구자들 사이의 경쟁이 치열해지면 실패는 발 디딜 구석이 사라진다. 이것이 과학을 위해 좋은 현상일까? 우리는 여기에 대해 주의 깊게 살펴야 한다. 교육 분야와 달리 해답이 명확하지 않기 때문이다. 분명 제한적인 자원과 돈을 더욱 사려 깊게 사용하면 낭비를 줄일 수 있으니 더욱 효율적으로 일할 수 있다. 하지만 다른 측면에서 보면 예상치 못한 돌파구가 생겨날 가능성을 줄여 가면서 단순하고 확실한 발전만을 이루는 것이 과연 효율적인지도 생각해 봐야 한다.

NIH에는 보조금을 지원할 여러 유형을 구별하는 잘 알려지지 않은 시스템이 존재한다. 그중 한 가지 범주는 '위험이 높지만 영향력이 큰' 제안서다. 국립과학재단^NSF에서는 이런 유형을 '혁신적인 연구'라 부르는 경우가 많은데 아마도 패러다임을 바꾸는 연구에 대한 토머스 쿤의 유명한 말을 따랐을 것이다. 이 두 가지는 사실상 동일하다. 위험성이 높고 불확실해서 실패할 확률이 높지만, 일단 성공하고 나면 그 보상은 '판도를 바꿀 만큼' 엄청나게 큰 그런 연구를 말한다. 2013년에는 보조금을 지원받은 약 5,000여 개의 연구 가운데 총 78개의 연구가 이런 범주에 속했다. 약 1.5퍼센트인 셈이다. 하지만 내가 놀랍게 생각하는 바는 다음과 같다. 어째서 애초에 이런 범주가 필요한 것일까? 이 범주는 우리가 지원하는 나머지 모든 연구들과 어떤 관련이 있을까? 예측 가능하고 평범하며, 성공할 확률이 높지만 중요성과 영향력은 아주 적은 연구들 말이다. 우리는 대부분의 돈을(98.5퍼센트) 여기에 투자해야 할까? 우리가 처음에 이런 '위험성 높은 범주'를 만들었다면 실패에 겁을 먹기만 한 것은 아닐 것이다. 우리는 암묵적으로 연구에 대한 보증을 얻는 데 그치지 않고 적어도 실패를 좁고 잘 알려진 영역에 제한 지으려 한다. 하지만 과학에는 실패를 담아 둘 좁고 잘 알려진, 분리된 장소는 존재하지 않는다. 실패할 가능성은 어디든 그 안에 파묻혀 있고, 또 그래야만 한다. 실패에 대한 두려움이 생기는 것은 제도적인 약점이며 정책이 잘못되었다면 개별 실험실에 급속도로 퍼질 수 있다. 특히 위태로운 프로젝트가 '위험이 높지만 영향력이 큰'처럼 겉보기에 그럴듯하게 포장된다면 말이다.

최선의 상태라면 과학은 여러 아이디어들이 퍼지는 거대한 시장이 된다. 다른 시장들이 그렇듯 이 시장 역시 그 대단한 위력 때문에 방해받지 않도록 세심하게 조절되어야 한다. 예상치 않은 자원들이 상호작용하고 자유롭게 교차하는 과정에서 예상치 못한 결과가 나올 수 있다는 점이 그 위력이다. 이렇게 설명해도 이미 혼란스럽지만 이 과정에서 나타나는 진정한 혼란스러움은 아직 시작되지도 않았다. 그리고 이 설명은 혼란스러움을 일으키는 과정에서 예상되는 실패의 가능성을 제대로 포착하지 못한다(3장의 '엔트로피'에 대한 설명을 참고하라).

하지만 불행히도 실패를 어떤 식으로든 측정할 수는 없기 때문에 실패율을 효과적으로 정하거나 조절할 방법도 없다. 내 생각에 그 이유는 대체로 불가피하고 완강한 시간이라는 요소 때문이다. 지금 당장 실패라 보이는 것도 언젠가 새로운 데이터를 입수할 수 있거나 이전에 감춰져 있던 값이 예상치 못하게 드러나면 결국 성공으로 거듭날 수 있다. 과학의 역사에는 이런 사례가 산처럼 쌓여 있다. 예컨대 1950년대까지만 해도 대부분의 훌륭한 물리학자들은 입을 모아 레이저가 결코 불가능하다고 말했다. 그래서 컬럼비아 대학교와 벨연구소에서 일하던 당시 30세의 물리학자 찰스 타운스 ^{Charles Towns} 는 간섭광에 대한 연구를 그만두고 정신을 차리라는 조언을 몇 번이나 들어야 했다. 그런 돈키호테 같은 무모한 연구에 시간과 돈을 낭비하지 말라는 조언이었다. 이렇듯 1950년대에는 실패할 것이 불 보듯 뻔하고 위험하다는 이유로 어떤 회사도 이 연구에 단 한 푼도 지원하지 않았다. 그럼에도 오늘날 레이저는 각종 산업에서 활발하게 쓰이고 있다. 그리고 타운스는 1964년에 이 연구로 노벨상을 수상했다. 그 사이 10년 동안 레이저는 과학적, 상업적으로 크게 발전했다. 아직까지도 계속해서 발전하고 있을 정도다. 그렇다면 레이저가 처음 등장했을 때 이 작업은 어떻게 판단해야 할까? 성공일까, 실패일까?

여느 시장과 마찬가지로 지나친 중앙집권적 계획은 과학을 쉽게 망쳐버린다. 가장 좋은 현대적인 사례는 아마 소비에트 연합에서 국가 차원으로 트로핌 리센코Trofim Lysenko를 지원한 결과 벌어진 재난에 가까운 결과일 것이다. 리센코는 일종의 라마르크주의 유전학을 옹호한 인물이었다. 라마르크 유전학의 매력은 한 세대에서 얻은 형질이 후손으로 전해진다는 주장이었다. 열심히 일하고 정진하면 그 결과가 다음 대에 전해진다는 것은 거의 완벽에 가까운 마르크스적인 생물학 이론이었다. 그렇지만 불행히도 이 이론은 틀렸고, 다른 아이디어와 경쟁하지 않은 채 잘못된 유전학을 따른 결과 수십 년에 걸쳐 흉작을 맞아야 했다(같은 시기에 멘델 유전학을 농업에 도입한 미국과 서유럽은 유례없는 풍작을 맞았다). 소비에트 연합이 붕괴한 데는 여러 이유가 있었지만, 과학적으로 올바르지 않은 유전학을 국가 주도로 농업에 활용한 결과 기근을 맞았던 것도 적잖은 요인이었을 것이다. 그렇다고 국가가 주도한 과학이 이렇듯 언제나 형편없는 결과를 맞았던 것은 아니지만, 분명 그 뒤에는 전부 정치적인 동기가 있다. 예를 들어 이 책을 쓰는 지금 미국의 과학 연구 예산안을 보면 사회 과학에 대한 지원을 급격하게 줄였는데 그 이유는 이런 분야의 연구 결과가 특정 정당의 경제학적 관점에 호의적인 경우가 드물기 때문이다.

한편 최근 들어 라마르크주의에 대해서는 실패의 가치를 보여 주는 흥미로운 결과가 추가되었다. 물론 라마르크주의 유전학은 기본적으로 틀린 이론이고 멘델 유전학이나 다윈주의 진화 이론에 비교했을 때 대물림에 대해서도 전반적으로 옳게 설명하는 데 실패했다. 하지만 최근 라마르크주의 유전학은 후성유전학^{epigenetics}이라는 분야를 통해 귀환했다. 행동적인 특성이나 환경적인 요소가 성인의 게놈을 바꿀 수 있으며 그대로 후손까지 전해진다는 것이다. 하지만 라마르크주의 유전학이 정말로 다시 등장했는지에 대해서는 자유로운 의견 교환이 필요하며 이것을 통해 후성유전학의 제자리를 찾아주어 유전학에 대한 이해를 넓혀야 한다. 따로 떨어뜨려 보면 그저 실수에 지나지 않고 거의 실패에 가까워 보이지만 말이다.

종종 제안되는 대안은 우연한 발견을 있는 그대로 수용하라는 것이다. 대중 언론에서 과학적 발견이 어떻게 이뤄지는지 묘사하는 방식이기도 하다. 하지만 이 관점이 얼마나 잘못되었는지 하나하나 따지느라 장황하게 설명하는 대신(여기에 대해서는 3장을 참고하라) 이런 사례가 '예상치 못한 발견'을 의미하는 것이라 간주하겠다. 우연한 발견은 그동안 소위 기초연구에 자금을 지원해야 한다는 주장을 뒷받침해 주었다. 기초연구란 특정한 응용을 염두에 두지 않은 채 지식의 성장만을 목표로 삼는 연구를 말한다. 이 주장에 따르면 우리는 다음 번 기술의 진전이 어디서 기원할지 예측할 만큼 현명하지 않기 때문에, 근본적인 질문을 던지는 가장 흥미로운 연구에 지원한 다음 그중에서 성과를 거둔 연구가 준 이점을 고맙게 누리는 것만이 유일한 합리적인 전략이다.

이 주장은 결코 사라지지 않는 듯하다. 사람들은 과학 분야에서 나타나는 우연한 발견을 좋아한다. 다만 해당 분야에 자금을 지원해야 한다면 얘기가 달라진다. 그리고 누군가 '우리는 이 흥미롭지만 새로운 아이디어를 탐구하고 운이 따르기를 바랄 겁니다'라고 얘기하면 그 제안서는 분명 거절당하는 제안서 더미 위에 던져질 것이다. 사실 자금 지원줄을 쥔 검토단에게서 들을 수 있는 최악의 이야기는 당신의 연구가 단지 '호기심에 의한' 주제라는 것이다. 여기에 비해, 조금 터무니없게 들릴 수도 있지만 NIH와 NSF는 자기 기관에서 수행하는 연구가 전부 '가설에 의한' 주제여야 하며 다양한 가설이 시험되는 형태로 제안되어야 한다고 밝힌다. 이들에 따르면 호기심 따위는 필요 없고 그것은 어린애라든가 소위 창의력 있는 사람들의 것일 뿐이다. 이런 상황에서 과학에만 헌신하는 똑똑한 사람들이 어떤 연구 주제에 50년은 끈질기게 붙어 있는 정부 기관은 상상하기 어렵다.

이에 최근 유명한 영국 과학자들은 과학자들이 모험을 하지 않으려는 경향이 있다고 주장했다. 특이한 아이디어를 감당할 여력이 없이 좁은 길만 계속 고수한다는 것이다. 2014년 3월 18일자 영국의 「가디언Guardian」지에 실린 '우리는 독특한 과학이 더 필요하다'라는 제목의 공개 항의서에서 영국의 최고 과학자 30명은, 인류가 20세기와 그 이전에 이뤘던 위대한 과학의 진보는 다르게 사고하는 사람들에 대한 지원이 있었고 이들에게 연구의 가치나 쓸모를 성급하게 요구하지 않았기 때문에 가능했다고 주장했다. 또한 이렇듯 규제가 없는 연구가 트랜지스터, 레이저, 전자공학, 전자통신, 핵에너지, 생물공학, 의료 진단 같은 진전을 이끌어냈다고 덧붙였다(이들에 따르면 이것은 지면상 축소된 목록이었다). 이와 비슷하게 몇몇 노벨상 수상자들은 「데일리 텔레그래프Daily Telegraph」지에 '우리 노벨상 수상자들은 자금을 지원하는 관료체계 때문에 과학적 발견이 사실상 불가능해졌다고 생각한다'라는 제목의 편지를 보냈다. 유니버시티 칼리지 런던에서 일하는 지구 과학자 도널드 브래번Donald Braben은 최근 독특하며 호기심에 이끌려 연구를 한 결과 탄생한 500가지의 중요한 과학적 발견에 대한 책을 펴내기도 했다.

이 장을 쓰면서 나는 NIH의 연구 자금을 받았다. 그 과정에서 NIH의 연구 계획서에 공통적인 검토를 거쳤고 그 결과 같은 기간에 같이 검토를 받은 연구들 가운데 상위 8퍼센트에 들 만큼 높은 점수를 받았다. 현재의 기준으로는 '지불선(마치 스포츠 점수를 대상으로 한 내기 등에서 돈을 내야 하는 기준점처럼 다소 불길하게 들리는 용어다)'에 들 만큼 괜찮은 점수였기에, 우리 실험실은 앞으로 5년 동안 연구를 지속하는 데 충분한 자금을 지원받을 것이다. 분명 기뻐해야 할 일이다. 그 지불선에 점수가 못 미쳐 지원을 받지 못하는 사람들보다는 확실히 행복하다. 하지만 나는 이렇게 한 번 지원받기 위해 제안서를 여러 번 써야 했고, 이 과정은 일종의 복권과 같다는 사실을 안다. 많이 참여할수록 확률이 높아지는 게임인 것이다. (선택지가 하나뿐이기 때문에 실제로는 그렇지 않지만.)

이렇듯 매우 중요한 지불선은 기관마다 다양하다. 예컨대 NIH는 다양한 생체의학적 문제를 다루는 27곳의 분리된 연구 기관을 아우른다. 안과 연구소, 암 연구소, 감염병 연구소 등 마음만 먹으면 전체 목록을 쉽게 찾아볼 수 있다. 각 연구소는 독자적인 예산이 있고 자기만의 우선순위를 수립하며 각자 다른 백분위 기준을 통해 연구 계획서에 자금을 지원한다. 이번에는 운 좋게도 내가 연구하는 주제를 담당하는 연구소가 백분율 상위 17퍼센트까지 상대적으로 후하게 자금을 지원했다. 연구소 가운데는 상위 10퍼센트 미만으로만 자금을 지원하는데, 내가 예전에 계획서를 제출했던 한 연구소는 나중에 알고 보니 상위 2퍼센트에만 지원하는 곳이었다! 말할 필요도 없지만 그 지원금은 결국 어디에도 가지 못했다.

그런데 상위 2퍼센트와 20퍼센트 사이에 든 계획서만이 지원을 받을 만한 가치가 있을까? 보조금을 받기 위해서는 적어도 일반 박사 학위나 의학 박사 학위가 필요하며 알 만한 대학교나 연구소 소속이어야 한다. 그 결과 1년에 NIH에 제출되는 2만 5,000건쯤 되는 연구 계획서들은(NSF는 9만 건이다) 정규 분포를 따르지 않는다. 이미 무척이나 선택적인 집합인 것이다. 이렇기 때문에 정말 훌륭한 연구인데도 연구비 지원을 받지 못해 그 영리한 아이디어나 새로운 개념이 한 번도 현실에 적용되지 못하고 누군가의 서랍 밑바닥에서 죽어가는 일도 상상할 수 있다. 이런 타의 추종을 불허하는 잘 훈련받은 과학자들이라는 자원을 전 세계 어느 곳에서 언제든 활용할 수 없는 상황이 과연 합리적인가?

생물학 분야에서는 실패에 자금을 지원하는 가장 성공적이면서 유익한 사례가 바로 암 연구다. 1971년, 당시 미국의 대통령이었던 리처드 닉슨Richard Nixon은 암과의 전쟁을 선포했는데 전쟁이라는 비유를 사용한 이유는 미국인들이 전력투구하는 대상이기 때문이었다. 그 이후로 1,250억 달러가 암 연구에 들어갔고 지난 4~5년 동안에는 1년에 약 50억 달러로 비교적 고르게 투자되었다. 그 결과가 어땠을까? 42년 넘는 세월 동안 1,600만 명이 암으로 목숨을 잃었고 지금은 미국에서 가장 큰 사망 원인이다. 상황이 나쁜 것처럼 보이지만 사실 그동안 우리는 예전에는 치명적이었던 암에 대한 치료법을 숱하게 발견했고 환경적 요인의(석면, 흡연, 햇볕 등) 중요성을 각인시키면서 헤아릴 수 없을 만큼의 질병을 미연에 방지했다.

그리고 애초에는 예측하지 못했던 모든 보조적인 이득을 생각해 보라. 예컨대 백신, 약물 전달 시스템의 개선, 세포 분화와 노화에 대한 세련된 이해, 실험 유전학의 새로운 방법론, 유전자가 어떻게 조절되는지에 대한 발견(발암 유전자뿐만이 아닌 모든 유전자에 대한)은 그동안 암과의 전쟁을 통해 얻은 성과라고 여겨지지 않았다. 우리는 세포 속 생화학적 반응에서 인간과 동물 전체를 아우르는 조절 시스템, 앞에서 말한 환경 요인이 건강에 미치는 영향처럼 생물학의 모든 수준에서 예상치 못했던 지식들을 배웠다. 셀 수도 없을 만큼 엄청난 양의 지식이다. 감히 말하자면 이 암과의 전쟁은 군인들의 전쟁, 특히 최근에 벌어졌던 어떤 전쟁보다도 많은 성과를 거뒀다.

이때 알아 둬야 할 점은 이런 연구들 대부분이 암 치료법을 중점적으로 찾고자 했지만 그 과정이 실패로 얼룩져 있다는 사실이다. 수백, 수천 명의 연구자들이 암중모색을 거쳐 종종 무척 흥미로운 사실을 알아냈지만 암을 치료하는 데는 실패했다. 그리고 이 모든 '실패'가 여러 해에 걸쳐 좋은 성과를 얻었던 이유는 NIH 산하의 기관을 비롯한 암 연구소에서 그동안 상위 25~30퍼센트의 제안서에게 자금을 지원했기 때문이다. 하지만 2011년부터는 이 백분위가 14퍼센트까지 떨어졌고, 2013년에는 이 수치가 7퍼센트에 이르렀다. 제출된 계획서 가운데 오직 7퍼센트만이 미국의 주요 사망 요인에 대한 연구를 하도록 지원받는 것이다. 우리는 과연 이런 상황을 원하는가? 이쯤 되면 뭔가 잘못된 게 아닐까?

아마 더 좋은 질문은 '해결책이 있는가?'일 것이다. 내 생각엔 가능한 해결책이 여럿 존재하지만 이것들은 하나같이 용기를 필요로 한다.

개중에서 가장 쉬운 해결책은 모든 분야의 과학 예산을 늘리는 것이다. 물론 말은 쉽지만 '돈으로 문제를 해결하려 든다'라고 비판을 받기도 쉽다. 하지만 실제로 돈은 문제를 해결하는 수단인 경우가 있고 꽤 효과적이다. 어느 정도는 말이다. 정부는 때로 미심쩍어 보이는 온갖 종류의 프로젝트에 돈을 퍼붓는 것을 방어 전략으로 삼는다. 이들 가운데 무척 역설적인 사례는 2008년에 은행과 투자신탁 회사가 파산하지 않고 불황을 피하도록 정부가 엄청난 돈을 퍼부었던 경우다. 그리고 그 결과는 나쁘지 않았다. 그렇다면 이 경우는 괜찮고 과학 분야는 안 되는 이유가 있는가? 이런 방어적 정책에는 지출을 늘리면서 교육과 연구, 사회 문제에 대한 지출은 낭비라고 여기는 이유가 무엇인가? 은행의 경우에는 이 금융기관이 실패해 무너지기에는 지나치게 크다는 것이 이곳에 자금을 지원하는 변명이었다. 그렇다면 숱한 치료법과 기술적인 진전을 가져오는 과학 연구 인프라 역시 무너지기에는 너무 소중하지 않을까?

어쩌면 문제는 과학이나 교육에 투자하는 방법이 너무도 다양한 데다 무엇이 성공률이 높은 좋은 아이디어이고 좋은 계획서인지 알기가 힘들다는 점일지도 모른다. 과학 분야는 선택의 여지가 무척 다양하기 때문에 그중에서 어느 것을 골라야 할지 어렵다. 암 연구를 예로 들어 보자. 세포 메커니즘 연구, 면역학, 전염병학, 임상 연구 가운데 무엇이 가장 도움이 될까? 그리고 이 영역 각각에 대해서도 세부 전략은 수십 가지로 갈라진다. 하지만 역으로 이것은 과학이 가진 대단한 힘이기도 하다. 선택지와 아이디어가 풍부하고 그중에는 좋은 아이디어도 많다. 결코 어딘가에 얽매이고 제한되려 하지 않는다. 좋은 아이디어의 풀을 축소시키려 하지 않으며 심지어는 어떤 것이 가장 성공적인지를 정할 수도 없다. 사실 그렇게 된 정확한 이유는 우리가 가능한 많은 관점을 유지하는 데 필요한 확신을 가진 채 결과를 예측하지 못하기 때문이다. 이렇듯 내기를 이곳저곳에 걸치는 방식은 많은 투자자들과 도박꾼들이 행하는 아주 좋은 전략이다. 어쩌면 집단의 특성이 달라서일 수도 있다. 하지만 내 생각에는 과학에서도 꽤 좋은 전략인 것 같다.

그렇기는 해도 진짜 문제는 단순히 자금이 불충분해서가 아닐 수 있다. 많은 비슷한 상황에서 그렇듯이 절대적인 금액보다는 그 분배가 더 긴급한 문제다. 이미 과중한 부담을 지고 있는 시스템에 추가적으로 뭔가를 할당해 달라고 로비를 벌이는 것보다는 분배 문제를 해결하는 것이 더 쉬울 수도 있다. 다시 말해 금액을 많이 지원받으면 물론 좋지만, 다른 선택지를 살피는 것은 단순히 대안적인 해결책만을 제공하지 않는다. 과학에 자금을 지원하는 데 대한 몇몇 예상 밖의 관점들을 드러낼 수도 있다.

이제 과학에 대해 정부가 지원하는 최근의 몇 가지 방식을 살펴보자. 이것을 통해 우리는 정부가 무지에 기초해 자금을 지원한다는 사실을 알 수 있다(무엇을 추구하고 있는지 모른다는 뜻이다). 물론 과학은 공동의 재원에서 지원을 받기 때문에 정부의 관리 감독이 이뤄지는 건 당연하다. 하지만 정부는 과학 분야의 안건을 지나치게 세심하게 정의하고 있지는 않은지 주의할 필요가 있다. 정책 결정자들은 제한적인 목표와 집중된 질문을 갖춘 기관의 프로그램을 효율적이라고 여기기 쉽지만, 이런 프로그램은 무지의 정의를 지나치게 좁게 정의할 위험이 있다. 계획적인 목표에 딱 들어맞지 않는 특이한 아이디어를 수용할 여지가 필요하기 때문이다. 우리는 과학 분야에서 모험을 꺼리는 태도를 경계해야 한다. 말로는 쉽지만 관료적인 자금 지원 시스템에 이런 종류의 위험한 장려책을 심어 놓기란 어렵다는 사실도 인지해야 한다. 이 시스템은 스스로의 결정이 몰고 온 결과를 다시 지켜봐야 할 책임도 지기 때문이다.

그렇다면 자금을 구체적으로 어떻게 분배해야 할까? 여기에 따르는 결정은 어떻게 내려야 할까? 그래서 나는 여기에서 오늘날 미국에서 보조금을 지급하는 과정에 대한 내부자의 관점을 살짝 소개할까 한다. 특히 내가 검토자이자 제안자였고 가끔은 수혜자이기도 해서 직접적인 경험을 가장 많이 해 본 NIH의 경우를 이야기하겠다. 우리는 지원금을 받는 전반적인 과정에서 과학자들이 무척이나 투덜대고 신음하는 모습을 많이 접한다. 그러니 여기서는 아마 여러분이 모를 법한 몇 가지 세부사항을 알리고자 한다. 만약 여기에 대해 모르는 상황이라면 어떤 마음가짐을 가져야 할까? 기억해야 할 점은 여러분은 세금을 내는 국민이고 이것은 여러분의 세금이 어디에 쓰이는지에 대한 문제라는 사실이다.

NIH의 검토 과정에서 연구 계획서는 여러 항목으로 나뉘어 점수가 매겨진다. 중요성, 연구진, 혁신, 접근법, 환경이 그것이다. 이때 비록 모든 항목이 동등한 비중이어야 하지만 실은 대개 접근법과 혁신 항목이 계획서의 사활을 가른다. 물론 해당 연구의 중요성이나 그 작업을 수행하는 과학자들, 연구가 수행되는 장소가 중요하지 않다는 이야기는 아니지만 대개는 이미 알려져 있다. 여러분이 계획서를 제출한 이상 그 주제는 당연히 중요하다. 또 연구 계획서는 일반 박사나 의학 박사 학위를 가진 주요 대학의 교수진이 제출하기 마련이며 그러니 연구 환경이라는 기준은 사실상 항상 충족된다. 아주 가끔 생길 수도 있는 일이지만, 나의 경험상 교수의 수가 충분하지 않거나 지원자가 능력이 없다는 이유로 어떤 계획서가 심각하게 비판을 받았다는 이야기는 들어 본 적이 없다. 그러니 그런 이유로 기각되는 일이 없는 건 물론이다.

연구 계획서에서 중요한 부분이라면 바로 접근법인데, 그 이유는 이 항목에서 어떤 실험을 수행할 것인지와 데이터를 어떻게 분석할 것인지, 결과가 무엇을 의미하는지에 대해 서술되리라 기대되기 때문이다. 접근법 항목에서 요구되는 요소 한 가지가 있다면 지원자가 직접 이야기하는 이 연구의 잠재적인 약점과 문제점이다. 또 여기에는 종종 이런 문제점을 피하기 위해 무엇을 할지, 그런 문제가 나타났을 때 어떻게 대처할지에 대한 형식적인 설명이 포함된다. 비록 이렇게 이야기하면 무척 합리적인 것처럼 들리겠지만, 결국 이것은 계획서의 '실패'에 대한 항목이고 엄청난 오류의 가능성을 미리 예행연습 하는 단계다. 의도했든 그렇지 않든, 이 항목은 지원자로 하여금 성공이라는 관점에서 계획서를 쓰게 한다. 다시 말해 공격적으로 물건을 팔게 하는 것이다. 제안서에는 제대로 성과를 보일 실험들이 제안되기 때문이다. 그럼에도 낮은 확률로 성과를 보이지 못했다면 제2의 대안을 제안할 수 있다. 그렇지만 이것은 진정한 과학의 모습이 아니다. 정말로 새로운 발견과 탐구의 길을 열 만한 작업이 아닌 것이다. 만약 지원자가 제안한 연구의 전부 또는 대다수가 성과를 보인다 해도 결국 5년 동안 그가 할 작업은 다음 번 계획서의 예비 데이터로 활용하기 충분한 자료를 얻는 것이다. 그래야 검토자들로 하여금 앞으로 5년 뒤에도 성과를 거둘 가능성이 높다는 사실을 확신시킬 수 있다. 이런 식으로 직업상의 순환 구조가 이어진다. 물론 모두가 이 게임에 대해 알고 있기는 하지만, 이 과정은 연구 계획서를 피상적인 판매 행위에 가깝게 전락시킨다.

더욱 나쁜 사실은 이런 판매 행위가 앞으로 무엇이 이루어질지, 전체 과정이 얼마나 빨리 진행될지에 대한 비현실적인 기대를 조성한다는 점이다. 결국 성공적인 선전이란 그런 것이니 말이다. 여러 상인들(연구 계획서들) 사이에서 경쟁이 일어나면서 이들의 약속은 점점 더 현실과 다르게 부풀려진다. 그러면 나중에 결국 과학자들이 충분히 빨리 성과를 거두지 못했을 때 정치가들은 지원을 아예 끊어

버리거나 기초과학의 연구 결과를 실제 사용 단계까지 연계해 주는 중개연구로 바꾸자고 주장한다. 인간 게놈 프로젝트는 이렇듯 비현실적으로 약속을 한 탓에 부당한 연구비 삭감이 이뤄진 가장 명확한 사례일 것이다. 이 프로젝트에 참가한 과학자들은 의학 분야의 혁명을 약속했다. 하지만 비록 이 연구가 결국에는 인간 게놈의 실제 배열을 제공했음에도 눈에 띌 만큼 임상적인 진전은 이루지 못했다. 그래도 이 프로젝트는 생물학자들이 기초연구를 수행하는 가장 중요한 도구 가운데 하나이며 언젠가는 이런 연구 프로그램이 임상에도 영향을 끼칠 것이다. 프로젝트의 자금줄을 끊어 말라 죽게 만들지만 않는다면 말이다. 어쨌든 우리는 인내심을 갖고 기초연구와 중개연구가 파이프라인을 공유한다는 사실을 알아야 한다. 마치 수도꼭지가 두 개인 것처럼 양쪽을 왔다 갔다 할 수는 없다.

혁신 또한 중요하지만 보다 위험성이 따르는 항목이다. 이 항목을 통해 검토자는 해당 연구가 얼마나 혁신적인지를 1부터 9까지의 점수로 수량화하는 우스꽝스런 작업을 해야 한다. 그런 다음 이 계획서의 어느 부분이 '혁신적'인지를 간결한 몇 문장으로 정리해야 한다. 내 생각에는 아마도 이 과정이 호기심에 넘치는 지나치게 유치한 아이디어라든지 사려 깊은 무지나 창의성에 대한 평가하기 힘든 특성들을 대신하기 위해 의도되었다고 생각한다. 하지만 이래서는 안 된다. 혁신적인 것은 오늘날 참신하거나 신기한 무언가를 뜻한다. 이전에 존재하지 않았던 것으로 나를 황홀하게 해 보라는 것이다. 그렇지만 참신함을 위한 혁신은 호기심과 동일하지는 않다. 혁신은 종종 새로운 기술이나 기기를 사용하는 '기술적으로 세련된' 무언가로 퇴행하기도 한다. 물론 혁신은 공정하게 말하자면 여러 해에 걸쳐 참신한 접근을 취하는 행위가 될 수 있다. 하지만 검토자이자 지원자였던 내 경험에서 보면 이런 사례는 드물다. 실제로 혁신이란 계획서를 작성하는 지원자의 입장에서는 위험한 영역이다. 물론 여러분은 지루하고 평범하며 반복적인 연구를 한다고 비판받고 싶지는 않을 것이다. 하지만 그렇다고 지나치게 혁신적이었다가는 실현 가능성이 한두 계단 떨어지면서 결국 계획서를 몰락시킬 수도 있다. 비록 사려 깊은 검토자라면 이 항목을 활용해 창의적인 계획서로 보이도록 점수를 따겠지만 더 보수적인 검토자가 보기에는 그 계획서가 단지 경솔하다고 느껴져 아예 치워 버릴 수도 있다.

이런 잡기술과 자의성이 넘쳐나는 모든 바보 같은 짓은 자금 지원 과정을 표준화하려는 노력에서 탄생했다. 다섯 가지의 항목으로 맞추어 점수를 매기는 것이다. 언뜻 보면 게임의 규칙이 정해졌다는 것은 좋은 생각처럼 보인다. 모두가 동등한 기회를 갖는 셈이니 말이다. NIH의 웹사이트에서는 "검토자들이 지원 계획서에 점수를 매기는 방법"을 설명하며 계획서에 대한 전체 점수가 "단순한 부분의 합에서 더 나아간 통합적인 형태^{gestalt}를 본다"고 밝힌다. 하지만 누구든 검토 패널에서 일했거나('연구 부문'이라고 불리는데 불행히도 그 영어 약자가 나치 친위대를 뜻했던 SS다) 누군가가 자신의 계획서를 심사했던 적이 있는 사람이라면 이 과정이 내용 없는 허튼소리에 불과하다는 사실을 알 것이다. 그 점수 체계는 한마디로 엉망진창이다. 문제는 이 점수가 호기심이나 상상력, 실패, 불확실성을 드러내지 못한다는 점이다. 그러니 전혀 독창적인 체계라 할 수 없다. 게다가 이런 항목들은 제대로 평가되지 않기 때문에 말 그대로 중간에서 떨어져나간다. 만약 이것이 공정한 경쟁의 장을 만들기 위한 비용이라면(이것이 효과적으로 수행되지도 못하지만) 그나마 가치를 찾을 수 있겠지만 그럼에도 무척 좋지 못한 생각이다. 가끔은 이런 상황이 벌어지는 법이다.

이 모든 것을 제대로 작동하게 만들려면 관점의 변화가 필요하다. 첫째, 우리는 성공에 자금을 대는 대신 실패, 또는 실패할 잠재력에 자금을 지원해야 한다. 만약 과학이 우리가 아직 모르는 것에 대해 이야기하기를 바란다면(내가 봤을 때 유일하게 합리적인 용도다) 성공하지 못하는 숱한 시도에 대해서도 지원금을 주어야 한다. 적어도 당장은 성공을 거두지 못하거나 원래 세웠던 목표를 정확히 이루지 못한 시도에 대해서 말이다. 이것은 우리가 무엇을 지원할지 정하는 방식이 위에서 아래로 향하는 결정이 되어서는 안 된다는 것을 의미한다. 그러면 얼마 안 되는 사람들이 실패에 대한 결정을 내리기 때문이다. 소수에게 지나치게 많은 것을 요구하는 셈이다.

우리는 지금 곤경에 처해 있다. 성공할 확률이 얼마나 되는지에 따라 결정을 내리려 애쓰지만, 경험에 의해 우리 자신이 그런 결정에 취약하다는 사실을 알고 있다. 또한 좋은 실패를 가려내는 데 실패한다면 심각한 손실이 따른다는 점도 안다. 하지만 잠재적인 실패가 무엇인지 판단 내리기란 더욱 더 어렵다. 우리는 좋은 실패와 나쁜 실패, 유용한 실패와 시간낭비, 새로운 정보를 주는 실패와 막다른 끝을 과연 어떻게 구별할 수 있을까?

내 생각에는 이 문제에 두 가지 가능한 해결책이 있다. 첫 번째는 여러 가지 측면에서 가장 좋은 답이지만 사람들에게 수용되기에는 지나치게 급진적이다. 제안서에 대해 최소한의 여과를 거친 상태에서 무작위로 고르거나 부상자를 거칠게 분류하듯이 고르도록 시스템을 바꾸는 것이다. 유니버시티 칼리지 런던에서 일하는 도널드 길리스^{Donald Gillies}는 작고한 제임스 블랙 경(흔히 타가메트로 알려진 시메티딘과 베타 차단제를 발견해 노벨상을 수상한)의 발표하지 않은 한 에세이를 예로 들어 계획서를 일단 거칠게 추린 뒤 무작위로 기금을 지원해야 유능한 사람들에게(다시 말해 이상한 사람들은 걸러내고) 폭넓게 보조금이 돌아갈 것이라 제안했다. 많은 사람들이 혁명적이며 점차 지지자를 늘려 가는 이 주장을 뒷받침하기 위해 광범위한 연구를 했다. 그 가운데는 케임브리지 대학교에서 공부하는 똑똑한 대학원생인 샤하르 아빈(Shahar Avin, 나는 이 문제를 두고 미지근한 맥주를 마시며 그와 토론을 했다) 같은 이와 오스트레일리아, 영국, 미국의 여러 연구자들이 포함된다.

현재 연구자들이 연구 계획서를 작성하고 검토하느라 보내는 숱한 시간들을 생각해 보면, 이렇듯 단순한 로또 방식을 통해 상당한 시간을 절약할 수 있을 것이다. 퀸즐랜드 공과대학교의 보건 경제학자인 니컬러스 그레이브스^{Nicholas Graves}는 2012년이면 오스트레일리아의 연구자들이 계획서 작성에 허비한 총 시간이 5세기에 달할 것이라 예측한 적이 있다. 그리고 이렇게 작성된 계획서 가운데 20퍼센트만이 지원을 받기 때문에 결과적으로 낭비된 시간은 거의 4세기다. 단위에 주목하라. 몇 년이 아닌 몇 세기다! 이런 시간 낭비를 줄이는 것만 해도 무작위 시스템을 도입하는 데 충분한 이유가 될 것이다. 그 결과가 지금의 검토 과정에 비해 눈에 띄게 다르지만 않다면 말이다.

물론 공공 자금을 지원하는 입법 기관에서 항의를 할 게 불 보듯 뻔하다. 또한 과학 연구가 무작위적인 과정에 의해 뒷받침될 수 있거나 그래야 한다는 사실을 납득하지 못한다는 주장도 꽤 그럴 듯하다. 그 과정이 지나치게… 비과학적으로 보이니 말이다. 또한 나쁜 유형의 주장으로 번질 수도 있다. 현재의 시스템이 성가시고 비용도 많이 드는 데다 원하는 결과를 내지도 못하니 그냥 내던져 버리고 다트를 던져 결정하자는 주장이다. 이들은 그래봤자 얼마나 더 나빠지겠냐고 묻는다. 하지만 정말로 우리가 소설가 라블레가 풍자했던 판사 브리들구스보다 나을 게 없는가? 산처럼 쌓인 문서를 읽고 몇 시간 동안 숙고를 하고서야 다른 어떤 무엇보다 신뢰할 만한 방법이라며 주사위를 한 번 던져 결정을 내리던 판사 말이다. 내가 무작위 전략을 거의 합리적이라고 여기는 이유는 오늘날의 지원 시스템이 지나치게 왜곡되었기 때문이다. 하지만 어쩌면 이 시스템은 복잡하게 얽힌 매듭을 풀고 더욱 생산적이던 예전 상태로 돌아갈 수 있을지도 모른다.

그러기 위해서는 두 번째 해결책이 필요하다. 내가 봤을 때는 이 해결책만이 현실성이 있다. 과학 연구 지원에 시장 모델을 도입하는 것이다. 단순히 그것이 효과가 있기 때문은 아니다. 계획서들 간에 벌어지는 경쟁은 각각의 접근법이 펼치는 과학 이론과 창의성이라는 장점, 그리고 호기심의 질에 기초해야 한다. 결국에는 많은 자금이 필요할지 모르지만 지금 당장의 지원 수준으로도 당장 꽤 많은 것을 달성할 수 있다. 이 시장 모델이 작동하려면 두 가지 조건을 만

족해야 한다. 첫째, 자금을 얻어 가는 지원자들이 합리적인 기대를
해야 한다. 그렇지 않으면 제대로 된 연구 계획서 대신 상품 선전 문
구만을 작성하게 될 것이다. 둘째, 창의적인 사고를 허용할 정도로
실패에 대한 여유 있는 태도가 필요하다. 평가와 판단을 생략할 정
도로 여유를 부려서는 안 되겠지만 말이다.

　생물학, 의학 분야의 자금 지원을 할 때 내가 제안하는 계획서의
백분위는 상위 30퍼센트다. 미국의 생물학, 의학 분야가 2차 대전이
끝난 직후부터 20세기의 마지막 10년까지 전 세계를 선도하는 발전
소가 될 수 있었던 배경이기도 하다. 최근 들어 지불선이 내려가면
서 위기가 오고 쇠퇴하기는 했지만, 이런 현상은 심지어는 인플레
이션과도 속도를 맞추지 못하고 성장을 일으키지 못하는 예산안 때
문이다. 나는 더 중요한 이유는 특정한 종류의 중개연구 프로젝트에
위에서 아래 방향으로 예산을 배정한 것이라고 생각한다. 만약 이런
위에서 아래 방향의 예산 배정이 끝나고 돈을 과학적인 이점을 얻을
수 있는 동료평가를 거친 개인적 기금으로 돌린다면 지불선은 수 퍼
센트 안으로 올라갈 것이다. 더 중요하면서 단순한 수정 사항은 단
지 지난 15년 동안의 실패한 정책을 반대로 돌리는 것만으로 전문가
패널에 의한 동료평가라는 원래의 모형으로 돌아갈 수 있고 관리층
의 지시를 줄일 수 있다는 점이다.

　이것은 두 가지의 즉각적이면서도 현저한 효과를 불러일으키는
데 둘 다 내가 성공적인 자금 지원 정책을 위해 무척 중요하다고 여
기는 것들이다. 적용 과정에서 지불선이 높아지면 정직하게 제안된
계획서에 대한 타당한 기대를 창출함으로써 합리성을 복구할 수 있

다. 평가 측면에서 검토 패널들은 예산이 배정된 프로그램에 비해 가치를 평가하는 과정에서 실패를 포함시키는 데 더 뛰어나다. 해당 프로그램은 목표를 설정하면서 종종 비현실적인 예상을 하고 실패를 결코 고려하지 않으려 한다. 동료평가가 완벽한 것은 아니지만 그래도 어느 정도 공이 들어간 과정이며 개선될 여지도 있다. 여기에 비하면 예산 배정은 법이다. 일단 결정되면 바꾸기가 쉽지 않다. 하지만 이것은 최소한 지속적인 변화와 개정으로 특징지어지는 과학의 작동 방식이 아니다.

물리학이나 화학, 수학, 심리학, 다양한 환경 과학에서는 기준치가 어느 정도인지 정확히 모르지만 아마도 비슷한 수준이라 추정된다. 사실 오늘날의 생물학에서 30퍼센트라는 수치가 정확한지도 잘 모르겠다. 하지만 이 수치는 꽤 정확한 값으로 결정될 수 있을 것이다. 기존의 데이터와 훌륭한 수학 모델을 활용하면 우리는 지속적인 성공과 합리적인 경쟁을 보증하도록 자금을 지원하는 데 필요한 최소한의 연구를 수행할 수 있다. 그러면 과학이 젊은이들과 재능 많은 사람들을 끌어들일 만한 매력적인 커리어가 되는 추정치를 포함시킬 수 있다. 그러지 않는다면 다들 큰돈을 벌겠다며 금융 분야에 뛰어들지도 모른다. 이 분야도 기술이 필요하지만 실제로 일을 하는 것은 역시 데이터와 수학적인 도구다. 정량적인 측정치와 몇 년에 걸친 데이터를 적용해 유용한 값을 얻을 수 있는 영역인 것이다. 최악의 경우라도 우리는 시작점으로 삼을 만한 좋은 추정치를 얻을 테고 이것을 적용해 새로운 데이터를 얻을 수 있다. 정말 대단한 실험인 셈이다!

따라서 우리가 시작해야 할 전략은 단순히 특정 프로그램에 대한 위에서 아래 방향으로의 예산 배정을 줄이고, 아이디어와 검토를 시장에 맡겨 과학 예산을 투자할 최적의 장소를 찾도록 해서 지불선을 높이는 것이다. 그러면 궁극적으로는 지불액 역시 상승해야 한다. 과학 연구에 대한 투자가 정부의 어떤 예산 지불 프로그램보다도 큰 보답을 해 준다는 사실을 보여 주는 수많은 연구들이 있는 만큼, 나는 이 문제에 얼마간의 금액을 투자하자는 제안이 무척 합리적이라고 생각한다. 물론 예산 투자는 가능한 현명하게 행해져야 한다. 문제는 우리가 얼마나 현명한지에 대해 스스로 그렇게 현실적으로 바라보지 않는다는 점이다.

우리는 가장 중요한 자원을 쥐고 있다. 바로 열성적이며 잘 훈련을 받아 곧장 일자리에 뛰어들 준비가 된 학생과 박사 후 연구원들이다. 우리의 후속 세대가 당장 일할 준비를 갖추고 여기 존재한다. 실패하고, 또 더 낫게 실패할 준비가 된 사람들이다. 나는 정부에서 과학 예산을 삭감하겠다고 할 때 제일 처음 목표가 되는 것이 주로 대학원 교육 예산이라는 사실이 무척 안타깝다. 동일한 예산에 대해 경쟁하는 사람이 적을수록 학생들은 부담을 덜 수 있다는 게 현실이다. 그렇다면 이런 방식으로 과연 누구를 배제해야 할 것인가? 누가 훌륭한 과학자가 될 것이고 누가 또 다른 목표로 눈을 돌려야만 할지 어떻게 결정할 수 있을까? 어째서 우리는 우리가 갖고 있는 유일한 자원인, 새로운 아이디어를 가진 대학원생과 박사 후 연구원들을 방해하려 하는 걸까? 결국에는 이들이야말로 자기들이 훌륭한 방식으로 실패할 수 있다는 사실을 보여 줄 기회를 누릴 자격이 있다.

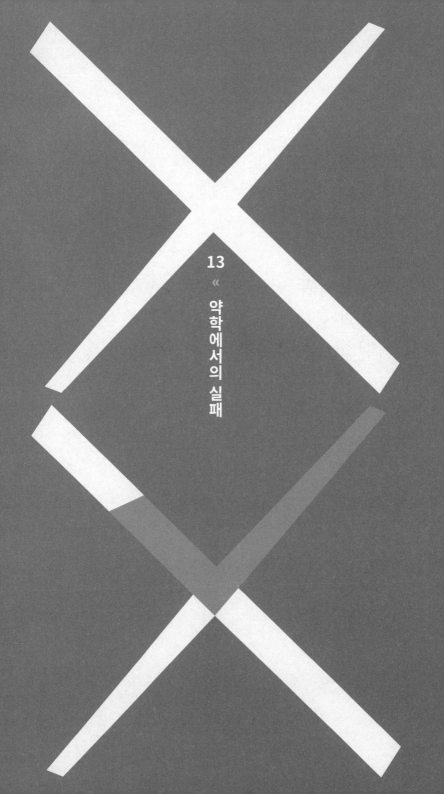

13
《

약학에서의 실패

약리학의 두 번째 법칙은
다음과 같다.
어떤 약품의 특이성은
그 약이 시중에서 판매된 기간이
길수록 줄어든다.

- 미상

××××××✕

나는 대규모 제약 산업을 무척 좋아한다. 과학에서 가장 규모가 크면서 가장 잘 실패하는 분야이기 때문이다. 이 분야는 실패의 횟수가 많을뿐더러 신뢰할 만하다. 이 분야에서 실패가 나타나는 횟수는 믿을 수 없을 정도다. 임상시험을 거치는 약품의 20건 가운데 19건이 승인을 받는 데 결국 실패한다. 게다가 잠재적인 약품의 임상 전 단계 초기로 돌아가면 성공률은 100건 가운데 1건(99건이 실패다)으로 떨어진다. 특히 알츠하이머나 치매 같은 몇몇 영역에서는 성공률이 사실상 0이다. 또한 이런 수많은 실패에 따르는 비용은 막대해서 1건의 실패당 2억 달러에서 10억 달러에 이른다. 다른 산업 분야라면 상업적이든 그렇지 않든 이렇듯 높은 실패율과 비용을 안고도 지속되기가 쉽지 않을 것이다. 하지만 제약 산업에서는 가능하다.

이렇게 얘기했으니 많은 독자들은 거대 제약 산업에 대한 이미지가 나빠졌을 것이다. 하지만 최근에는 이런 제약 회사에서도 상당한 압박을 받고 있다. 산더미처럼 쌓이는 법적 책임은 논외로 하더라도 말이다. 이것 가운데 상당수는 부인할 수 없을 만큼 이들의 책임이다. 왜냐하면 사람들의 목숨을 담보로 하는 사업이기 때문이다. 이

점에 대해서는 어떤 변명도 할 수 없다. 그렇지만 이런 식으로만 생각할 필요는 없다. 실제로도 그렇지 않고 말이다. 1990년대에 국가 규모로 행해진 선거 결과 거대 제약 회사인 머크 사는 미국에서 가장 훌륭한 회사로 뽑혔다. 가장 훌륭한 제약 회사가 아니라 미국의 모든 회사 가운데 1위로 뽑힌 것이다. 오늘날 거대 제약 회사는 대중의 마음속에서 담배 회사나 정유 회사만큼이나 인기가 있다. 이런 회사들은 실제로 불편을 안기는 질병에 대한 치료법을 개발하고 무척 효과적인 약품 몇 가지를 개발해 왔기 때문에 이런 대접을 받을 만하다. 이 회사들은 그동안 거의 인정받지 못한 유산을 남기기도 했다. 오늘날 처방전 없이 구입할 수 있는 약품(여러분이 지불하는 돈은 대부분 포장과 광고비용이지만)인 이모디움, 잔탁, 타이레놀, 베나드릴, 이부프로펜 같은 무척 많은 약품은 이런 제약 회사들이 개발한 상품들이다.

그러면 몇몇 독자들은 과학과 산업을 뒤섞은 것이 문제를 일으킨 원인이라고 추정할지도 모른다. 두 분야는 근본적으로 연관이 거의 없어 보이기 때문이다. 하지만 공학은 사회 차원에서 꽤 도움이 된다. 화학은 꼭 인정받지는 못할지 몰라도 수익성 있고 혁신적인 분야다. 그리고 1990년대 초반을 포함한 몇몇 시기에는 생물학 역시 꽤 대단한 일을 해냈다. 그렇다면 대체 무슨 일이 일어난 건가? 이 주제를 다룬 책이나 논문은 상당히 많다. 하지만 내가 문헌을 조사한 결과 꽤나 흥미로운 편향이 드러났다. 이런 연구들은 시장 분석가나 투자가들이 주도적으로 행했던 것이다. 약품 개발 분야에 종사하는 과학자들이 직접 작성한 논문은 무척 드물었다. 이런 논문에는 그래프와 표가 무척 많지만 전부 약품 하나당 가격이라든지 연구 개발(R&D)에 영향을 주는 경제적인 추세에 대한 것들이다. 나는 과학자이지 사업가가 아니기 때문에 확실히 누가 나에게 투자 조언을 구하는 것은 추천하지 않는다. 하지만 이 모든 제약 업계의 노력 속에 빠뜨린 관점이 있고 내가 그것을 보여 줄 수 있을 듯하다. 모든 게 실패 속에 있기 때문이다.

약물학과 약품의 발견은 극히 높은 실패율에 의해 추동되어 왔다. 그리고 이런 실패율에 대해 분석한 수치는 50년 이상 바뀌지 않았다. 임상적으로 시장성이 높은 약품들은 매년 도입되며 1950년대 이래로 거의 일정했다. 생물학의 극적인 진전과 엄청나게 확장된 질병 관련 지식 기반, 유전체학genomics의 등장, 약품으로 기능할 가능성이 있는 분자를 생산하는 화학 기술의 효율성 증진, 약품의 후보군을 걸러내는 속도를 100배 이상 높이는 기술, 1950년대에 비해 최소한 10배 이상의 과학자들 등의 요인이 있는데도 그렇다. 수십억 달러가 쓰이고 있는 것은 물론이다.

신약 생산 그래프가 지난 60년 동안 평행선을 달리는 모습을 보면 마치 우리의 자연이나 면역계에서 발견되는 신약의 수가 원래 일정한 것처럼 보인다. 외부의 여러 요인이나 발전상에도 불구하고 말이다. 그동안 과학이 발전했을 뿐 아니라 관리와 조직이 바뀌었는데도 생산 속도나 성공률을 높이려는 시도는 무위로 돌아갔다. 지난 20년 동안 제약 업계에는 거센 인수 합병의 바람이 불었고, 그 결과 1990년대에 비해서 대규모 회사의 숫자가 절반 밑으로 떨어졌다. 그럼에도 이런 큰 회사들이 생산하는 신약의 수는 늘어나지도, 줄어들지도 않았다. 이것은 소위 '1+1=1' 효과라고 불린다. 만약 1년에 신약을 2개씩 생산하는 회사 둘이 합병하면 그 회사는 1년에 신약 4개를 생산할 것이다. 따라서 회사의 크기는 중요하지 않다. (인수 합병에 따르는 재정적인 이득이 있기 때문에 이것이 계속 행해진다는 사실은 알아둘 필요가 있다. 하지만 회사의 연구 개발 부문은 이상하게도 규모의 영향을 받지 않는 듯 보인다. 적어도 신약 생산에서는 말이다.)

제약 회사의 생산 라인이 비어 버리면 무척 절망적인 상황이 닥치는데, 마치 새로운 약에 대해 결코 돌파할 수 없는 생물학적인 한계에 도달한 것처럼 느껴지기도 한다. 여러분도 알겠지만 과거의 성과를 보고 미래의 결과를 섣불리 예단할 수는 없다. 그리고 개발된 숫자만이 그 성과를 보여 주는 것도 아니다. 수십 년에 걸쳐 적지만 꾸준하게 신약이 개발되어 왔다. 사실 신약의 꾸준한 생산과 발맞춰서 새로운 기술도 잘 작동하고 있어서 점점 어려워지는 난관을 잘 해결하고 있다. 곤란한 점이라면 제대로 된 지원도 없이 신약 개발을 기대하고 있을 뿐 아니라 개발 비용이 점점 늘어난다는 사실이다.

제약 산업의 투자자들은 무어의 법칙을 따르는 다른 기술 분야를 부러워한다. 마이크로칩의 성능이 약 2년마다 두 배로 높아진다는 법칙이다. 투자자들이 제약 업계에서 관찰하는 바는 정반대다. 연구 개발 비용은 9년마다 두 배로 뛰지만 개발되는 신약의 수는 그렇지 못하다. 투자자들에게 이런 상황은 확실히 생산성이 떨어진다는 것을 의미한다. 신약을 개발하는 비용은 기하급수적으로 계속 늘어나며 이런 추이가 지난 30~40년 동안 이어졌다. 투자의 관점에서 보면 내 생각에도 좋은 상황이 아니다. 하지만 새로운 치료법을 찾는다는 관점에서 보면 이것은 대단한 성공담이다. 사업과 시장은 과학에 비해 실패에 관대하지 못하다. 어렵고 고된 상황인 것이다.

물론 제약 산업도 여기에 대해 반응했다. 연구 개발 비용의 상승과 꾸준한 기술 개발로 인한 비용 저하 효과 사이의 불균형을 '고치고' 해소하려 노력했던 것이다. 그 결과 신약 하나당 드는 비용이 당장 줄어들었고 투자자들은 이전보다 얼굴이 폈다. 하지만 예산이 줄어든 결과 연구 개발 부문에서는 예전보다 도박을 덜하게 되었다. 잠재력이 있지만 위험한 신약 후보군은 예전보다 빨리 버렸다. 그리고 다루기 쉬워 보이는 환자나 고객의 수가 많은 질병에만 치중했다. 다시 말하면 이들은 실패에 대한 인내심을 잃었다. 확실히 이것은 지속 가능한 전략이 아니다. 비용이 감소하겠지만 개발하는 신약의 수도 줄어드는 피드백이 가속화할 뿐이다.

그렇지만 이런 연구 개발 실험실에서 일하는 개별 과학자들이 발견에서 실패가 차지하는 역할에 대해 잊은 것은 아닐 것이다. 이런 바람직하지 않은 과정을 이끄는 것은 실패의 가치를 몰라보는 투자자들이다. 자기들이 그렇게나 자주 비판하는 연방 정부가 하는 행동과 다를 바가 없다. 투자자들은 혁신을 바라지만 그 최종 비용까지 떠안기를 바라지는 않는다. 그렇다, 물론 이들은 떼 지어 다니며 돈을 다른 곳에서 끌어 온다. 그리고 제약 회사를 이끄는 경영자들은 투자자들의 요구를 들어 주고자 예산을 깎고 회사를 다시 조직하며 인수 합병을 단행한다. 그리고 투자자들에게 미래에 더 큰 보상이 따를 것이라 약속한다. 하지만 어떻게 하더라도 열역학 제2법칙을 거스를 수는 없는 법이고 실패라는 형태로 닥치는 엔트로피라는 청구서를 막을 길은 없다.

여기서 사람들이 안타깝게도 간과하는 것은 실패는 긍정적인 성과이기도 하다는 점이다. 양식이 있는 CEO라면 자기 회사가 겪은 실패의 상당수가 돌파구를 가져다줄 것이라고 투자자들에게 약속할 것이다. 돌파구가 당장은 보이지 않더라도 존재하는 건 확실하다고 말이다. 이런 경우에 과거의 일은 미래의 성과를 예측할 수 있다. 실패는 벌어질 것이다. 하지만 그 실패는 지식 기반을 넓혀 주고 새로운 아이디어를 이끌며, 이 새로운 아이디어가 새로운 전략으로 발전되어 종국에는 신약으로 이어질 것이다. 결국 보상을 받게 되는 것이다. 그러니 인내심을 갖고 기다릴 일이다.

나는 앞에서 실패율이 가장 높기 때문에 거대 제약 회사들을 좋아한다고 말한 바 있다. 더 좋은 점은 가격표가 붙어 있기 때문에 값을 매기기도 쉽다는 것이다. 통화는 측정하기 힘든 물건에 적용할 수 있는 최고의 수단이다. (나는 경매 전문 회사를 무척 좋아하는데 그 이유는 미술 작품에 가격이 매겨져 있기 때문이다. 그 가치에 대해서는 동의할 수도, 그렇지 않을 수도 있지만 어쨌든 누군가 이 분야를 잘 아는 사람이 매긴 가격표가 붙어 있다. 예술품은 값을 매기기 가장 어려운 대상인 것 같지만 경매 회사는 달러화를 단위로 해서 그 일을 해 낸다.) 돈을 기준으로 해서 실패를 측정한다는 것은 신약 발견의 비용 대부분이 실패로 여겨질 수 있다는 의미다. 여기에 대해 다른 주장을 하는 사람들도 확실히 많다. 예컨대 엄한 규제라든지 승인 전까지 요구되는 길고 지난한 시험 과정이라든지, 신약이 기존의 약보다 낫다는 증명이 필요하다든지(컴퓨터나 자동차 같은 다른 상품은 결코 그렇지 않다. 시중에 나온 상품보다 품질이 나쁘거나 비슷할 수 있고 그러면 그에 맞게 가격을 붙이면 된다), 특허를 얻기 전까지 해당 약으로 수익을 올릴 시간이 짧다든지, 소위 낮게 달린 과일이(쉬운 목표물이) 없다든지 하는 환경 때문이다. 나는 이런 요소들 때문에 제약 산업이 힘들다는 사실을 의심하지는 않는다. 다만 그것들은 실패율에 그렇게 대단한 영향을 끼치지는 않는다고 생각할 따름이다. 사실 몇몇 경우에는 이런 요소들이 혁신과 발견을 이끄는 데 공을 세우기도 했다. 약품에 대한 규제가 일반적으로 훨씬 느슨한 전 세계 여러 국가들과 비교해 보면, 미국 회사들은 여전히 품질 좋은 신약을 많이 만들어내는 편이다. 여러 제약 요건 때문에 무척 힘들기는 해도 말이다.

그렇다면 신약을 만드는 일이 이처럼 힘든 이유는 무엇일까? 치료에 필요한 병리학 이론이 부족해서는 아니다. 신장이든, 폐든, 심장이든, 간이든, 신경이든, 두뇌든, 기분이나 고통, 감염이나 거부 반응이든, 기회는 널려 있고 목표물은 풍부하다. 그중 하나를 골라잡는 일이 왜 그렇게 힘든 걸까? 누군가는 이제 낮게 달린 열매가 없다고 한다. 바꿔 말하면 쉽게 개발될 수 있는 약품은 이미 다 발견되었다는 것이다. 하지만 그건 과학은 물론이고 어느 분야에서도 통용되지 않는 징얼거림이다. 다만 과학 분야의 조그만 애로사항이 있다면 아무리 대단한 발견이라도 아주 짧은 시간 안에 무척 당연한 것처럼 바뀐다는 사실이다. 그 결과 처음에 그 발견이 얼마나 고되고 힘들었는지는 쉽게 잊힌다. 오늘날 존재하는 모든 약은 실패와 좌절을 숱하게 겪고 힘든 작업을 이어간 끝에 맞은 예상치 못한 돌파구에서 생겨난 결과다.

그리고 내 생각에는 이 문제가 생각보다 훨씬 단순하다. 생물학은 여전히 참신한 주제이며 경이로움으로 가득하다. 진화는 합리적이지 않은 것처럼 느껴지고 지적인 설계자가 존재하지 않는다는 증거가 필요한 사람이 있다면 제약 회사의 선임 연구자와 얘기해 보는 게 좋다. 아무리 실패한 약품이라 해도 처음에는 실제로 잘 작동하는 아주 좋은 아이디어에서 시작했다. 종양 성장이나 뇌졸중, 우울증, 당뇨병, 바이러스 감염, 폐기종 등등이 어떻게 나타나는지에 대한 아이디어 말이다. 하지만 그것들이 합리적으로 설계되었다면 결코 일어나지 않을 예상 밖의 일들이 벌어지고 생물학은 각 단계마다 우리를 애먹인다. 그러면서 연구자들은 겸손해지는 동시에 자랑스러움을 느낀다. 우리가 생물학에 대해 끝도 없이 무지하다는 사실에 한껏 작아지면서도, 그렇게 알고 있는 바가 적지만 뭔가를 알아낸다는 사실에 자랑스러워지는 것이다. 우리가 무지하다는 사실과 함께, 우리가 거두는 실패는 그저 무지의 경계를 드러내는 아주 좋은 표지라는 사실을 알아차리는 것이 중요하다.

하지만 절망할 필요는 없다. 실패는 결코 좌절할 이유가 아니다. 지금쯤이면 여러분도 왜 그런지 잘 알겠지만 말이다. 신약 개발 분야에는 새로운 기회가 많으며, 이렇게 될 수 있는 이유가 바로 그 모든 실패 덕분이다. 여러 해에 걸쳐 면역요법이 각광을 받지 못했던 이유는 자주 실패를 겪었던 데다 이해하기도 힘든 분야라고 여겼기 때문이었다. 하지만 우리 몸속에 살아 숨 쉬는 광대한 미생물총microbiome에 대한 지식이 알려지면서 전에는 고려되지 않았던 새로운 면역계의 기능에 대한 사실들이 밝혀졌다. 이제 전에 실패라고 여겼던 여러 가지가 비로소 이해되었고 면역학을 응용해 약품을 개발하는 새로운 방법이 제안되었다. 그리고 이렇듯 면역을 기반으로 한 요법들은 여기저기서 놀라운 성공을 거뒀다. 여전히 실패가 잦기는 하지만 이 모든 실패는 면역요법의 신뢰성을 더하며 더 풍부한 이해로 이끈다.

또한 대규모의(그리고 더 비용이 많이 드는) 무작위 임상시험이 통계학적으로 믿을 만한 결과를 낸다는 상식과는 달리, 오늘날에는 소규모의 환자 집단이 무언가가 왜 실패했는지에 대한 자세한 지식을 드러내는 경우가 많다. 이런 사례가 대규모 임상시험에서 35퍼센트 이상의 성과를 내지 못하는 그렇고 그런 약보다 더 낫다. 대규모 임상시험은 다량의 데이터를 생산하지만 결국에는 미리 정해진 신뢰도에서 이것 아니면 저것의 이분법적인 결론을 낼 뿐이다. 효과가 있거나 그렇지 않다고 판정하는 것이다. 하지만 우리가 묻고 싶은 질문은 훨씬 많다. 누구에게 효과가 있고 그 이유는 무엇인가? 그리고 정확히 누구에게 효과가 없으며 그 이유는 무엇인가? 몇몇 사례에만 부분적, 한시적으로 효과를 보이다가 멈추는 것은 아닌가? 세상에는 새롭고 예상치 못한 실패가 존재하며, 그 각각이 놀라운 신약을 향해 우리를 한 걸음 더 내딛게 해 준다.

실패는 제약 산업의 최전선이다.

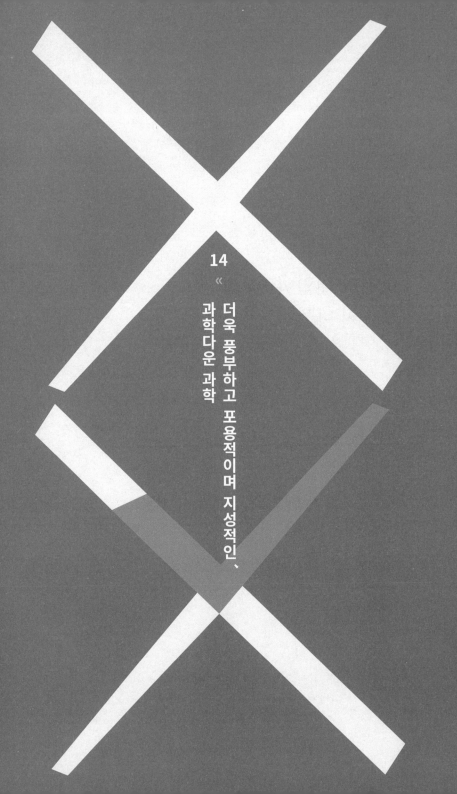

14

《

더욱 풍부하고 포용적이며 지성적인、

과학다운 과학

하지만 내일이면
생각이 바뀔지도 모른다.

　　　　　　　　　- 조지프 프리스틀리^{Joseph Priestly},
　　　　　　　　　　산소를 발견했다고 발표하며

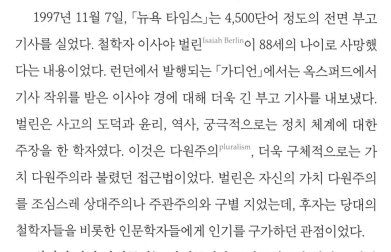

1997년 11월 7일, 「뉴욕 타임스」는 4,500단어 정도의 전면 부고 기사를 실었다. 철학자 이사야 벌린$^{Isaiah Berlin}$이 88세의 나이로 사망했다는 내용이었다. 런던에서 발행되는 「가디언」에서는 옥스퍼드에서 기사 작위를 받은 이사야 경에 대해 더욱 긴 부고 기사를 내보냈다. 벌린은 사고의 도덕과 윤리, 역사, 궁극적으로는 정치 체계에 대한 주장을 한 학자였다. 이것은 다원주의^{pluralism}, 더욱 구체적으로는 가치 다원주의라 불렸던 접근법이었다. 벌린은 자신의 가치 다원주의를 조심스레 상대주의나 주관주의와 구별 지었는데, 후자는 당대의 철학자들을 비롯한 인문학자들에게 인기를 구가하던 관점이었다.

벌린의 가치 다원주의는 상대주의나 주관주의보다 훨씬 급진적이고 부자연스러운 것처럼 보였다. 이것은 '무엇이든 괜찮다'가 아니라 '여러 가지가 괜찮다'에 가까운 관점이었고 조금 더 정확히 기술하자면 '여러 가지를 선택할 수 있다'였다. 벌린은 바람직한 동시에 비교할 수 없는 가치들이 존재하는데 그의 말을 빌자면 이것들은 서로 완전히 달라서 비교 자체가 불가능한^{incommensurable} 가치였다. 즉 둘 이상의 것들이 가치가 있는 동시에 바람직하지만, 서로를 통해 측정이 불가능하며 순수하게 합리적인 기반에서도 둘 중 하나로 결정을 내릴 수 없다는 것이다. 심지어 더 나쁜 상황은 이것들이 서로 갈등 관계일 수도 있다는 점이다. 오늘날 우리가 고민하고 있는 자유와 사생활을 이런 사례로 볼 수 있다. 우리는 둘 다 나름의 가치가 있다고 여기지만 이것들은 하나의 척도로 평가되거나 동일한 단위로 서로 비교될 수 없으며(예를 들어 무엇으로 이것들을 살지에 대해), 둘은 종종 서로 대항하는 관계다. 그럼에도 우리는 둘 사이에서 선택을 내려야만 한다. 상대주의나 주관주의에서와는 달리 어느 한 가지의 가치를 정하는 일은 누군가의 의견이나 개인적인 관점에 따라서가 아니고 심지어는 맥락의 문제도 아니다. 둘 사이의 차이점은 실제로 객관적으로 존재하며 비교 불가능성은 양쪽 모두의 속성이다. 따라서 우리는 비교가 불가능하고 때로는 서로 길항적인 가치와 재화 사이에서 결정을 내려야 한다.

이런 상황은 실존적으로 무시무시하게 들릴 수 있다. 하지만 벌린은 이런 상황을 영광스런 다원주의라는 인간적 조건이 나타난 결과로 여겼다. 이때 우리가 할 수 있는 훌륭한 일은 다원주의의 가치를 인식하고 여기에 참여하며, 이것을 확장하고 진정으로 자유로운 사회 속에서 이 가치를 활짝 꽃피우는 것이다. 영어 속담에 '고양이 가죽을 벗기는 데는 방법이 여러 가지다'라는 말이 있듯이, 누군가의 방식이 다른 누구에 비해 반드시 낫지는 않다. (속담 속에 어째서 고양이가 등장하는지는 나도 모른다. 개인적으로 나는 고양이를 좋아하고, 절대 가죽을 벗기지 않을 것이다.) 다원주의가 창의력을 증진시키는 이유는 사물을 바라보는 여러 방법을 인정하며 우리가 선택할 만한 가치 있는 길이 여럿이라고 여기기 때문이다.

　다양한 선택지를 가지는 것은, 특히 그저 같은 주제의 변주가 아니라 어렵고 서로 비교 불가능한 선택을 하는 것은 자극적이며 포괄적인 일이다. 심지어 어떤 선택을 한 이후에도 다른 사람들은 나와는 다른, 어쩌면 우리에게 깨우침을 줄 선택을 할 가능성이 남아 있다. 우리 모두는 같은 길을 갈 필요는 없으며 그것은 사회적으로는 전체주의이고 개인적으로는 창의성을 해칠 것이다. 벌린은 우리의 행위나 인간 전체의 활동에서 하나의 올바른 길이 있다는 생각에 본질적으로 반대했으며 가끔은 다원성이 합리적이고 논리적인 불일치를 창출한다고도 주장했다. 우리는 이것들과 더불어 잘 살아가야 한다.

　벌린의 저서 가운데 가장 유명한 책은 『고슴도치와 여우^{The Hedgehog and the Fox}』라는 제목의 에세이집이다. 톨스토이에 대한 비평서인 이 책에서 벌린은 고대 그리스의 시인인 아르킬로쿠스^{Archilocus}의 말을 빌린다. "여우는 많은 것을 알지만 고슴도치는 하나의 큰 진실을 안다." 이 말은 작가와 사상가, 예술가 등을 분류하는 기준으로 쓰인다. 벌린의 저서에서 가장 유명하면서 가장 자주 인용되는 구절은 다음과 같다. "나는 한 번도 그걸 심각하게 받아들이려 의도하지 않았다. 재미있는 지적 게임의 일종이라고 생각했지만 어느새 무척 심각하게 받아들여지고 말았다. 그래도 모든 분류법은 무언가에 도움을 주기 마련이다." 이것은 일원론과 다원론적인 태도에 대한 몹시 유용한 약식 구분법이다. 이 에세이에서 벌린은 플라톤, 단테, 파스칼, 니체를 고슴도치로 분류하고, 아리스토텔레스, 셰익스피어, 몽

테뉴, 조이스를 여우로 분류한다. 물론 우리들 대부분은 두 가지 사고방식을 동시에 갖췄다. 벌린에 따르면 톨스토이는 본성은 여우지만 고슴도치의 신념을 가졌다. 다만 다원주의는 여우의 영역이다.

벌린은 가치 다원주의에 대한 자신의 철학을 예술, 문학, 역사학, 정치학, 윤리학에 적용하지만 과학 분야는 거의 무시하고 넘어간다. 내 생각에 아마도 그 이유는 벌린이 단순히 과학에 흥미가 없으며 스스로 충분한 과학 지식이 없다고 느꼈기 때문일 것이다. 자신의 영역이 아니라고 여긴 셈이다. 하지만 과학이 전혀 논란이 없고 절대 변경되지 않는 단순한 일원론적 믿음의 체계라고 믿을 만한 충분한 이유는 없다. 사실은 정반대에 가깝다. 과학은 현재 진행형인 미스터리와 예상치 못한 발견들로 가득하며, 더욱 중요한 사실은 과학 속에는 가장 창의적인 해결책이 나타나는 장소인 역설들이 다수 존재한다는 점이다. 다시 말하면 과학 안에는 흥미로운 실패들이 많이 나타난다. 그렇기 때문에 벌린의 가치 다원주의가 과학 활동에 적용되지 말라는 법이 없다. 이제 과학 실험실 안으로 들어가 다원주의가 이 안에서도 가치를 획득한다는 사실을 살펴보자.

과학은 우주를 관찰하고 기술하는 하나의 방법이다. 그렇기 때문에 애초에 우주 자체가 본질적으로 일원론적이라고 믿을 때 비로소 과학 또한 일원론적일 것이다. 만약 여러분이 우주를 앞으로도 언제나 총체적으로 기술해 낼 대단히 중요한 단일한 설명이 존재한다고 확신한다면, 그 원리나 수학 공식은 발견 가능하며 또한 발견될 수 있을 테고, 이때야 비로소 여러분은 적어도 논리적으로 일원론적인 접근을 택한다고 말할 수 있다. 비록 실용적으로 봤을 때 무척 제한

된 관점으로 보이기는 하지만 말이다. 심지어 단일하게 포괄적인 진실이 궁극적으로 존재한다 해도, 우리가 가진 과학으로는 그 가까이 접근할 수 없는 것처럼 보인다. 그렇다면 우리는 어째서 그럴 수 있는 것처럼 행동할까? 그리고 비록 많은 과학자들과 수많은 대중이 '진정한' 세계란 몇몇 근본적인 법칙으로 설명할 수 있는 단일한 실체라고 믿고 있지만, 이 믿음에 대한 확실한 과학적인 증거는 조금도 없다는 사실을 여기 밝히는 게 좋겠다.

이와는 반대로 일원론적 견해가 증거에 들어맞지 않는다는 꽤 주목할 만한 몇몇 사례도 존재한다. 물리학에서는 빛이 입자인지 파동인지 정하려는 다툼이 있었지만 결국 어느 쪽도 가능하거나 양쪽 다 동시에 가능하다는 이원론적인 관점이 승리하면서 일원론은 폐기되었다. 하이젠베르크에 따르면 물질의 근본적인 특성은 물질을 이루는 기본 입자들이 측정되는 과정에서 일종의 무한함을 요구하는 것이다. 공리로 조심스레 축조되고 논리적인 추론을 거치는 수학에서도, 괴델의 불완전성 정리에 따르면 어떤 논리 체계든 어떤 답이 유일하다고 증명할 수는 없다. 현대 생물학은 이런 곤란한 처지에 부딪히지 않은 것처럼 보일 수도 있지만 그럼에도 훨씬 어려운 문제를 해결해야 한다. 의식과 발생, 심지어는 진화 문제가 그렇다. 이중 어떤 것이든 서로 통약 불가능한 사실들을 포함할 수 있다. 예컨대 이타주의는 진화 생물학의 수수께끼로 남아 있다.

심지어 단순한 설명이 가능한 경우에도 그것이 이해하기 쉬운지는 확실하지 않은 또 다른 문제다. 아인슈타인의 $E=mc^2$는 꽤 단순한 수학식으로 보이지만 그 광범위한 함의는 얼마 안 되는 사람들만

이 알아들을 수 있을 정도로 이해하기 어렵다. 나는 물리학자 프랭크 윌첵$^{Frank\ Wilcek}$의 노벨상 수상 강연에 참석한 적이 있었는데, 그는 유명한 공식에 단순한 대수적 조작을 가한 $m=E/c^2$라는 식만 보더라도 아주 똑똑한 사람들마저 질량에 대한 관념이 명확하지 않다는 사실을 알 수 있다고 지적했다(어떤 물체의 관성은 에너지 요소의 함수로 표현된다). 단순성은, 그것을 얻을 수 있는 상황에서도 다원론적 사고의 대체제가 아니다.

그렇다면 앞으로 돌아가 과학은 벌린이 말한 고슴도치와 여우의 분류법에서 어디에 속할까? 먼저, 여기서 논의되는 주제와 관련 있는 두 종류의 과학을 구별해 보자. 하나는 개인적인 수준에서 일상적으로 수행되는 현장 과학으로, 실험을 하고 결과를 논의하며 문제를 파악하고 해결책을 찾은 다음 논문을 쓰는 과정을 거친다. 그리고 모든 과학자들이 소속해 있으며 각자 다양한 정도로 그것에 관여하는 더욱 넓은 의미의 과학 문화가 존재한다. 예컨대 과학자들은 강의를 하거나 논문과 보조금 지급 문제를 검토하고 특정 위원회에서 활동한다. 고슴도치와 여우는 양쪽 모두에 적용될 수 있으며, 가끔은 고슴도치와 여우의 행동이 그렇듯이 각자의 모습으로 변하기도 한다.

개인적인 수준의 과학은 과학자들이 자신의 작업에 대해 얘기할 때의 입버릇을 통해 흥미롭게 드러난다. 이들은 종종 '내 과학'이라는 어구를 사용한다. 예컨대 '내가 하는 과학은 유전학을 통해 유방암을 연구하는 겁니다', '내 과학은 신경계 속의 전기적 활동의 패턴을 분석하는 것이죠'라고 말하는 식이다. 반면에 법률가들은 '내가 하는 법학은 헌법 수정 조항 제1조에 대한 겁니다'라든가 '내가 하는 법학은 회사 규제에 대합 겁니다'라고 말하지 않는다. 이들에게는 '나의 법학'이라는 것이 없다. 의사들도 마찬가지다. '내가 하는 의학은' 심장병학이라든지 신경학이라든지 하는 식으로 자신의 전공 분야를 얘기하는 법이 없다. 의사들에게도 '내가 하는 의학'이 없다. 반면에 과학자들은 흥미롭게도 자신의 작업에 대해 개인적인 전매특허 같은 관련을 맺는다. 거의 어린아이 같은 열정을 갖는 이런 태도는 일원론적인 고슴도치의 관점을 낳는 것 같다.

이런 일원론적인 접근법이 나타는 원인의 일부는 과학이 기술에 크게 의존하기 때문이다. 실험실이라면 특정 기술이나 절차, 특정 도구의 사용법에 능숙해진다. 입자 가속기나 전자 현미경이든, 분자생물학이나 해부 염색법이든, 줄기 세포나 위성 원격 측정법이든 말이다. 모든 학문 분야와 그 학문의 하위 분야는 자기만의 정교한 도구나 분석 기술을 갖추고 있다. 이런 도구에 숙달하기 위해서는 꽤 많은 대가를 치러야 하며 이것은 과학자들이 가진 전문지식의 상당 부분을 차지한다. 이처럼 과학자들은 하나의 큰 줄기를 아는 상황에서 마치 고슴도치처럼 흥미로운 질문을 찾아 먹이를 구하듯 돌아다니는 것처럼 보인다.

하지만 이런 비유를 지나치게 좁은 뜻으로 받아들이지 말라는 벌린의 경고에 주의를 기울이자면, 과학자들은 단순히 자기가 그럴 능력이 있기 때문에 관찰용 기구를 번쩍거리며 이리저리 돌아다니는 것은 아니다. 적어도 대부분의 과학자들은 그렇지 않다. 실험에 대해 생각하려면 역시 상상력이 필요하다. 복잡하고 정교한 도구를 활용하겠지만 그것이 실험의 전부가 아니다. 또한 과학자들은 끈질기지는 않더라도 지속적으로 실패를 겪을 텐데, 그 이유는 최신의 가장 정교한 기술을 활용하기 때문에 그런 만큼 그것을 충분히 믿을 수 없기 때문이다. 그래서 과학자들은 여우처럼 약삭빨라야 한다.

여러분이 가진 도구상자가 강제하는 내재적인 일원론적 관점과는 별개로, 하나의 아이디어나 하나의 질문에 집중하며 통찰력이 있는 세부사항에 대한 뭔가를 찾아내려는 절실한 열정 또한 존재한다. 이 모든 것들은 일원론적인 고슴도치의 관점을 강화한다. 하지만 나는 이것을 근시안적이라고 부르고 싶지는 않은데, 특수한 영역이라 해도 무척 범위가 넓을 수 있으며 연관된 모든 질문들을 여러분만의 전문지식, 여러분의 커다란 무언가를 통해 접근하고 판단 내리고자 하는 경향 또한 존재하기 때문이다. 하지만 그때 불가피한 실패가 끼어들면서 여러분을 더욱 여우에 가깝게 밀어낸다. 신뢰할 수 있는 기술을 통해 해결책을 찾지 못한다면 여러분은 대안을 고려해야만 하지만 그 대안은 상식이라든지 여러분이 애호하는 가설, 그리고 어쩌면 잘 확정된 사실들을 위반할지도 모른다. 그러면 고슴도치는 잠시 동안 여우가 되는 것이다.

이제 이런 사실을 과학이라는 문화 속에서 과학자들의 역할과 대비해서 살펴보자. 여러분은 경험 많은 과학자들이 실험실 밖에서 벌어지는 문제에 자기 시간의 절반은 족히 사용한다는 점, 그리고 이것은 과학의 기반시설을 다진다는 측면에서 필수적이라는 사실을 알면 깜짝 놀랄지도 모른다. 이런 기반은 학술 정책에서 공간 배정까지 모든 것을 관할하는 정부나 대학교의 위원회에 달려 있다. 이들은 보조금과 논문을 검토한다. 또한 채용이나 승진 문제, 종신 재직권 결정까지도 책임을 진다. 학부생과 대학원생의 커리큘럼을 결정하거나 대학원생 입학 문제를 감독하기도 한다. 이러한 모든 방식을 통해 이들은 과학 분야의 제도를 뒷받침하는 필수적인 작업을 담당한다. 그리고 만약 자기들의 실험실을 직접 운영하는 경우가 아니라면, 이런 여러 영역에서 일원론은 특히 해로운 반면에 다원주의는 무엇보다도 커다란 중요성을 갖는다. 만약 경험 많은 몇몇 과학자들이 분자 유전학이야말로 진정한 과학이며 행동 심리학을 그렇지 않다고 믿는다면, 이런 기반시설 문제에 대한 이들의 결정은 선택과 투표 속에서 일원론을 반영할 것이다.

예컨대 상당수의 과학자들은 어떤 논문이나 보조금에 대한 검토 요청이 자기 전문분야를 지나치게 벗어난다면 그것을 거절하는 게 자기들의 도리라고 여긴다. 하지만 나는 여기에 동의하지 않는다. 지나치게 일원론적인 관점이기 때문이다. 검토와 판단을 내리려면 나름의 능숙함이 필요하며 그것은 실험을 수행하는 것만큼이나 상당한 전문지식을 요한다. 훌륭한 과학자라면 잘 작성된 보조금 지원서를 순전히 엉망진창인 지원서와 구별할 수 있다. 또 좋은 과학자라면 적절한 질문거리를 바보 같은 질문과 구별할 수 있을 것이다. 이것은 그 과학자의 전공 분야가 아니더라도 해당하는 이야기다. 분야가 100퍼센트 일치할 필요는 없다. 하지만 노벨상 수상자의 절반 정도는 그 큰 상을 받기 전에는 보조금을 지원하는 단체나 학술지의 소위 전문가 패널로부터 거절 편지를 받았다고 한다. 그러니 아무리 전문가라고 해도 완벽하지는 않다. 그리고 이렇듯 뭔가를 빼먹고 빠뜨리는 실수는, 열린 마음과 신선한 관점에서 비롯한 오판을 통해 몇 가지의 나쁜 과학 프로젝트에 자금을 지원하는 바람에 예산을 약간 낭비하는 것보다 과학의 진보를 훨씬 해칠 수 있다.

이와 비슷하게 연구비를 어디에 지원할지 결정하는 문제에서도 사안이 아직 안정되지 않은 선택지를 가능한 많이 허용하는 급진적으로 다원론적인 과정이 최선이다. 극복할 수 없는 문제에 정면으로 부딪혔는데 새로운 방향으로 나아갈 대안이 전혀 없다는 사실을 갑자기 알게 되면 여러분은 무척 슬플 것이다. 다원주의가 갖는 가장 중요한 가치 가운데 하나는 아무리 큰 실패라 해도 그렇게 대단한 재앙을 일으키지 않는다는 점이다. 만약 한 가지가 실패했다 해도 대대적인 파멸을 맞지는 않는다. 19세기 미국의 실용주의 철학자이자 과학자였던 찰스 샌더스 피어스^{Charles Sanders Peirce}는 과학이 여러 약한 연결고리로 이뤄진 발견과 방법론의 사슬이 아니라, 여러 개의 얇은 줄이 복잡하게 얽혀든 케이블이라는 훌륭한 비유를 한 바 있다. 줄 몇 개가 끊어진다 해도 케이블 전체의 강도가 심각하게 약화되지는 않는다.

이런 종류의 가치 다원주의를 수용하면 우리는 상당한 실패 위험을 감수해야 한다. 성공으로 이끄는 다양한 연구 수단과 마찬가지로 오직 한 가지만이 성공하고 나머지는 시간과 돈을 낭비할 뿐이다. 이런 상황을 회피해야 할까? 한 마리의 말에 모든 자금을 거는 것은 좋은 전략이 아니다. 성공적인 투자자라면 다들 그렇게 조언한다. 다원주의를 수용하는 데 따르는 대가는 실패에 대한 내성과 인내심이다. 우리가 그 결과로 얻게 되는 것은 더욱 풍부하고 포용적이며 지성적인 과학이다. 내 생각에는 이것이 그렇게 나쁜 거래가 아니다. 물론 약간은 대가가 따를 게 분명하다. 하지만 그럼에도 손해 보는 장사는 아니다.

신경생물학이라는 분야는 아마도 독특하지는 않더라도 전형적인 현대 과학의 사례일 것이다. 이 분야는 경합하는 일원론이 여럿 존재하는 상황 탓에 고통 받고 있는데, 이것은 진정한 다원성과는 차이가 있다. 신경생물학자들 사이에는 원숭이보다 '하등한' 동물의 뇌를 연구하는 것은 시간낭비라고 여기는 사람들이 있다. 반면에 정교한 유전학적 조작을 가능하게 만든 생쥐가 아니면 다른 생물들을 대상으로 연구하는 것이 쓸데없다고 여기는 학자들도 존재한다. 세포 신경생물학자들은 우리가 결코 마음을 이해하지 못할 것이라 믿지만(마음이라는 것이 존재한다면), 인지 신경생물학자들은 우리가 단일 뉴런에 대한 모든 것을 알아낼 수 있지만 그 지식은 두뇌가 작동하는 방식에 대해 거의 아무것도 말해 주지 않을 것이라고 생각한다. 그리고 이것들은 모두 그럴 듯하며 가치 있는 관점들이다! 이것이 바로 다원주의라 할 수 있다. 여러 관점들이 전부 옳으며 뒷받침할 만한 전략들이다. 그럼으로써 우리는 생기가 넘치는 두뇌 과학을 갖게 된다. 신경계처럼 복잡한 무언가가 단일한 원리에 의해 설명될 것이라고 생각하는 사람이 진짜 있을까?

오스트레일리아 출신의 로봇 공학자이자 친구 같은 로봇 백스터로 잘 알려진 로드니 브룩스Rodney Brooks는 수십 년에 걸쳐 로봇이 어떤 존재일 수 있는지에 대해 고민해 왔다. 브룩스는 자신이 다원주의자인 것은 물론이고 그가 만든 로봇들 또한 다원주의자다. 브룩스에 따르면 한 번은 NASA와 어떤 임무를 수행하기 위해 로봇 하나를 만들어 달라는 계약을 체결한 적이 있었다고 한다. 하지만 로봇이 실제로 작업하는 공간이 위험했기 때문에 무게에 대한 제한이 따랐고 몇몇 절차를 무시해야 했다. 이에 브룩스는 수백 개의 조그만 로봇을 만들겠다고 제안했는데, 그러면 총 무게는 이전과 동일하지만 일단 탐침이 지면에 닿으면 수많은 곤충 떼처럼 다양한 작업을 수행할 수 있었다. 또한 그중에 여러 마리가 실패한다 해도 여전히 충분한 숫자가 남아 있기 때문에 쓸모 있는 데이터를 수집할 수 있었다.

곤충 문제가 나오자 스미소니언박물관에서 근무하는 곤충학자인 마크 모페트(Mark Moffett, '곤충 박사'라는 이름이 붙은 그의 웹사이트는 무척이나 정보가 풍부하고 흥미롭다)는 개미의 군집이 이런 다원주의적인 설계대로 작동한다는 사실을 지적했다. 비록 개미는 엄청나게 많은 구성원이 각자 일원론적인 의무를 수행하는 초유기체처럼 보이지만, 외부 세계에 대한 정보가 필요한 경우에는(군집 근처의 식량이나 적 같은) 상당수의 구성원을 그곳에 보내며 이들 대부분이 필요한 정보를 찾기 전에는 결코 군집에 돌아오지 않는다. 이런 방식으로 군집은 무척 성공적으로 자기 존재를 이어간다. 스스로를 고슴도치에서 여우로 변화시켰다가 다시 돌아오는 것은 무척 훌륭한 전략이다. 우리는 개미에게서 지혜를 빌려야 할 것이다.

더욱 믿기지 않는 자료는 일신교의 기록에서 찾아볼 수 있는데, 예컨대 탈무드에 나오는 한 이야기는 다원주의적 사고의 매우 역설적이고 심오한 속성을 포착해 낸다. 한 랍비가 경전의 일부를 강의하다가 한 학생에게 해당 구절을 해석해 보라고 시켰다. 학생이 자기 나름의 해석을 얘기하자 랍비는 '아주 좋아요, 정답입니다!'라고 말했다. 그 다음에 랍비는 두 번째 학생에게 같은 구절을 해석하게 했고 이 학생은 첫 번째 학생과 정반대의 내용을 발표했다. 하지만 랍비는 또 이렇게 말했다. '아주 좋아요, 정답입니다!' 그러자 세 번째 학생이 항의했다. '랍비, 두 사람이 둘 다 옳을 수는 없잖아요.' 이 말을 듣고도 랍비는 이렇게 말했다. '아주 좋아요, 정답입니다!'

과학에서 나타나는 다원주의는 철학 분야의 문헌에서 점점 흥밋거리로 부상하는 중이다. 과학철학은 일상적으로 수행되는 과학에 대해 언제나 직접적인 관련성을 갖지는 못하기 때문에 과학자들은 과학철학을 완전히 폄하하거나 사실상 무시하는 경우가 많았다. 내 생각에는 이런 과학자들은 실수를 저지르고 있는 셈이지만 이 주제에 대해서는 다른 지면에서 또 다룰 기회가 있을 것이다. 하지만 다원주의와 함께 그것과 연관된 새로운 아이디어들은 이른바 '내가 하는 과학', 그리고 우리가 과학이라 부르는 활동을 어떻게 수행하는지에 대해 아주 직접적인 관련을 가질 수 있다.

다원주의적인 관점은 종종 과학의 고유한 특성이라 여겨지는 불확실성과 의심에 대응하기 위한 연구 기반을 제공한다. 다원주의는 과학적 지식을 획득하는 과정에서 나타나는 실패와 무지의 가치를 받아들인다. 불확실성과 의심, 무지와 실패가 좌절이 아닌 창의성의 원천으로 전환되는 것이다. 다원주의가 과학에서 이론과 접근법이 갖는 다양성을 수용하는 데 비록 완전히 틀렸다 해도 마찬가지다. 다원주의는 당분간은 불확실하게 남아 있는 무언가를 인정한다. 또한 불확실한 과학은 불건전한 과학과 동일하지 않다는 사실을 알려

주고, 과학자들뿐만 아니라 우리 모두에게 그 두 가지를 구별하도록 촉구한다. 우리가 대안적인 설명이 서로 공존할 수 있다는 사실을 인정한다면(적어도 당분간은), 가능한 설명이 유일하게 옳은 설명이 될 필요가 없다는 사실을 이해하는 게 중요해진다.

다원주의적인 구도 안에서도 선택을 하는 것은 가능하다. '가치 다원주의'라 불리는 것도 바로 이런 이유에서다. 모든 것이 동등하지는 않다. 벌린에 따르면 여러 아이디어 사이의 동등성은 다원주의의 중요한 요소가 아니다. 중요한 것은 더욱 단순하지만 덜 엄격한 상대주의의 일종이다. 오늘날 유행하는 소위 '무엇이든 가능하다'라는 관점인 것이다. 일원론을 따르면서도 선택을 할 수는 있다. 다만 한 가지만 제외하고 다른 모든 관점을 제하기 때문에 그 선택은 더욱 극단적일 것이다. 다원주의는 여러 가지를 허용하지만 무엇이든 허용하는 것은 아니다.

여러분이 항의하는 소리가 들리는 듯하지만 계속하자면, 일단 선택의 문이 열리고 나면 뭔가를 들여보내고 뭔가를 배제하는 결정은 어떻게 내려야 할까? 이것은 우리가 인식 가능하고 올바른 한 가지 방식을 선호함으로써 세상을 지저분하지 않도록 정리하려는 지적인 나태함에서 탄생한 얄팍한 논의다. 깔끔하게 정리하는 건 좋다. 하지만 그 과정에서 세상의 풍부함 또한 같이 사라진다는 사실을 잊어서는 안 된다. 가치 다원주의를 택하더라도 뭔가를 판단할 수는 있다. 하지만 그 판단이 유일한 승자로 압축되지는 않는다. '모든 길은 로마로 통한다'라는 속담이 있기는 하지만 모두가 한 갈래 길에 몰려드는 것보다는 다양한 길이 있어야 여행길이 더욱 흥미로워질 것이다. 또한 그 한 갈래 길에 사고가 생긴다고 해도 로마의 무역이 통째로 멈추지는 않는다. 어쨌든 로마로 가야겠다는 사람이라면 이 비유가 설득력 없다고 여길지 모르지만 그래도 하려는 말은 전달되었으리라 믿는다.

그렇다면 실패에 대한 이런 관점과 다원주의를 생각해 볼 때 과학은 인류의 다른 노력이나 인식론과 어떻게 비교될까? 사업이나 경제, 정부, 예술과 견주면 어떨까? 내 생각에 이 가운데 예술이야말로 가장 과학과 유사한 것 같다. 예술은 창의성과 발견을 충전하기 위해 실패와 무지, 불확실성과 의심을 필요로 한다. 또한 예술은 다원주의를 유지할 때 최선의 상태를 얻을 수 있다. 비록 일시적으로 단순한 유행과 변덕이 자리를 차지하는 경우도 종종 생기지만 말이다. 하지만 사업은 근본적으로 다르다. 사업 분야에서는 승자가 모든 것을 가져가는 윤리학이 지배적이다. 사업에서는 경쟁을 용인하는 것이 아니라 그것을 게걸스럽게 집어삼켜야만 성공을 거둘 수 있다. 사업에서는 독점이야말로 궁극적인 승리이며, 따라서 그것을 억누르는 법적인 개입이 필요하다. 물론 숱한 경영 서적에서 실패와 위험 부담을 격찬하지만 결국 그것은 업계를 지배하려는 전략에 복무할 뿐이다.

비록 이사야 벌린이 정치와 문화 분야에서 다원주의를 열정적으로 옹호했지만 내가 봤을 때 오늘날의 담론에 이런 이야기는 거의 없다. 정치는 확실히 승자가 모든 것을 가져가는 게임이 되었다. 자유 민주주의와 입법 심의 과정과 연관된, 다원주의라는 애초의 아이디어는 유일하게 옳은 길을 추구하려는 열정 속에서 전부 사라지고 말았다. 유권자들은 뭔가를 선택하는 사람이 아닌 믿는 사람이 되었고, 여러 대안들은 옳음이 주는 거만함으로 얼룩졌다. 물론 여전히 이것 또는 저것을 선택할 수 있는 대안이 존재하기는 한다(여기서 보수 대 진보, 민주당 대 공화당이라고 말할 수도 있지만 이런 용어들은 고유의 의미를 잃었고 패권을 쥐어야 한다는 기본 방침을 따르는 것처럼 보인다). 오늘날 어느 한 편에 참여한다는 것은 그들의 슬로건을 지겹게 반복하는 행위를 의미한다. 여기에는 실패도, 가치 있는 실패도, 정치나 통치 행위도 필요 없다. 난장판이 펼쳐질 뿐이다.

산업을 통해 과학과 사업 양쪽에 걸쳐 있는 기술은 잡종 키메라의 흥미로운 사례. 기술은 처음에 과학이 발전하는 단계에서 다원주의적일지 몰라도 결국에는 일원론적으로 변한다. 예컨대 1970년대 비디오카세트 녹화기가 처음 시중에 등장했을 때는 두 가지 형태 가운데 하나를 선택할 수 있었다. 이 두 가지는 양쪽 다 쓸 만 했지만 서로 호환되지는 않았다. 소니의 베타맥스와 JVC의 비디오 홈 시스템^{VHS}이 그것이다. 결국 둘 사이에 전쟁이 벌어졌고, 이제는 경영학 수업의 고전적인 사례 연구 거리가 되었지만 채 10년이 되지 않아 VHS가 승리를 거두며 베타맥스를 역사의 뒤안길로 밀어냈다. 하지만 양쪽 시스템 모두 장점이 많았고 그것을 통해 여러 좋은 아이디어를 계속해서 발전해 나갈 수 있었다. 그럼에도 말 그대로 두 개의 시스템은 호환이 불가능했다. 수십억 달러 규모의 산업이었지만 다원주의적인 가치보다는 무척 절대적인 통화 정책을 고수하는 기술로 통제되었던 셈이다. 그 결과 베타맥스는 흔적도 없이 자취를 감췄다.

이보다 훨씬 강력하고 오래 지속되었던 전투는 개인용 컴퓨터 산업에서 촉발되었다. 운영체계를 두고 죽을힘을 다해 싸웠던 마이크로소프트와 애플의 이야기에 대해서는 이미 여러 매체를 통해 여러분도 들어 봤을 것이다. 나는 전 세계 개인용 컴퓨터에 하나 이상의 운영체계가 깔려 있는 상황도 나쁘지 않았을 거라는 사실을 지적하고 싶다. 하지만 애플이나 마이크로소프트가 보기에는 그것이 종교적인 배신이나 다름없었다. 이런 독점적인 사고방식 탓에 하마터면 컴퓨터 운영체계는 하나밖에 남지 않을 뻔했다. 애플이 거의 사라질 뻔했기 때문이다. 그리고 여기에 대한 반작용이었는지 구글이나 리눅스 같은 새로운 선수들이 경기장에 등장했고, 운영체계는 다원주의를 지킬 가능성이 보인다. 그런데 진짜로 컴퓨터를 구동시키는 방식이 단 하나 뿐인 상황이 말이 되는가? 만약 그렇다면, 우리가 첫 번째나 두 번째로 생각해 낸 것이 최선일 가능성이 과연 얼마나 될까? 이런 주장은 빌 게이츠라든지 스티브 잡스나 할 법하다. 어쩌면 그들의 후계자들은 여전히 그런 생각을 하고 있을지도 모른다. 혁신의 수장이라는 가면을 쓴 실리콘 밸리의 여러 승자독식 자본가들과 함께 말이다.

여기서 종교와도 비교를 할 수 있을지 모르지만, 다들 그 논의만큼은 피하겠다는 내 의견에 동의하리라 믿는다. 1660년에 설립된 영국의 왕립학회는 역사상 거의 최초의 과학 협회이지만 그 헌장에는 종교나 정치에 대한 언급이 일언반구도 없다. 확실히 그런 규정이 있어야만 협회가 장수하는 데 도움이 될 것이다. 나는 앞에서 정치 문제를 잠깐 언급하는 실수를 저지르고 말았는데, 종교 얘기를 꺼내는 치명적인 실수만큼은 피해야겠다.

　그리고 일단 반대의 목소리가 들리지 않으니(물론 이 책을 내 집에서 쓰고 있으니 당연하긴 하지만), 독자 여러분이 지금쯤은 다원주의가 바람직하다는 사실을 다들 받아들인다고 가정하겠다. 하지만 알아 둬야 할 사실은 다원주의에도 요구 조건이 있다는 점이다. 만약 뭔가가 알려져 있고 여기에 관심이 있는 모든 전문가들의 합의를 얻었다면, 단순히 다른 방식으로 작동하지 않는다는 점을 증명하지 못했다는 이유만으로 새로운 모델을 개발하는 것에는 역효과가 따른다. 예컨대 밤하늘 행성의 위치가 내 소중한 인생에 영향을 주지 않는다는 사실을 증명할 수는 없다. 하지만 영향을 준다는 사실을 뒷받침할 증거는 없는 반면에 반박할 증거는 많기 때문에 그 문제를 계속 밀고 나갈 이유는 별로 없다.

　동시에 무언가가 모두를 만족시켰다고 해서 다른 모든 것이 이제 쓸모가 없어 폐기되어야만 하는 것은 아니다. 결국 한때 확립된 중요한 지식처럼 보였던 것들이 나중에는 불완전하다는 사실이 알려졌다. 절대적인 시공간 개념이라든가 생물학적 생기론, 심지어는 원자에 대한 개념도 그랬다. 일반적으로 수용된 지 몇 년, 수십 년이 지나면 교체되어야 하거나 적어도 변화가 필요한 부정확한 설명이라는 사실이 밝혀졌던 것이다. 하지만 그것이 강력한 모형이나 이론의 경우에는 변화의 문턱이 보다 높았고, 새로운 체계가 그 자리에 들어서려면 강한 증거가 필요했다. 이것은 일원론적이라기보다는 합리적인 생각이다. 또한 상대주의나 주관주의와는 달리 다원주의가 어째서 잘 작동할 수 있는지를 보여 준다. 다원주의는 일원론이나 상대주의, 주관주의에 비해 훨씬 유지하기 힘들다. 인내심과 의심을 품는 마음이 동시에 필요하기 때문이다. 조금은 역설적이지만 다원주의는 인내심과 경계심, 넓은 마음과 회의주의라는 서로 통약 불가능한 가치들을 인정한다.

＊ ＊ ＊

이야기가 길어졌으니 이제 요약을 하고 다원주의와 실패를 잇는 확실한 연결고리에 대해 밝힐까 한다. 실패와 무지, 불확실성, 의심은 모두 과학에서 무척 중요한 요소들이다. 만약 무지와 불확실성, 의심, 그리고 잠재적으로 높은 성공률과 마주했을 때 다양성과 양쪽 걸치기 전략을 받아들인다면 여러분은 다원주의자다. 야영객 한 명이 분명 아까 전에 있었다가 사라졌다면 어떻게 해야 찾을 수 있을까? 수색대를 전부 같은 길로 보냈다가는 찾아낼 확률이 높지 않다. 수색대를 여러 갈래의 다양한 선택지로 보내야 한다.

다원주의는 또한 실패의 확률도 높인다. 선택지를 펼쳐 놓는 것이 최고의 방법처럼 보일 수 있지만 그 말은 대부분의 수색대가 야영객을 찾지 못할 것이라는 뜻이다. 이와 비슷하게 과학 분야에서 대부분의 연구 과제에는 하나 또는 소수의 정답이 있을 테고(5장, '실패의 진실성'을 참고하라) 혹시 여럿이라 해도 그 답이 서로 완전하게 통약 불가능하지는 않을 것이다. 몇몇 거만한 물리학자들이 여러분에게 장담하듯 모든 과학 분야가 물리학으로 환원될까? 나는 여러분 앞에 확실하게 얘기하지는 못해도 아마 그렇지 않을 거라 생각한

다. 아무리 그 말이 옳다 해도 물리학만 연구해서는 그 사실을 알아
내지 못할 것이다.

　나는 이제껏 과학 분야에서 현재 진행형인 연구의 설명 방식에
대해 두 가지 관점이 있다고 이야기했다. 일원론과 다원주의가 그것
이다. 내가 지지하는 관점은 확실히 다원주의다. 더 나아가 나는 다
원주의를 실천에 옮기는 근본 원리가 실패를 수용하는 것이라고 주
장한다. 어쩌면 여기에서 더 나아가 실패야말로 다원주의를 위해 필
요한 조건이고, 재앙을 일으키지 않으며 사람들에게 잘 받아들여
진 실패는 다원주의를 가능하게 하며 심지어는 촉진시킨다고도 주
장할 수 있을 것이다. 반대로 말하거나 양쪽 다 옳다고 말할 수 있을
까?

　나는 한동안 이사야 벌린의 저서를 추종했고 그 내용을 과학에
적용하는 데 언제나 관심을 가졌다. 그러던 중에 다행히 케임브리
지 대학교의 과학사 및 과학철학 과정의 방문 학자로 들어가게 되었
고 장하석 교수를 비롯해 장 교수가 소개해 준 많은 이들과 토론하
며 우정을 쌓았다. 다원주의에 대한 내 언급은 여러 과학에 대한 해
설자와 철학자들의 견해를 따른 것인데, 그중에는 낸시 카트라이트
Nancy Cartwright, 스티븐 캘러트Stephen Kellert, 헬렌 론지노Helen Longino, 이스라
엘 셸퍼Israel Schelffer, 엘리엇 소버Elliot Sober를 비롯한 여러 학자가 포함된
다. 하지만 나는 다원주의를 논할 때 토머스 쿤이나 파울 파이어아
벤트Paul Feyerabend 같은 철학자들의 주장은 피했는데, 그 이유는 그들
의 논의가 지나치게 복잡해서 이 책(그리고 이 책의 저자)에 적합하지
않다고 여겼기 때문이다. 또한 개인적으로는 그들의 주장이 내가 이

책에서 논의하는 내용과는 겹치지 않으며 솔직히 말하면 관련성이 적다고 생각한다. 그리고 이 책은 학술적인 출판물이 아니기 때문에 참고한 내용을 직접적으로 인용하지는 않았다. 불쑥 끼어드는 주석과 인용 때문에 독자들이 글을 읽는 흐름이 방해받으면 안 된다고 생각했기 때문이다. 대신에 나는 이 매혹적인 주제에 한 발자국 더 다가가고 싶은 독자들을 위해 참고 자료 목록을 책 뒤에 풍부하게 실었다.

* * *

에필로그(여러분이 아직 부족하다고 느낀다면)
과학의 일원론에 대한 사례 연구

찰스 다윈은 동물들이 정신적인 삶을 누린다고 꽤 진지하게 믿었다. 동물도 인간과 양적으로는 차이가 나지만 질적으로는 동일한 사고와 감정을 가진다는 것이다. 다윈에게는 밥이라는 이름의 몸집이 큰 뉴펀들랜드 종 개가 있었다. 나도 부드럽지만 끈질긴 성격의 뉴펀들랜드 개를 키우기 때문에(이름은 올신이다) 다윈이 왜 동물에게 정신세계가 있다고 생각했는지에 대해 이해한다. 하지만 뉴펀들랜드 종 개에만 그치지 않고 다윈은 자신의 진화 이론에 따라 생물의 정신적인 측면이 기타 생리학이나 해부학, 생화학적 측면과 다른 법칙을 따를 이유가 없다고 믿었다. 다시 말해 살아 있는 모든 생물은 형태와 기능 사이에 진화적인 연속성이 있으며, 현존하거나 멸종한 수많은 종에서 이 모습을 볼 수 있다는 것이다. 만약 심혈관계가 연속적으로 진화하는 모습을 추적해 본다면 인간의 신경계가 갑자기 튀어나온 독특한 체계라고는 말할 수 없다. 비록 경험적인 데이터는 충분히 갖고 있지 않았지만 다윈은 진화의 원리를 따른다면 이것은 거의 상식적인 진술이라고 여겼다.

이렇듯 다윈을 필두로 해서 유럽을 중심으로 동물행동학이라는 분야가 탄생했다. 동물행동학은 관찰과 실험을 통해 동물의 행동을 조사하는 학문이었는데, 일차적으로는 야생의 동물이 대상이었지만 때로는 사로잡히거나 사육 상태의 동물도 조사해서 그들의 행동을 진화라는 렌즈를 통해 자연적인 맥락에서 이해하고자 했다. 이 분야의 위대한 선구자였던 콘라트 로렌츠^{Konrad Lorenz}와 니코 틴버겐^{Niko Tinbergen}은 1973년에 노벨 생리의학상을 공동으로 수상하기도 했다.

동물행동학은 동물의 행동에 대한 자연주의적인 연구에 기반했으며 동물은 우리가 공감에 의해 이해할 수 있는 정신의 상태를 가진다는 믿음을 태연하게 받아들였다. 이것은 일종의 '의인화'인데 오늘날 행동 과학 분야에서는 입에 쉽게 담을 수 없는 금기어다. 동물이 외부로 드러내는 행동을 마치 사람인 것처럼 그대로 해석하는 것이다. 욕망이나 공포, 욕구 같은 정신적인 상태를 직접 관찰하는 것이 아니라 우리 자신의 정신적인 경험으로부터 직관적으로 알아낼 수 있다는 믿음이기도 하다. 물론 인간을 대상으로 한 심리학 실험에서는 매번 벌어지는 일이기는 해도 인간에게는 자신의 정신 상태에 대해 말로 보고를 받을 수 있지만 동물은 그렇게 할 수 없다. 만약 심리학이나 경제학, 법학 분야에서 연구 대상자에게 구두 보고를 직접 받는 게 아니라 옆에서 누군가 추측하기만 했다면 신뢰성이 떨어질 테고 이 문제는 그동안 그 자체로 논란의 대상이었다. 하지만 동물에게는 직접 질문을 던질 수가 없다.

그럼에도 동물행동학은 유럽에서 특히 번성했으며 각인이나 본능, 동물 학습, 사회적인 행동, '본성 대 양육' 문제에 대한 새로운 아이디어와 사고방식을 이끌었다. 이 분야는 비교적 수준이 낮은 기술을 활용하는 과학이었고 20세기 초반의 다른 생물학 분야와는 꽤 잘 맞았다. 미국에서는 행동에 대한 과학적인 관심이 조금 다른 노선을 걸었는데 대부분은 미국 심리학계의 거인인 존 B. 왓슨^{John B. Watson}과 그의 저서에서 큰 영향을 받았다. 왓슨은 행동주의라는 분야를 열었으며, 추론이 아닌 관찰을 통해서만 행동에 대해 진정한 과학적 연구를 할 수 있다고 주장했다.

그러다가 1960년대 들어 벌허스 프레더릭 스키너^{Burrhus Frederick Skinner}라는 이름의 젊은 심리학자가 등장했다. 충분히 이해할 만하게도 자기를 BF 스키너라 불러 주기를 바랐던 그는 행동주의의 기치를 이어받아 더욱 엄격한 실험 프로그램을 수립하면서 유명세와 함께 악명이 높아졌다. 스키너는 동물행동학의 학풍을 명백히 거부하면서 직접 눈으로 관찰하지 못하는 것은 전부 버리겠다는 급진적인 제안을 했다. 겉으로 드러난 행동이 아니면 전부 묵살하겠다는 뜻이었다. 예컨대 동물들의 정신 상태는 기껏해야 사람들의 추측이기 때문에 진정한 과학 연구의 대상이 될 수 없었다. 더 나아가 급진적인 행동주의라 알려진 분야에서는 전적으로 실험을 통해서만 과학이라는 우위를 말할 수 있다고 주장했으며 자연적인 맥락이나 물리적, 사회적 환경에 대해서는 짐작하려고 시도하지도 않았다. 스키너는 아마도 비둘기나 생쥐를 가두는 우리 비슷한 공간인 '스키너 상자'로 가장 잘 알려졌을 것이다. (그리고 자기 딸을 가두고 마음대로 함부로 대할 스키너 상자를 만든 것으로 가장 악명 높다.) 이 통제적인 환경에서 상자 속 동물의 행동이나 실험의 특정 상황이 닥칠 때마다 식량이 보상으로 주어졌다. 중요한 사실은 이 환경이 실험자의 거의 완전한 통제 아래 놓였으며 동물의 모든 행동을 관찰해 세심하게 기록하고 방대한 양의 데이터를 산출했다는 점이었다. 진정한 과학에서나 가능할 법한 대단한 요소를 모두 갖춘 셈이다.

이제 양쪽 학파의 서로 대비되는 고전적인 실험을 예로 들어 보자. 1990년대 초반에 동물행동학자 볼프강 쾰러Wolfgang Kohler는 야생의 침팬지를 관찰해 그들의 정신적인 능력을 연구했고 나중에는 동물원에 사는 침팬지에 대한 유명한 실험을 수행했다. 쾰러는 침팬지의 우리 근처에 나무 상자 몇 개를 두고 높은 곳에 바나나 한 다발을 놓은 다음 자리를 떴다. 침팬지의 손이 닿지 않는 장소였다. 약간의 시간이 지나자 침팬지들은 상자를 쌓고 그 위를 올라간 다음 아까까지만 해도 손이 닿지 않았던 바나나를 가져갔다. 쾰러는 침팬지들이 전에 어떤 경험이 있어서가 아니라 새로운 통찰에 의해서 이 해결책에 이르렀다고 주장했다. 모종의 정신 작용에 의해 '아하!'라고 소리치는 발견의 순간이 있었다는 것이다.

한편 BF 스키너는 1947년에 자신의 실험 상자에 비둘기를 넣고 꽤 영리한 실험을 했다. 스스로 미신 행동이라고 이름 붙인 현상을 증명해냈다. 스키너는 먼저 비둘기가 무슨 행동을 하든 상관없이 15초마다 사료를 주었다. 다시 말해 실제 행동은 사료라는 '보상'과 전혀 관련이 없었다. 비둘기는 '매일 몇 분 동안' 이 조건에 놓였고 그렇게 며칠이 지나자(흥미롭게도 1948년의 논문에는 이게 정확히 며칠인지 밝히지 않았다) 우리에 갇힌 여러 비둘기가 각자 사료를 받기 위해 무척 독특한 자기만의 행동을 보였다. 어떤 비둘기는 한 발씩 번갈아 가며 폴짝폴짝 뛰었고, 다른 비둘기는 자기 목을 세게 내밀었다가 움츠렸으며 또 다른 비둘기는 빙빙 맴을 돌았다. 전에 그 행동을 했던 순간에 배급 메커니즘이 활성화되었고 그에 따라 보상을 받았던 것이다. 스키너는 이들의 무작위적으로 행동을 보이는 이유가 사료를 처음 배급받았을 때 그 특정 행동을 했으며 그에 따라 강화되었기 때문이라고 주장했다. 비둘기의 관점에서 보면 그 행동이 반복되어도 사료가 배급되는 결과가 계속 나오기 때문에 행동은 더욱 강화된다. 스키너는 이런 행동들이 실제 보상과 연결되지 않았을 경우에는 사람에서 나타나는 미신 행동과 무척 비슷하다고 주장했다. 자기들의 행동이 실제로 사건의 경과를 바꿀 수 없다고 생각되는 상황에 놓인 사람들 말이다. 예컨대 도박꾼과 운동선수들은 가장 쉽게 떠올릴 수 있는 다양한 '행운의' 의식을 치른다.

나는 양쪽의 실험과 관찰 결과가 둘 다 매혹적이라고 생각한다. 둘 다 행동과 그 원천에 대한 통찰을 주기 때문이다. 또 둘 다 인간뿐만 아니라 동물에게 꽤 흔하게 나타나는 복잡한 행동에 대한 불완전한 모델이 얼마나 사람을 애먹이는지를 보여 준다. 그리고 두뇌와 행동은 둘 다 연구하기가 몹시 힘든 분야라는 것을 드러낸다. 그

럼에도 동물행동학과 급진적인 행동주의라는 두 학파의 추종자들
은 자기들끼리 말도 섞지 않았고 서로에게 예의를 갖추지도 않았다.
이들은 언론에서 서로에게 맹렬한 공격을 퍼부었고, 어느 한 학파가
주도하는 학과에서는 나머지 학파에게 과학 학술지나 승진과 종신
재직권 보고서에서 불이익을 주었다. 사실상 모든 심리학과의 학부
가 지금 당장은 그렇지 않더라도 예전에 한 번은 둘 중 한 학파 소속
이었다. 급진적인 행동주의는 마치 광신주의나 국적이라도 되는 듯
이 스키너주의라 불렸고 그 추종자는 스키너주의자라 불렸다. 행동
과 그 결과를 연구하는 학자들이 이런 행태를 보였다니 무척 놀라웠
다. 하지만 불행히도 그 사태의 당사자들에게는 이런 역설적인 상황
이 보이지 않는 듯했다.

행동주의자들은 마치 심리적인 질병이라도 되듯이 동물행동학
자들의 의인화를 고발했다. 그러면 동물행동학자들은 지금 눈앞에
나타난 행동이 진짜 행동처럼 보일 만큼 강화된 서커스 묘기일 뿐이
며 실험실이라는 결핍된 환경에서만 완전히 제한적으로 나타날 뿐
이라고 행동주의자들을 공격했다. 양쪽 모두 상대방이 진정한 과학
을 수행하고 있다고는 여기지 않았다. 그리고 양쪽 다 상대방이 신
경과학에 가치 있는 무언가를 제공하지 못한다고 여겼다. 꽤 오랫동
안 스키너와 그 숱한 제자들이 이끈 급진적인 행동주의자들은 미국
의 심리학계를 지배했다. 그 결과 NIH나 NSF에서 동물행동학적 연
구가 기금을 따내기란 거의 불가능했다. 이런 상황에서 누군가의 연
구에 의인화 경향이 보인다는 말이 나오면 그야말로 치명적이었고
당장 그 연구자와 작업물은 주변으로 밀려났다. 하지만 유럽에서는

동물행동학이 '생쥐 밀수업자' 같은 행동주의보다 지적으로 우월하다고 여겨지는 거의 정반대의 상황이 펼쳐졌다. 실험실에서 키운 생쥐를 활용해 미로나 스키너상자에서 실험을 해서 얻은 결과는 비난받을 만한 자료라고 여겨졌던 것이다(비록 스키너는 언제나 비둘기를 더 선호했지만).

나는 현대 과학에 대한 기록에서 이보다 더 나쁜 일원론의 사례를 찾을 수 없을 정도다. 지성 넘치는 연구자들이 지구상에서 가장 이해하기 어려운 주제인 두뇌와 그것이 행하는 지각과 행동, 우리가 어떻게 생각하는지를 탐구하는 과정에서 광신적이고 맹목적인 태도만을 보이며 죽도록 싸웠던 것이다. 이들은 마치 군대라도 되듯 일군의 학생들을 훈련시켰고, 마치 자기들의 주의를 선전하는 도구라도 되듯 그들만의 학술지에 논문을 발표했다. 또한 마치 정당대회라도 열듯이 각자 따로따로 학회를 주최했다. 서로 간에 엄청난 간극이 있었으며, 많은 점에서 불편할 정도로 구교와 신교, 또는 시아파와 수니파의 갈등과 유사했다. 대체 여기에 무슨 의미가 있었던 걸까? 과학이 이런 식으로 수행되어야만 했을까?

나는 개인적으로 양쪽 학파의 실험과 그 결과가 꽤 의의가 있다고 생각한다. 스키너와 행동주의자들은 두뇌는 보상을 받으면 어쩌면 위험할 정도로 쉽게 조건화되고 그에 따라 우리 사회가 상황을 통제하고 유용한 보상책을 수립하거나 임의로 만들어 그 결과를 받아들일 수 있음을 보여주었다. 또한 행동주의자들은 두뇌가 징벌에 의해서는 그렇게 성공적으로 조건화되지 않으며 따라서 그것은 행동을 바꾸는 데 비효율적인 방식이라는 점을 설득력 있게 증명했다.

비록 권력자들이 이 유용한 자료를 제대로 수용하지는 않았지만 말이다. 한편 동물행동학자들은 우리에게 정신 상태는 시험 대상이 될 수 있으며 연구할 만한 가치가 있다는 사실을 보여 주었다. 또한 상당수의 동물들이 고도로 인지적인 생활을 하고 있을 가능성이 있으며 그렇기에 우리의 존중과 윤리적인 대우를 받을 자격이 있다는 사실이 알려졌다. 또한 동물행동학자들은 사회적인 행동을 성공적으로 연구했으며 이타주의, 협력, 공감, 우정 같은 설명하기 까다로운 행동이 어디에서 기원했는지에 대해 논의했다. 이들은 진화가 행동을 틀 지우지만 반드시 행동을 결정하는 것은 아니라는 사실을 우리에게 보여 주었다. 또한 인류가 진화 사다리의 맨 꼭대기에 있지 않으며, 그것은 애초에 사다리가 존재하지 않기 때문이라는 사실을 알려 주었다. 단지 두뇌가 문제들을 해결하는 여러 방식이 있을 따름이다. 하지만 이런 여러 예들은 두 갈래로 분리된 논문들 속에 무엇이 억눌려 있었는지에 대한 맛보기에 불과하다.

　이보다 더욱 흥미로운 것은 이런 연구들을 통해 모습을 드러내는 여러 질문들이다. 두뇌는 얼마나 가소성이 있는가, 다시 말해 얼마나 적응력이 있는가? 두뇌의 얼마나 많은 부분이 고정되어 있고, 얼마나 많은 부분이 학습이나 경험을 통해 주조 가능한가? 의사소통의 본질은 무엇인가? 그것은 언어와 얼마나 비슷하고, 얼마나 다른가? 그 안에 자아라는 관념이 있는가? 그리고 그 관념을 갖거나 갖지 않는다는 것은 어떤 의미인가? 학습 과정에는 한계가 있는가? 학습의 얼마나 많은 부분이 의식적이고, 얼마나 많은 부분이 무의식적인가? '무엇을 배우는가'와 '어떻게 배우는가'의 차이는 무엇인가?

이밖에도 수많은 질문이 존재한다.

하지만 이런 처참하고 끔찍한 상황은 서구에 국한되어 있다. 예컨대 일본에는 유럽 학파와 미국 학파 사이의 해결되지 않는 갈등이 보이지 않는다. 일본에서는 원숭이와 유인원에 대한 연구가 한 세기 넘게 과학 분야의 선구적인 주제였고, 그 결과 이 기간 동안에 국제적으로 명망 높은 영장류학자들이 여럿 배출되었다. 예컨대 가와무라 슌조나 가와이 마사오 같은 학자들은 처음에 이마니시 긴지의 지도를 받아 연구를 시작했다. 가와이는 일본에서 수십 년 동안 영장류학 분야에 지대한 영향을 끼쳤다. 그와 동료들은 야생 원숭이 무리의 학습된 행동이 대를 거쳐 전해질 수 있다는 사실을 보여 주었다. 오늘날 유명해진 감자를 씻어 먹는 이 행동은 처음에는 무리의 한 젊은 암컷에 의해 자연발생적으로 시작되었다가('아하!') 곧 젊은 구성원들 사이에 퍼졌고, 뒤이어 관찰과 시행착오를 통해(조건화?) 후대로 이어졌다. 그리고 흥미롭게도 나이 든 원숭이들은 이 기술을 결코 받아들이지 않았다('흠, 사기 아닌가?').

이 기술을 비롯한 여러 발견들이 이뤄진(이 사례에는 알아챈 것에 가깝지만) 배경에는 가와이 같은 일본 영장류학자가 가진 특별한 마음가짐이 있었다. 이들 영장류학자들은 영장류의 행동을 보다 확실하게 이해하기 위해 대상에 자연스럽게 공감했다. 이들의 신조는 다음과 같았다. '원숭이를 이해하기 위해서는 원숭이의 마음을 이해해야 한다.' 하지만 이렇게 하기 위해서는 '눈으로 관찰한 대로 기록을 남겨야 했다.' 동물행동학과 행동주의가 지적으로 결합한 듯한 이 전략은 일본에서만 독특하게 나타났다. 그 이유가 무엇이었을까? 여기에 대한 한 가지 이론은 일본은 기독교 문화권이(일신교적인) 아니기 때문에 인간이 다른 동물들과 분리되었다거나 불연속적이라는 사고가 전혀 없었다는 것이다. 일본에서는 다윈의 진화론이 거의 자명한 것처럼 즉각적으로 널리 수용되었다. 물론 모든 생물 사이에는 연속성이 있으며 따라서 원숭이와 우리가 정신적 경험을 일부 공유한다는 생각이 결코 부적절하지는 않다.

이러한 태도, 더 적절하게 표현하자면 불연속성을 부정하지 않았던 태도는 동물의 행동을 관찰하고 기술할 때 의인화를 일상적으로 활용하도록 이끌었다. 이런 과학 문화에서는 인간적인 특성을 다른 동물의 행동에 적용하는 것도 결코 불쾌하게 여겨지지 않는다. 우리는 이것을 일종의 행동주의적 목적론이라고 간주할 수 있을 것이다. 어떤 기능을 기술하기 위해 목적을 동원하는 것이다. 일반적으로 목적론적인 설명은 과학적인 파산 선고라고 받아들여진다. 돌이 움직이지 않는 이유는 다른 장소로 움직이려는 욕구 때문이 아니라 돌에 비인격적인 힘이 적용되기 때문이다. 목적론은 아무래도 좋은 '그저 그런 이야기'를 이끌어 낼 수 있다. 기린이 목이 길어진 이유는 높은 나뭇가지에 닿기 위해서라든가 하는 이야기들 말이다. 하지만 목적론과 의인화는 비록 본질적으로는 틀렸을지라도 그것이 없었더라면 완전히 놓쳐 버렸을 지점들을 우리가 깨닫게 해 주는 가치가 있다. 특정 영장류나 돌고래에서 나타나는 대규모 사회적 무리, 그리고 그런 무리가 형성되었다가 그들 사이의 우정과 동맹이 깨지는 현상의 '목적'이 발견된 것은 적어도 지금의 관점에서 보면 의인화와 목적론적인 용어로 가장 잘 기술된다. 우리는 궁극적으로는 이런 현상에 대해 유전학이나 진화론적으로도 이해할 수 있을 테고, 이것이 스트레스나 성적인 암시, 몇몇 생리화학적인 메커니즘에 반응해 생성된 호르몬의 결과라고 설명할 수 있으리라 확신한다. 하지만 우리가 정교한 행동에 대해 궁극적인 환원주의적 원인을 찾기 전까지, 목적론이라는 대략적인 설명을 굳이 막아야 할 이유가 있는가? 누군가는 결국 목적론과 의인화가 만족스런 답변을 제공하지 못하지만 동시에 새롭고 유용하며 진정한 발견을 이끄는 도구로 활용할 수 있다는 사실을 깨달을 것이다.

나는 이 여러 문화가 섞인 기나긴 이야기가 매력적이고 유용한 정보를 주기를 바란다. 또한 과학 분야에서 다원주의가 얼마나 가치 있고 일원론은 얼마나 파괴적인지 보여 주었으면 한다. 이 모든 방법론들은 많은 것을 제공하며 그 각각은 여러 가지로 실패를 거뒀다. 하지만 실패는 과학적인 데이터와 해석을 폐기해야 하는 이유가 되지는 않는다. 실패는 몹시 유용한 구조물이며 우리로 하여금 이해하기 힘든 문제를 보다 잘 이해하도록 돕는다. 설령 그 도움이 임시적이라 해도 말이다.

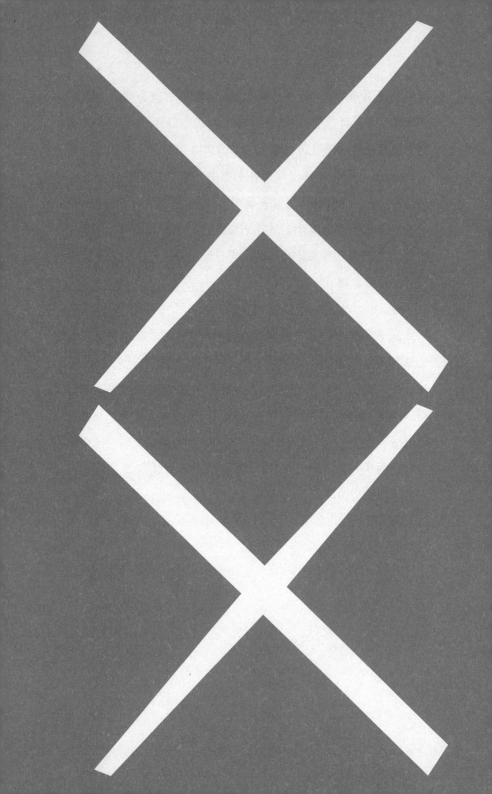

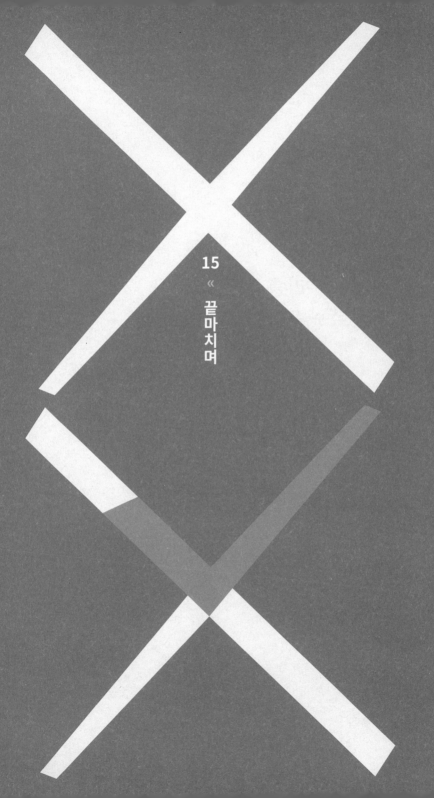

15
《

끝
마
치
며

실패는 우리를
미래로 이끈다.

- 리타 도브^{Rita Dove},
미국의 계관시인(1993~1995)

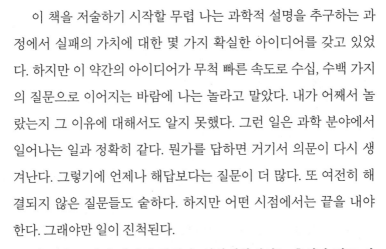

이 책을 저술하기 시작할 무렵 나는 과학적 설명을 추구하는 과정에서 실패의 가치에 대한 몇 가지 확실한 아이디어를 갖고 있었다. 하지만 이 약간의 아이디어가 무척 빠른 속도로 수십, 수백 가지의 질문으로 이어지는 바람에 나는 놀라고 말았다. 내가 어째서 놀랐는지 그 이유에 대해서도 알지 못했다. 그런 일은 과학 분야에서 일어나는 일과 정확히 같다. 뭔가를 답하면 거기서 의문이 다시 생겨난다. 그렇기에 언제나 해답보다는 질문이 더 많다. 또 여전히 해결되지 않은 질문들도 숱하다. 하지만 어떤 시점에서는 끝을 내야 한다. 그래야만 일이 진척된다.

이 책을 쓰면서 많이 후회했다. 일상생활에서는 후회가 결코 바람직하지 않지만 책을 쓰면서는 꽤 좋은 일이었다고 생각한다. 내가 실패에 대해 썼어야 했던, 또 실제로 썼지만 여기에는 포함시키지 않았던 에세이와 장들이 20개는 더 있다. 그 20개를 실었다고 해도 20개를 또 쓸 수 있을 것이다. 확신하는 바다. 얘기할 거리도 많고 생각할 거리도 많다. 그리고 물론 여러분이 자신만의 장을 구상할 수도 있다. 나는 그렇게 되기를 바란다. 또 여러분은 내가 인용구를 좋아한다는 사실을 눈치 챘을 것이다. 유명한 사람들의 말을 인용하면 권위가 부여되고 비판을 덜 받게 되리라고 여겼던 것은 아니다. 그보다는 죽은 사람이라고 해도 그 사람의 말을 들어 주어야 한다고 생각한다. 더 중요한 사실은 우리는 어떤 주제의 대화가 꽤 오랫동안 이어질 수 있다는 사실을 알아야 한다는 점이다. 우리가 시작한 것도 아니고 여기서 바로 끝나지도 않는다. 나는 확실히 이 책이 이 주제의 종착역이 되기를 바라지 않는다. 그러니 성급히 결론을 내리지 말아 달라.

그럼에도 이 책은 일종의 제안을 풍부하게 담고 있다. 과학이 무언가를 더 복잡하게 만드는 상황 속에서 어떻게 사고하고 어떻게 과학을 진행시킬지에 대한 제안이다. 내가 하고 싶은 주장은 과학적 방법론(다시 말해 의심과 불확실성, 무지, 실패를 기꺼이 끌어안고자 하는 진정한 과학적 방법론이자, 과학을 단순한 사실들의 집적이 아닌 과정으로 바라보며 명사가 아닌 동사로 여기는 방법론)이 박사나 전문가들이라는 엘리트 군단의 소유물이 아니라는 것이다. 물론 나는 전문가들을 신뢰하며 인생의 많은 시간을 바쳐 좁지만 필수적인 영역의 지식을 넓혀 준 사람들에게 빚지고 있다. 우리가 진보하기 위해서는 이런 헌신적인 전문가들이 필요하다. 하지만 이런 전문가들이 본인은 실패와 의심의 중요성을 알고 불확실성과 무지를 기회라 생각하면서도 이 과정의 일부를 숨기거나 솔직하게 드러내지 못하는 상황은 위험하다. 이러면서 이들은 의도적으로든 우연히든 엘리트가 된다. 또 이럴 때 문화는 전반적으로 과학을 가로막으며 과학은 사람들의 의심과 분노를 불러일으킨다. 이것은 끔찍하게 잘못된 실패다.

하지만 만약 전문가 과학자들이 실패와 불확실성, 의심에 대해 정직하게 이야기한다면, 과학의 열매를 즐기는 대중은 반드시 책임을 느끼게 된다. 또한 그런 요소들이 과학적인 의견과 발견에 대해 의구심을 가질 이유가 아니라 오히려 과학의 진보를 의미한다는 사실을 깨닫는다. 의심과 불확실성을 표현하면 우리는 그 사람을 더욱 신뢰하게 된다. 우리는 자신이 특별하거나 감히 의문을 제기하지 못할 정도의 권위자와 특별한 관련을 맺고 있기에 본인이 진리에 대해 안다고 주장하는 사람들을 조심해야 한다. 시인 앙드레 지드^{André Gide}는 다음과 같이 조언했다. "진리를 찾고 있다는 사람을 찾아내도록 노력하라. 그리고 자신이 진리를 찾아냈다고 주장하는 사람들을 멀리 하라." 내가 아는 한 과학은 조심하고 경계하는 최고의 방법이다. 피해망상증까지는 아니겠지만 말이다.

따라서 과학이 어떻게 작동하는지, 우리가 과학에서 무엇이 산출될 것이라 합리적으로 기대할 수 있는지를 이해하는 것은 전문가뿐만 아니라 대중에게도 필요하다. 단순히 권위를 추종하는 것이 아니라 민주 시민으로 거듭나는 힘든 작업을 해내려면 대중의 역할이 중요하다. 전문적인 과학자들이 실패와 무지를 통해 작업을 할 때 이것이 무엇을 뜻하는지 이해하는 것은 시민의 몫이다. 이것은 박사학위 없이도 할 수 있는 일이다.

물론 내가 이 과정이 쉽다고 말하려는 것은 아니다. 선택지가 많고 그 선택지가 서로 상충하는 데다 아직 확립되지 않은(부적절하거나 오류가 있지는 않지만) 데이터에 의해서만 뒷받침이 된다면, 중요한 결정을 내리기란 어려울 수 있다. 우리의 성공이 실패에 의존하며 우리가 인내심을 필요로 한다는 사실을 받아들이기도 어려운 일이다. 우리가 판단하고 평가해야 할 대상이 생산량이 아닌 성과라는 사실을 인지하기도 쉽지가 않다. 열정을 잃지 않은 상태에서 실패를 거듭하는 것도 어렵다. 게다가 리처드 파인만이 말했듯이 우리 자신을 속이지 않는 것도 일반적으로 몹시 힘든 일이다. 하지만 무지와 실패에 대응하는 올바른 태도를 갖춘다면 이 모든 일을 현명하고 사려 깊게 해낼 수 있다. 사람들이 정치나 사회, 교육, 과학 분야에서 뭔가를 확실히 안다고 주장할 때, 자신은 오류가 없고 권위가 있다고 주장할 때는 재앙에 가까운 결과가 생기기 쉽다. 반대로 사람들이 의심과 질문, 실패를 거듭해서 받아들이면 확실히 성공적인 결과를 내기가 쉽다.

과학은 대단한 보물이며 엄청나게 매력적인 모험이다. 과학을 위한 최선의 환경은 민주주의이고 최악의 환경은 제국의 통치를 받는 상태다. 이 사실만으로도 우리가 과학에 가치를 부여하는 이유를 알 수 있으리라. 과학은 세대를 넘나들기 때문에 이전 세대의 문 앞까지 도달했다가도 후속 세대까지 이를 수 있다. 과학은 국제적이라 어디서든 작업할 수 있고 그 결과는 어디서든 유효하다. 가장 중요한 사실은 과학이 엘리트나 특별한 집단의 소유물이 아니라는 점이다.

이 책이 성공하든 실패하든(아마 두 가지가 뒤섞이겠지만), 독자 여러분은 과학에 대해 사고하는 새로운 방식을 접하게 될 것이다. 그 방식은 인류의 역사에 기록된 약 150번째 세대의 구성원으로서 여러분의 전문 기술과 지식을 존중할 것이다. 여러분이 즐겁게 참여할 수 있었으면 한다.

2014년 12월 31일,
미국 뉴욕과 영국 케임브리지에서.

주석과 참고한 자료들

　독자들이 글을 읽는 흐름을 불필요하게 방해하고 싶지 않았기에 본문 이곳저곳에 주석을 배치하지 않았다. 대신에 여기에 주석과 논평을 포함시키고 여러분이 관심이 있다면 찾아볼 수 있도록 쪽수를 같이 표시하려 한다. 아래의 주석은 대강 훑어보다가 여러분이 흥미 있는 내용이 등장했을 때만 본문의 해당 쪽수로 돌아가서 주석과 같이 읽어 주었으면 한다. 대부분의 경우에 내가 언급한 자료는 구글 검색을 통해 온라인에서 쉽게 찾을 수 있으며 그런 경우에는 어디서 가져왔는지 출처 전체를 기재하지는 않았다. 하지만 절판된 책이나 온라인에서 쉽게 찾을 수 없는 논문에서 참고한 경우에는 내 웹사이트 http://stuartfirestein.com에 pdf 파일로 자료를 올려 두었으니 확인하기 바란다. 만약 내가 중요한 자료를 빠뜨렸거나 어떤 정보에 대해 모호하게 다뤘다면 내게 이메일을 보내 달라. 웹사이트에서 정정하겠다.

　아래에 내가 참고했거나 여러분이 읽어 봄직한 책이나 논문들의 목록도 포함시켰다. 이 자료들에 대한 언급은 개인적인 의견이라는 사실도 밝혀 둔다.

들어가며

13쪽

논쟁의 소지가 있지만 그래도 미국 최초의 과학자라 할 만한 벤저민 프랭클린의 첫 인용구는 그가 1784년에 프랑스 왕에게 보냈던 동물 자기에 대한 보고서에서 가져온 것이다. 더 길게 인용하자면 다음과 같다.

> 아마도 모든 점을 감안할 때 인류가 저지른 실수의 역사는 발견의 역사보다 더욱 가치 있고 흥미로울 것이다. 진리는 균일하고 협소하다. 그것은 지속적으로 존재하지만 그렇게 활발한 에너지를 요구하는 것 같지 않다. 진리를 맞닥뜨리기 위해서는 수동적인 성향의 영혼이 필요하다. 하지만 여기에 비해 실수는 무진장으로 다양하다. 실수는 실재적인 무언가는 아니지만 그것을 만들어 낸 마음의 순수하고 단순한 결과물이다. 이 영역에서 영혼은 스스로 확장하기에 충분한 공간을 가지며 끝도 없는 능력과 아름답고 흥미로운 낭비와 부조리를 보여 줄 수 있다.

16쪽

Peter Medawar, Is the scientific paper fraudulent? The Saturday Review, August 1, 1964, pp. 42-43.(내 웹사이트에 이 논문의 pdf 파일을 올려놓았다.)

메더워는 1960년에 면역계가 서로를 어떻게 인식하는지를 보여 주는 연구로 노벨상을 받았다. 이 연구는 이식과 거부 반응에 대한 지식의 기초가 되었다. 획득된 면역 관용이라 알려진 근본적인 메커니즘을 기반으로 한 메더워의 작업은 장기와 조직 이식 과정에서 몹시 중요한 역할을 했다. 그래서 메더워는 이식의 아버지라고 불렸는데 정작 본인은 그 명칭을 거부했다.

메더워는 본인이 거주하며 일했던 영국에서는 훌륭한 과학의 옹호자로 복잡한 과학 내용들을 이해하기 쉽게 전달한 사람으로 유명하다. 가장 중요한 덕목인 재미도 같이 전했지만 말이다. 리처드 도킨스는 메더워를 "과학 저술가 가운데 가장 위트 있는 사람"이라고 불렀다. 영국 대중에게는 텔레비전이나 라디오 출연을 통해 꽤 유명한 인물인 메더워는 오늘날까지도 읽을 가치가 있는 교양서적을 많이 써 냈다.

또한 메더워는 철학자 카를 포퍼를 소리 높여 옹호했는데 포퍼와는 개인적인 친분을 유지하기도 했다. 포퍼는 이 책의 뒷부분에서 또 등장한다.

1. 실패를 즐겁게 맛보는 일

22쪽

거트루드 스타인의 인용구는 1933년에 썼지만 그녀가 사망하고 1년이 지난 1947년이 되어서야 출간된 에세이집 『Four in America』에서 가져왔다.

> 『백과전서, 또는 과학과 예술, 공예에 대한 체계적인 사전Encyclopédie, ou dictionnaire raisonné des sciences, des arts et des métiers』은 1751년에 처음으로 출간되었고 1830년대까지 수많은 업데이트와 개정을 거쳤다. 나는 백과전서가 지식을 박제시키고 미지의 흥미로운 무엇보다는 이미 알려진 지식에만 집중한다는 생각에는 대체로 동의하지 않는다. 하지만 이 책은 계몽주의 시대의 고전이며 단순한 편찬본이 아닌 수많은 새 아이디어를 정의하고 이해하려는 진정한 시도였다.

29~30쪽

중력에 대한 양쪽의 기술은 사실 일직선상에서 작용하는 가속도 때문이다. 달은 지구를 향해 계속해서 떨어지는 중이지만 그 과정에서 굽은 공간 위의 직선상에서 가속이 일어나고, 그 결과 달에서 곡선 방향으로 멀어지는 지구의 표면으로는 절대 떨어지지 않는다. 이와 비슷하게 엘리베이터에서도 여러분은 직선상으로 무중력 상태에서 떨어지는 중이다. 적어도 바닥을 치기 전까지는 말이다. 나는 이 설명을 하는 과정에서 휴 프라이스Huw Price의 도움을 받았으며, 설명을 간명하게 하는 과정에서 그의 말을 훼손하지 않았기를 바란다. 케임브리지 대학에서 근무하는 프라이스 교수는 철학자이자 물리학의 역사를 연구하는 학자다. 나는 운 좋게도 2013~2014년 사이의 안식년 동안 케임브리지 대학교에서 그의 강의를 들을 수 있었다. 프라이스는 너그럽게도 그의 훌륭한 강의 노트와 여러 자료를 개인 웹사이트에 올려놓았으니 여러분은 무료로 언제든 참고할 수 있다. 프라이스는 무척 어려운 개념을 아주 알기 쉽게 설명하는 재능이 있다. 또한 그는 자신의 학술적인 탐구 대상인 시간에 대해 심도 있게 사고하고 흥미로운 점을 사람들과 나눈다. 프라이스의 논문 대부분은 온라인으로 구할 수 있는데(동시에 그의 웹사이트에서도 가능하다), 여러분이 이 논문을 읽기 시작한다면 정말로 놀라운 아이디어에 자극을 받느라 시간이 훌쩍 갈 것이다. 프라이스 교수에게 다시 한 번 감사하고 내 실수가 있다면 용서를 구한다(구글로 그의 이름을 검색할 수 있지만 웹사이트 주소가 무척 간략하니 여기 밝힌다. prce.hu이다).

30~31쪽

헤켈은 논란이 많은 인물이며 그에 대한 책은 많이 출간되었다. 웹사이트에서도 헤켈과 그의 사상에 대한 수많은 정보를 찾아볼 수 있다. 헤켈은 엄청난 과학적 호기심과 함께 놀라운 미학적 감성을 가졌다. 이 점에 대해서는 아름답게 인쇄된 멋진 책 한 권을 참고할 수 있다. 『Art Forms in Nature: The Prints of Ernst Haeckel』(Munich and London: Prestel-Verlag Press, 2014)이다. 이 책에는 100개의 컬러 도판이 실려 있고 올라프 브리드바흐Olaf Breidbach와 이레나우스 에이블-에이베스펠트Eibl-Eibesfeldt가 글을 실었으며, 리처드 하트만Richard Hartmann이 서문을 썼다. 흥미롭게도 유명한 배아 도판은 실리지 않았지만, 원한다면 온라인에서 찾아볼 수 있다.

2. 잘 실패하기: 사무엘 베케트의 교훈

44쪽

첫 인용구는 베케트의 단편 소설집인 『Worstward Ho』(1983)에서 가져왔다.

46쪽

『고도를 기다리며』에 대해 "수수께끼에 둘러싸인 미스터리"라고 기술한 것은 러시아를 "수수께끼에 둘러싸이고 미스터리로 덮인 난제"라 표현했던 윈스턴 처칠의 연설문을 우연히 참고한 결과다.

3. 우리가 실패할 수밖에 없는 과학적인 근거

60쪽

첫 인용구는 가수 데이비드 번David Byrne과 토킹 헤즈The Talkin Heads의 곡인 「와일드 와일드 싱즈Wild Wild Things」의 가사에서 가져왔다.

65쪽

「세렌딥의 세 왕자들」은 1302년에 페르시아에서 나온 동화다. 사실 원래 이야기에서 세 왕자는 마치 셜록 홈스처럼 현명하고 사려 깊었다. 이들은 사소한 세부 사항에 대한 단순한 관찰만으로도 보이지 않는 사물의 속성을 알아냈다. 이 이야기는 볼테르의 소설 『자딕Zadig』에서 관찰과 추론이라는 과학적 방법론과 현명함의 사례로 활용되었다. 그리고 나중에 포와 코넌 도일 역시 볼테르의 이 소설에서 영향을 받았다. 하지만 오늘날 영어 용법에서는 '세렌디피티serendipity'가 단순한 행운의 의미를 가지는 것으로 축소되었는데, 그 계기는 1754년 형에게 편지를 보내며 이 용어를 사용했던 호레이스 월폴Horace Walpole 때문이다.

4. 모순 속에서 존재하는 진리들

73~74쪽

E. P. Wigner, The unreasonable effectiveness of mathematics in the natural sciences. 뉴욕 대학교에서 열린 수학적 과학에 대한 리하르트 쿠란트 강연, May 11, 1959. Communications on Pure and Applied Mathematics, 13, 1–14 (1960).

이 항목에 대한 위키피디아의 항목을 보면 수많은 반응과 관련 논문이 나열되어 있다. 원 논문의 pdf 파일은 내 웹사이트에 올려두었다.

74쪽

이 에세이는 시어도어 시크 주니어Theodore Schick, Jr.가 편집한 책 『Readings in the Philosophy of Science: From Positivism to Post Modernism』(London: Mayfield Publishing, 1999)에서 제임스 로버트 브라운James Robert Brown이 쓴 장에

수록되어 있다. 이 에세이집은 과학철학 분야의 선구자들이 쓴 여러 고전적 글을 실었다. 다만 책값이 비싸다. 책에 관심 있는 사람이라면 다음 파일에서 목차를 볼 수 있다. http://www.gbv.de/dms/goettingen/301131694.pdf

5. 과학자가 문제를 발견하는 방법

89쪽

로빈 윌리엄스가 등장하는 영상은 유튜브를 통해 손쉽게 접할 수 있었다. (https://www.youtube.com/watch?v=pcnFbCCgTo4)

이 영상은 무척이나 재미있는 스탠드업 코미디이지만 어린이에게 보여 주기에는 비속어가 조금 섞여 있다. 나중에 윌리엄스가 우울증에 시달리다가 자살로 생을 마감했기 때문에 어떤 의미에서는 좀 가슴 아픈 영상이기도 하다. 여러분은 우울증을 비극적인 실패라 여길지도 모르지만 윌리엄스의 경우에는 그렇지 않았다. 신경과학 분야에서는 이 주제에 대해 계속 열심히 연구하고 있다. 하지만 윌리엄스는 무척 오랫동안 승승장구했고, 우울증으로 인해 자살한 사람을 포함해 한때 지구를 걸어 다녔던 모든 사람들 가운데 가장 재미있는 익살꾼이다.

6. 과학에 대한 흥미를 잃게 만드는 효율적인 시스템

102쪽

Ernst Mayr, The Growth of Biological Thought: Diversity, Evolution and Inheritance (Cambridge, MA: Harvard University Press, 1982). 이 인용구는 페이퍼백 판의 20페이지에 실려 있다.

과학 전공이 아닌 학생에게 대학 수준의 과학을 가르치는 주제에 대해서는 1930년대에서 1940년대 초에 여러 책이 출간되었다. 이것은 당시 하버드 대학교 총장이었던 제임스 B. 코넌트James B. Conant가 주도한 진지한 연구 결과다. 코넌트는 화학자로 훈련받았으며 국가 안보와 과학이라는 연구 주제의 상당수에 깊숙이 관여했다. 그 가운데는 원자폭탄의 개발도 포함되어 있었다. 1933년에서 1940년대 사이 하버드 대학교의 총장으로 재직하는 동안 코넌트는 혁신성을 인정받았고 이 자리에서 퇴직한 이후에는 정부를 위해 일했다. 그가 교육학적으로 가장 관심을 갖는 주제는 과학을 고전 인문 교육 안에 포함시키는 문제였다. 이후로 코넌트가 참가한 위원회나 회의의 성과를 담은 여러 책들이 출간되었다. 내 생각에 이 책들은 60년이 지난 지금도 가치를 잃지 않은 듯하다. 이 저서들은 교육 문제가 그렇게 쉽게 풀리지 않을 것이라는 사실도 우리에게 시사한다. 바람직한 일은 아니겠지만 말이다. 예컨대 다음 책들을 참고하라.

James B. Conant, Science and Common Sense. New Haven, CT: Yale University Press, 1951.

James B. Conant, Modern Science and Modern Man. New York: Columbia University Press, 1952.

I. Bernard Cohen and Fletcher G. Watson, eds., General Education in Science, with a foreword by J. B. Conant. Cambridge, MA: Harvard University Press, 1952.

James Bryant Conant, Two Modes of Thought: My Encounters with Science and Education. Credo Series. New York: Trident Press, 1964.

102~103쪽

Michael R. Matthews, Colin F. Gauld, and Arthur Stinner, eds., The Pendulum: Scientific, Historical, Philosophical and Educational Perspectives. Dordrecht, The Netherlands: Springer, 2005.

이 책의 일부는 다음 문헌에 일부 소개되었다. Science & Education, 13(4–5), and 13(7–8).

이 책의 목차만 살피자면 다음과 같다.

들어가며
마이클 R. 매슈스, 콜린 굴드, 아서 스티너
진자: 과학과 문화, 교육학에서 차지하는 위치
과학적 관점
랜들 D. 피터스

고전역학에서 양자역학으로의 이행을 알리는 도구로서의 진자: 역사, 양자적 개념, 교육학적 도전들

갈리니, 셀라

이스라엘의 물리학 교육과정에서 진자의 역할: 그동안 활용되었거나 빠뜨린 기회들

파울러

엑셀을 활용해 진자 운동을 시뮬레이션하고 미적분학을 조금 더 잘 이해하기

107쪽

Hasok Chang, Inventing Temperature: Measurement and Scientific Progress. Oxford Studies in the Philosophy of Science. New York: Oxford University Press, 2004.

　(한국어판:『온도계의 철학: 측정, 그리고 과학의 진보』, 오철우 옮김, 이상욱 감수, 동아시아, 2013)

116쪽

이 논문의 공식 출처는 다음과 같다.

Margaret Mead and Rhoda Métraux, Image of the scientist among high-school students: A pilot study. Science, 126(3270), 384–390 (1957).

　대학교의 도서관 시스템에 접근할 수 있는 권리가 없다면 이 논문은 찾아 읽기 힘들 수 있다. 내 웹사이트에 pdf 파일을 올려두었다.

7. 성공보다 더 중요한 실패의 역사

　나는 혈액의 순환을 발견한 과정에 대해 많은 문헌을 조사했는데, 하비의 작업에 대해서는 여러 가지 설명이 존재한다. 하지만 이 책에서는 역사학자 찰스 싱어Charles Singer의 작지만 알찬 저서 A Short History of Anatomy and Physiology from the Greeks to Harvey (New York: Dover Publications, 1957)만을 참고했다.

　하지만 하비의 연구를 비롯해 고대 해부학과 생리학의 발전 과정을 더욱 학술적으로 설명한 책을 읽고 싶다면 역사학자 찰스 콜슨 길리스피Charles Coulson Gillespie

의 놀라운 저서 Edge of Objectivity (Princeton, NJ: Princeton University Press, 1960)를 참고하라(한국어판:『객관성의 칼날』, 이필렬 옮김, 새물결, 2005). 이 책은 코페르니쿠스에서 현대의 양자 물리학과 생물학에 이르는 서구 과학사를 가장 포괄적이면서도 잘 읽히게 풀어냈다. 길리스피는 코페르니쿠스에서 갈릴레오, 뉴턴에 이르는 물리학적 발전상과 평행하게 이어지는 맥락 속에서 갈레노스와 베살리우스, 하비를 포함한 생명 과학의 역사를 서술한다. 또한 혈액의 순환을 이해하는 과정에서 거쳤던 잘못된 길과 실수들을 세심하게 짚는다. 관심 있는 독자라면 내가 이 책에서 했던 어떤 설명보다 자세하게 서술하는 길리스피의 이 저서를 꼭 읽어 보라(이 책은 11장의 참고 자료이기도 하다).

129쪽

데렉 드 솔라 프라이스는 내 영웅이다. 나는 내 전작인『이그노런스 – 무지는 어떻게 과학을 이끄는가』를 쓸 때 프라이스의 절판된 책『Little Science Big Science』(New York: Columbia University Press, 1963)를 처음으로 접했다. 이 책은 그가 1960년에 했던 일련의 강연 내용에 기초해 있다. 그로부터 약 50년이 지났지만 여기에는 신선한 아이디어와 과학 문헌에 대한 통찰력이 넘친다. 이 책과 프라이스의 사실상 첫 번째 저서인『Science Since Babylon』(New Haven, CT: Yale University Press, 1961)은 중고책 서점에서 구매할 수 있다. 더 중요한 사실은 내가 그동안 학술적인 목적으로 찾았던 프라이스의 논문과 사진들이 시카고의 애들러 천문관에 있었다는 점이다. 천문관 웹사이트를 보면 해당 정보를 구할 수 있다. 내 웹사이트에도 프라이스 관련 컬렉션의 목록을 pdf 파일로 정리해 올려놓았다.

그리고 나는 프라이스가 1949년 당시에 케임브리지 대학교에 처음으로 생긴 과학사 및 과학철학 과정에서 처음으로 박사 학위를 받은 학생이었다는 사실을 발견했다. 내가 안식년을 보내며 이 책을 썼던 그 대학교 말이다!『Science Since Babylon』에는 대학원생 시절에 대한 프라이스 자신의 흥미로운 이야기가 실려 있다. 프라이스는 천문학 기기와 장비에 대한 중세의 문헌을 찾던 중에 케임브리지 대학교에서 가장 오래된 도서관인 피터하우스 도서관에 아스트롤라베astrolabe에 대한 책이 있지만 저자도 알려지지 않았고 그다지 흥미도 끌지 못한다는 사실을 알아냈다. 이 문헌은 흥미롭게도 라틴어가 아닌 중세 영어로 작성되었고 가장 중요한 사실은 연대가 1392년이라는 점이었다. 제프리 초서(Geoffrey Chaucer, 그렇다, 이 중세의 시인도 천문학 광이었다)가 1391년에 아스트롤라베에 대한 유명한 문헌을 발표한 바 있기 때문에,

그 연대는 중요했다. 프라이스는 여기에 대해 이렇게 말한다. "어떤 유명한 문헌의 다음 해에 작성된 문헌을 발견한 것은 '1067년에 헤이스팅스에서 무슨 일이 있었지?'라는 물음에 대한 답을 찾은 것과 같다. 이 문헌이 뭔가 초서와 관련이 있으리라는 결론은 불가피해 보였다." 그리고 실제로 이 자료는 초서가 초기의 몇몇 저서를 저술한 이후 직접 손으로 쓴 문헌이라는 사실이 밝혀졌다. 또한 그 문헌은 초서가 손으로 남긴 문헌 가운데 전체가 온전히 남아 있는 유일한 자료이기도 했다. 그때까지 청구서나 글의 일부를 빼고는 초서가 직접 남긴 문헌은 존재하지 않았다. 대학원생치고는 썩 대단한 발견을 한 셈이었다!

프라이스의 책에는 이 밖에도 흥미로운 이야기와 아이디어가 많이 수록되어 있는 만큼 재출간할 가치가 있다. 가까운 미래에 내가 직접 그 프로젝트를 맡았으면 한다.

다음을 참고하라. http://www.adlerplanetarium.org/collections/

139쪽

나는 운 좋게도 2014년 여름에 이탈리아 여행을 갔다가 파도바의 해부학 극장을 둘러볼 기회를 가졌다. 그곳은 재건축되었거나 잘 보존되어 있어 베살리우스가 해부했던 현장이 남아 있었다. 하지만 '극장'이라는 명칭으로는 이 구조물의 실상을 포착하는 데 완전히 실패할 수 있다. 이곳은 무척 경사가 급한 3층짜리 원형 목재 구조물이다. 3개의 열은 서로 방해되지 않게 충분히 넓었고 사람이 굴러 떨어지지 않게 발코니 난간도 높았다. 하지만 해부용 탁자가 놓인 작은 원형 공간에서 무슨 일이 일어나는지 몸을 수그려 자세히 살펴볼 수 있을 정도의 높이였다. 여기 서 있자면 악취가 극장 곳곳에 스며들었으리라는 사실을 쉽게 상상할 수 있다. 이 지역은 사람들이 목욕도 잘 하지 않았던 데다 족히 300명 되는 관중이 몰린 평균적인 욕실보다 좁은 공간을 아래에 두고 열기와 땀 냄새가 수직 방향으로 몰려들어 그야말로 치명적인 조합을 이뤘을 것이다. 게다가 몇몇 신참 학생들은 시체에서 나는 냄새와 해부 장면을 보고 구토했을 가능성도 있다. 이 해부 구역은 '부엌'이라 불리는(불행히도 부적절한 명칭이다) 공간과 연결되어 있었다. 부엌에서 베살리우스와 조수들은 그날 해부할 시체를 준비했을 것이다. 준비가 끝나고 학생들이 입장하면 시체는 손수레에 실려 극장의 소용돌이 같은 구덩이 속으로 들어오고 그날의 강연이 시작되었다. 나는 오늘날에도 의대생이라면 베살리우스의 유명한 해부학 극장에 와 봐야 한다고 생각한다. 그러면 본인들이 일하고 공부하는 공간에 대해 감히 불평하지 못할 것이다.

8. 과학적 설명의 마법

150쪽

나는 다른 지면에서 이 인용구를 내가 얼마나 좋아하는지 밝힌 바 있다. 하지만 실제 출처가 어디인지 찾을 수가 없어 놀라고 말았다. 이 장의 맨 앞에 실린 인용구는 꽤 흔하고 전형적이다. 아마도 거의 처칠의 말이라고 여겨지지만 처칠이 그 말을 했다거나 누군가 그 말을 들었다거나, 심지어 조작이라거나 하는 기록은 전혀 없다. 에이브러햄 링컨이 이 말을 했다는 이야기도 많다. 사람들은 처칠과 링컨을 좋아하기 때문에(볼테르나 에디슨처럼) 두 사람은 이렇듯 종종 잘못된 수혜자가 된다. 이들이 카리스마 넘치는 인물이기 때문에 이것저것을 다 했다 해도 말이 되는 것처럼 느껴지기 때문이다. 마치 야구선수 요기 베라Yogi berra가 이렇게 얘기했듯이 말이다. "내가 했다고 전해지는 말의 절반은 내가 한 게 아니다." 이 말을 요기 베라가 정말 했는지도 확실하지 않지만….

163쪽

창의성이 무언가를 서로 연관시키는 것보다는 분리시키는 데서 생겨난다는 아이디어는 이전에도 존재했다. 내가 알고 있기로는 이 말을 처음 한 사람이 볼프강 쾰러로, 침팬지의 지능과 문제 해결력을 연구하다가 이런 생각을 했다. 쾰러의 다음 저서를 참고하라. The Mentality of Apes, trans. by Ella Winter (London: Kegan Paul, Trench, Trubner; New York: Harcourt, Brace & World, 1925). 쾰러는 통찰을 얻는 행동을 기술하기 위해 '아하 경험'이라는 말을 처음으로 만들기도 했다. 쾰러와 그의 실험은 다원주의를 다루는 14장에서 다시 등장한다.

창의적인 분리에 대한 개념은 여러 급진적인 아이디어를 다룬 호세 오스테가 이 가세트Jose Ortega y Gasset의 저서에서도 발견된다. 이 아이디어 가운데 적어도 일부는 오늘날에도 무척 시의성이 넘친다. Jose Ortega y Gasset, The Revolt of the Masses (New York: W. W. Norton, 1932). (한국어판: 『대중의 반역』, 황보영조 옮김, 역사비평사, 2005)

164~165쪽

노벨상 수상자 프랑수아 자코브는 2013년 4월에 사망했으며 「뉴욕타임스」에 실린 그의 부고 기사는 그 자체만으로도 읽을 만하다. 자코브는 생물학 분야의 걸출한 저술가 가운데 하나다. 피터 메더워 경, 루이스 토머스Lewis Thomas, E. O. 윌슨E. O. Wilson, 콘라트 로렌츠와도 어깨를 나란히 할 정도다. 나는 짤막하면서도 믿을 수 없이 단순한 자코브의 저서는 정말로 강력히 추천한다. 이 저서 안에는 '밤의 과학'에 대한 아름다운 사례와 아이디어가 가득하다. 다음은 내가 좋아하는 자코브의 저서들이다.

François Jacob, The Possible & the Actual. New York: Pantheon Books, 1982.

François Jacob, The Statue Within: An Autobiography, trans. Franklin Philip. New York: Basic Books, 1988.

François Jacob, The Logic of Life, trans. Betty E. Spillmann. Princeton, NJ: Princeton University Press, 1993.

François Jacob, Of Flies, Mice and Men, trans. Giselle Weiss. Cambridge, MA: Harvard University Press, 1998. (한국어판: 『파리, 생쥐, 그리고 인간』, 이정희 옮김, 궁리, 1999)

10. 잘못된 데이터에 애정을 갖는 방법

183쪽

이 인용구는 1947년에 튜링이 런던 수학회에서 했던 강연에서 가져왔다.

199쪽

이 논쟁에 대해서는 흥미롭고도 무척 잘 읽히는 다음 저서를 추천한다.

Elliot S. Valnenstein, The War of the Soups and the Sparks: The Discovery of Neurotransmitters and the Dispute over How Nerves Communicate (New York: Columbia University Press, 2005).

11. 사이비 과학을 구별하는 방법

포퍼는 엄청나게 많은 논문을 출간했다. 나는 이 책에서 그중 몇 가지를 참고하기도 했지만, 대부분은 케임브리지 대학교 과학사 및 과학철학 과정의 동료들이 나눠 준 지식에 의존했다. 안식년에 내가 그곳에 머물러서 정말 다행이다. 안 그랬다면 길을 잃고 헤맸을 것이다.

내가 가장 많이 참고했던 포퍼의 글 모음집은 다음과 같다. Conjectures and Refutations: The Growth of Scientific Knowledge (New York: Routledge, 1963). (한국어판: 『추측과 논박 1-2』, 이한구 옮김, 민음사, 2001)

12. 더 낫게 실패할 과학에 투자하기

218쪽
이 인용문은 조지프 헬러의 소설 『Good as Gold』(1979)에서 가져왔다.

241~242쪽
이 책에서 논의하는 아이디어에 대해서는 여기저기서 이야기하고 있지만 나는 주로 다음 책들을 참고했다.

Donald Gillies, How Should Research Be Organised? London: College Publications, 2008.

길리스는 영국에서 연구 평가 연습RAE이라고 불리는 활동에 대해 논의한다. 길리스의 분석을 참고하면 영국의 연구 지원 상황을 쉽게 파악할 수 있다.

Danielle L. Herbert, Adrian G. Barnett, Philip Clarke, and Nicholas Graves, On the time spent preparing grant proposals: An observational study of Australian researchers. BMJ Open 2013;3:e002800 doi:10.1136/bmjopen-2013-002800.

오스트레일리아의 경제학 연구자로 구성된 이 팀은 다양한 수단을 활용해서 그동안 오스트레일리아의 학자들이 연구 지원서를 작성하느라 총 550년의 시간을 소모했다는 결론에 도달했다. 미국의 경우는 연구자의 숫자가 훨씬 많아서 소모된 시간 역시 두 배를 훌쩍 넘긴다. 이 연구에 대한 후속 논문도 여럿 출간되었는데 역시 흥미롭다. 이 논문들은 전부 온라인에서 찾아볼 수 있다.

한편 이 장을 저술하는 동안 무척 그럴듯하지 않은 곳에서 과학 지원금을 늘리자는 지원군이 나타났다. 전직 하원의원인 뉴트 깅리치Newt Gingrich가 「뉴욕 타임스」의 사설란에 이런 내용으로 글을 쓴 것이다. 깅리치는 주요 연구 기관에 지원을 늘리자고 거듭 강조했고 1990년대 후반 NIH의 예산이 두 배 늘었던 일이 자기 공이라고 주장했다. 이 글은 그날 「뉴욕 타임스」 기사 가운데 이메일을 가장 많이 받은 글이 되었다. 연구비 재원을 늘려 달라는 환영할 만한 지원 사격 말고도 깅리치는 꽤 유용한 여러 수치를 나열하고 있다. 다음 웹사이트에서 확인해 보라.

http://www.nytimes.com/2015/04/22/opinion/double-the-nih-budget.html?_r=0

13. 약학에서의 실패

제약 산업에 대한 찬성과 반대 입장을 다룬 논문과 책은 숱하게 많다. 이 산업의 추악한 일면에 대해서는 영국의 의사이자 학자, 과학 저술가인 벤 골드에이커Ben Goldacre의 논의를 참고할 만하다. 골드에이커는 「가디언」 지에 '나쁜 과학'에 대한 기고문을 정기적으로 싣고 있으며 폭로를 담은 두 권의 인기 있는 책을 쓰기도 했다. 저서의 제목인 '나쁜 약학'은 이 책의 주제가 무엇인지를 짐작하게 한다. 골드에이커는 무척 흥미롭고 주목할 만한 TED 강연을 한 적도 있다. 다음 저서를 참고하라.

Ben Goldacre, Bad Science. London: Fourth Estate, 2008. (한국어판:『배드 사이언스: 우리를 속이고 주머니를 털어가는 그들의 엉터리 과학』, 강미경 옮김, 공존, 2011)

Ben Goldacre, Bad Pharma: How Drug Companies Mislead Doctors and Harm Patients. New York: Faber and Faber, 2012. (한국어판:『불량 제약회사: 제약회사는 어떻게 의사를 속이고 환자에게 해를 입히는가』, 안형식, 권민 옮김, 공존, 2014)

골드에이커의 책은 일반적으로 잘 정리되어 있으며 쉽게 무시할 수 없는 내용이다. 내게는 이 책이 질병을 치료하겠다는 선의를 가진 사람들이 투자자들의 요구에 의해 부패하게 되는 비극적인 상황에 대한 기록으로 비친다. 여기에 대한 해법이 무엇인지는 나도 잘 모르겠다. 하지만 무척 중요한 문제인 만큼 해결책이 있기를 바란다. 회피하려는 것은 아니지만 이 장에서는 이 문제보다는 제약 업계에서 일어나는 역동적인 실패에 대해 더욱 많이 다루고 있다. 덧붙이지만 골드에이커는 업계의 지저분한 측면에 대해 몹시 능숙하게 저술한 것처럼 보인다.

그리고 이 장에서 내가 나열한 숫자들은 수많은 분석 논문을 참고한 결과다. 다음은 비교적 독자들이 찾아보기 쉬운 논문 네 편이다. 각 논문의 뒤에는 충분한 참고문헌을 싣고 있다.

Bernard Munos, Lessons from 60 years of pharmaceutical innovation. Nature Reviews/Drug Discovery, 8, 959–968 (2009).

P. Tollman, Y. Morieux, J. K. Murphy, and U. Schulze, Identifying R&D outliers. Nature Reviews/Drug Discovery, 10, 653–654 (2011).

J. W. Scannell, A. Blanckley, H. Boldon, and B. Warrington, Diagnosing the decline in pharmaceutical R&D efficiency. Nature Reviews/Drug Discovery, 11, 191–200 (2012).

P. Honig and S.-M. Huang, Intelligent pharmaceuticals: Beyond the tipping point. Clinical Pharmacology & Therapeutics, 95(5), 455–459 (2014).

14. 더욱 풍부하고 포용적이며 지성적인, 과학다운 과학

벌린의 저술은 쉽게 구할 수 있으며 내가 아는 한 여전히 절판되지 않고 유통되고 있다. 먼저 벌린의 작업에 대한 유용하고 명료한 논평과 분석을 수행한 존 그레이John Gray의 『Isaiah Berlin』(Princeton, NJ: Princeton University Press, 1996)을 참고하라. 특히 벌린의 철학과 역사학 사상에 대해 읽을 만한 책이다(문학 비평에 대해서는 그렇지 않지만).

다음은 내가 이 장을 저술하는 데 참고했던 문헌과 책들이다.

Larry Laudan, Science and Relativism. Chicago: University of Chicago Press, 1990.

Nicholas Rescher, Pluralism: Against the Demand for Consensus. Oxford: Oxford University Press, 1993.

John Dupré, The Disorder of Things: Metaphysical Foundations of the Disunity of Science. Boston, MA: Harvard University Press, 1995.

S. H. Kellert, H. E. Longino, and C. K. Waters, eds., Scientific Pluralism, Volume XIX in the Minnesota Studies in the Philosophy of Science. Minneapolis: University of Minnesota Press, 2006.

Hasok Chang, Is Water H_2O? Evidence, Realism and Pluralism. New York: Springer, 2012.

14장의 에필로그

284쪽

볼프강 쾰러와 그의 통찰력 넘치는 침팬지의 문제 해결 능력에 대한 연구에 대해서는 다음 책을 참고하라. The Mentality of Apes, trans. Ella Winter (London: Routledge, 2005). 여러 가지 판본으로 구할 수 있을 것이다.

284~285쪽

비둘기의 미신 행동 발달에 대한 BF 스키너의 고전적인 논문을 참고했다. 스키너는 정신 상태라는 용어를 과학적 대상에 대한 연구에 사용하지 않도록 신경을 썼고, 논문의 제목에 '미신 행동' 또는 '미신-유사 행동'이 아닌 '미신'이라는 용어를 사용했다. 아무리 인용 부호를 썼다지만 조금은 엉성해 보이는 제목이다. 또 이 논문에 저자로 오른 사람은 한 명뿐이기 때문에 스키너 자신이 실제로 실험을 했다는 사실을 알 수 있다. 당시 그가 인디애나 대학교 심리학과의 학과장이었고 곧 하버드로 옮길 예정이었다는 상황을 생각해 보면 조금은 흥미가 동하는 대목이다. 아무래도 실험실에서 학생들이 잔뜩 모여 실험을 하는 광경을 떠올리기 쉽기 때문이다. 나는 스키너가 이 실험에 대해 언급한 글을 읽어 본 적이 없으며 몇몇 측면에서는 실험을 무척 약식으로 수행한 것처럼 보이기도 한다. 논문 자체도 방법론에 대한 세부 사항이 유별나게 생략되어 있다. 어쨌든 여러분이 직접 읽고 판단해 보라.

B. F. Skinner, 'Superstition' in the pigeon. Journal of Experimental Psychology, 38, 168–172 (1948).

하지만 이 논문은 대학교 도서관에서 제공하는 학술지 서비스에 접속할 수 없다면 읽기가 힘들 수도 있다. 그러니 다음 웹사이트의 복제본을 참고하라.

http://psychclassics.yorku.ca/Skinner/Pigeon/

내 웹사이트에 들어오면 논문 원본의 pdf 파일을 구할 수도 있다.

289쪽

원숭이에서 나타나는 감자 씻기 행동은 한때 몇몇 '뉴에이지' 저자들에게 채택되어 소위 '100번째 원숭이 효과'라는 현상으로 확대 해석되는 등 파란만장한 부침을 겪었다. 또한 이 행동에 대한 연구는 그동안 거듭해서 반박되어 틀렸다는 사실이 입증되었고 이제 거의 도시 전설의 수준으로 여겨진다. 하지만 가와무라와 가와이 마사오의 원래 연구는 제대로 된 과학적 관찰을 담고 있다. 이들의 연구 가운데 영문으로 된 논문은 아래의 한 편뿐이다.

S. Kawamura, The process of subculture propagation among Japanese macaques. Primates, 2, 43–60 (1959).

이들 저자가 출간한 일본어로 된 논문도 적어도 세 편 넘게 있지만 내가 아는 한 영어로 번역되지는 않았다. 이들의 작업은 그동안 가와이 마사오의 폭넓은 검토와 발전을 거쳤으며 그 결과물은 한 권의 책으로 출간되었다. 그리고 이 가운데 우리가 이 책에서 다루는 내용과 관련 있는 장 전체를 다음 링크를 통해 온라인으로 살필 수 있다.

http://link.springer.com/chapter/10.1007%2F978-4-431-09423-4_24

위에서 말한 책은 Tetsuro Matsuzawa, ed., Primate Origins of Human Cognition and Behavior. Berlin: Springer, 2001이고, 이 가운데 이 책과 관련된 장은 "Sweet Potato Washing Revisited," by S. Hirata, K. Watanabe, and K. Masao (pp. 487–508)이다.

15. 끝마치며

294쪽

이 인용구는 도브 자신이 자신의 작업에 대해 언급한 담화 속 시 한 대목을 살짝 바꾼 것이다.

Rita Dove, "The Fish in the Stone," from Selected Poems. New York: Pantheon Books, 1993.

(참고로 원래 시구는 다음과 같다. "돌 속의 물고기는/실패를 안다네/그것이 얼마나 이득인지를")

참고한 도서들

다음은 내가 이 책을 구상하고 저술할 때 영향을 많이 받았던 책들 가운데 극소수를 추린 것이다. 내가 만약 다른 참고 도서들을 골랐거나 여러분이 작년에 내게 의문나는 점을 질문했더라면 나는 다른 방식으로 생각할 수도 있었을 것이다. 어쨌든 아래의 책들은 내가 추천하고 싶은 도서들이다.

1. Feynman, Richard P. The Meaning of It All: Thoughts of a Citizen Scientist. New York: Basic Books, 1998. (한국어판: 『파인만의 과학이란 무엇인가?』, 정무광, 정재승 옮김, 승산, 2008)

   파인만이 1964년 워싱턴 대학교에서 했던 일련의 강연을 토대로 한 책으로, 종종 장황하고 두서없이 퍼지곤 하는 세 편의 에세이를 묶었다. 파인만 사후에 출간된 책이다. 원래 강연의 제목은 다음과 같다. '과학의 불확실성', '가치의 불확실성', '이 비과학적인 시대'.
   파인만은 언제나 과학사학자와 과학철학자들을 마치 그들이 조류 관측자라도 되듯 폄하하는 경향이 있었다. 하지만 그러면서도 자신의 저서 속에는 과학에 대한 꽤 높은 수준의 철학적 사고와 역사적인 배경을 담고 있다. 일반 대중이 쉽게 읽을 수 있는 것은 물론이다.

2. Chang, Hasok, Is Water H$_2$O? Evidence, Realism and Pluralism. New York: Springer, 2012.

   책 제목만 보고 오해하지 말라. 이 책은 어떤 대상의 정체에 대해 우리가 어떻게 알 수 있는지에 대한 놀라운 내용을 담고 있다. 저자 장하석은 우리가 당연히 사실이라 확신하는 지식부터 시작해 대부분의 사람들이 물이 실제로 H_2O라는 데 대해 직접적인 증거를 대지 못하거나 그것이 무슨 의미인지 명료하게 답하지 못한다는 점을 보여 준다. 장하석은 지렁이들이 가득 찬 캔을 열어 이 동물들이 기어 다니는 모습을 즐겁게 바라보듯, 여러분이 당연하다고 여겼던 지식의 구석구석을 미끄럽게 스르르 나아가며 끈적이는 엉망진창을 만든다. 정말 재미있는 작업이다.

3. Berlin, Isaiah, The Hedgehog and the Fox. London: George Weidenfield & Nicholson Ltd., 1953. (한국어판: 『고슴도치와 여우: 우리는 톨스토이를 무엇이라 부르는가』, 강주헌 옮김, 애플북스, 2010)

여러 페이퍼백 판본으로 쉽게 구할 수 있다.

4. Berlin, Isaiah, The Hedgehog and the Fox: An Essay on Tolstoy's View of History, 2nd edition, ed. Henry Hardy, foreword by Michael Ignatieff. Princeton, NJ: Princeton University Press, 2013.

최신판이니 아마 더 훌륭할 것이다.

5. Collins, Harry, Are We All Scientific Experts Now? Cambridge, UK: Polity Press, 2014.

6. Collins, Harry, and Evans, Robert, Rethinking Expertise. Chicago: University of Chicago Press, 2007.

해리 콜린스는 영국 카디프 대학교에서 과학사회학을 가르치는 학자다. 오늘날 이 주제에 대해서는 누구보다도 명료하게 글을 쓰는 저술가이자 사상가다. 『Are We All Scientific Experts Now?』는 무척 짧은 책이지만(이 책보다도 짧다) 과학 전문지식이 한때 그랬던 것처럼 더 이상 존중과 경의를 받지 못하는 이유에 대한 일급의 분석을 제공한다. 오늘날에는 과학 지식이 반드시 존중을 받는 것만은 아닌 상황이기 때문이다.

7. Livio, Mario, Brilliant Blunders: From Darwin to Einstein—Colossal Mistakes by Great Scientists That Changed Our Understanding of Life and the Universe. New York: Simon and Schuster, 2014.

과학 저술가 리비오는 역사상 가장 위대한 다섯 명의 과학자들을 예로 들어 이들이 몇몇 영역에서 얼마나 지독한 실수를 저질렀는지를 보여 준다. 비록 그런 실수들이 이들을 유명하게 만들지는 못했지만 말이다. 이런 사례들은 겸손함에 대한 좋은 교훈을 주는 동시에 과학이 실제로 어떻게 작동하며, '발견의 매끄러운 원호'란 일종의 신화이며 배격 대상이라는 사실을 알려 준다. 나도 앞에서 이런 관점이 교육 과정을 이물질로 감염시키고 대중의 과학관을 왜곡한다고 지적한 바 있다. 또한 이 책은 꽤 재미있고 충분한 연구와 조사를 거친 결과물이다.

8. Rothstein, Dan, and Luz Santana, Make Just One Change: Teach Students to Ask Their Own Questions. Cambridge, MA: Harvard Education Press, 2011.

나는 전작인 『이그노런스 - 무지는 어떻게 과학을 이끄는가』를 썼을 때 이 책과 일찍 만났다면 더 좋았을 거라 아쉬워할 뿐이다. 로스타인과 산타나는 단순해 보이는 아이디어를 무척 직설적이면서도 읽을 만하게 정리해 냈다. 아이들이 자기가 관심 있는 분야에 대해 질문을 하도록 하라는 것이다. 하지만 오해해서는 안 된다. 아이들이 한두 가지의 질문을 던지는 것은 해결책의 일부다. 동시에 아이들은 질문을 숙지하고, 배움은 질문을 던지는 과정이지 암기가 아니라는 사실을 인지해야 한다. 이제는 거의 잊힌 질문 던지는 기술은 이 책에서 고맙게도 다시 살아난다. 그리고 이 방식이 어린아이들만을 목표로 삼는 것처럼 들린다면, 그렇지 않다. 저자 로스타인은 하버드 의대의 심포지엄에서 훌륭한 강연을 한 적도 있기 때문이다. 이런 좋은 교육 전략을 의대에 입학한 다음에야 시작하는 건 안타까운 일이긴 하지만 말이다.

9. Schulz, Kathryn, Being Wrong: Adventures in the Margin of Error. New York: HarperCollins, 2010. (한국어판:『오류의 인문학: 실수투성이 인간에 대한 유쾌한 고찰』, 안은주 옮김, 지식의 날개(한국방송통신대학교 출판부), 2014)

내가 찾아봤던 실패와 오류에 대한 자기 계발서 가운데 이 책이야말로 단연코 가장 흥미로웠다(그 책들을 다 처음부터 끝까지 읽지는 않았지만). 저자 슐츠는 오류에 따르는 감정적인 반응에서부터 잘못된 결과의 실재에 이르기까지 오류를 샅샅이 분석한다. 그 과정을 통해 사회적, 개인적, 전문적인 관점에서 오류를 바라보며 문학과 역사에서 여러 자원을 끌어 와 분석한다. 저자가 과학 분야에는 그렇게 많은 지면을 할당하지 않았지만 어쩌면 그래서 내가 이 책을 더 재미있게 느꼈는지도 모르겠다.

찾아보기

구멍투성이 과학 :
지금 이 순간 과학자들의 일상을 채우고 있는 진짜 과학 이야기

1판 1쇄 발행 2018년 9월 30일
1판 2쇄 발행 2021년 3월 1일

지은이   스튜어트 파이어스타인
옮긴이   김아림
펴낸이   전길원
책임편집   김민희
디자인   최진규

펴낸곳   리얼부커스
출판신고   2015년 7월 20일 제2015-000128호
주소   04593 서울시 중구 동호로 10길 30, 106동 505호(신당동 약수하이츠)
전화   070-4794-0843
팩스   02-2179-9435
이메일   realbookers21@gmail.com
블로그   http://realbookers.tistory.com
페이스북   www.facebook.com/realbookers

ISBN 979-11-86749-03-6 03400

이 도서의 국립중앙도서관 출판예정도서목록(CIP)은 서지정보유통지원시스템
홈페이지(http://seoji.nl.go.kr)와 국가자료공동목록시스템(http://www.nl.go.kr/kolisnet)
에서 이용하실 수 있습니다. (CIP제어번호 : CIP2018025201)